机电专业群平台课创新型精品教材

液压与气压传动技术

主　编　李绍华　李继财　庞恩泉

副主编　赵训茶　孙永华　姚忠福

主　审　陈福恒　薛彦登

北京理工大学出版社

BEIJING INSTITUTE OF TECHNOLOGY PRESS

内 容 简 介

本书以提高学生职业能力为目标,以典型液压和气动设备为主要载体,优化课程内容,采用项目导向、任务驱动、"教学做"一体的课程设计。在编写过程中,贯彻理论实训一体的原则,实现学校环境与工作环境、校园文化与企业文化的有机融合。

本书共分 10 个项目,以各种典型的液压与气压设备为项目,介绍了液压与气压传动的基本知识、原理、结构组成与特点、回路组装实践、应用实例分析、系统日常维护和故障处理等。

本书可作为高等院校机械类和机电类等专业的教材,也可作为技工院校技师,在职职工培训、成人教育等技术工人学习教材及自学用书,满足在职学生、企业员工及社会人员的学习需求。

图书在版编目(CIP)数据

液压与气压传动技术 / 李绍华,李继财,庞恩泉主编.—北京:北京理工大学出版社,2020.8(2024.8重印)

ISBN 978 – 7 – 5682 – 8843 – 9

Ⅰ. ①液… Ⅱ. ①李… ②李… ③庞… Ⅲ. ①液压传动 – 高等学校 – 教材 ②气压传动 – 高等学校 – 教材 Ⅳ. ①TH137 ②TH138

中国版本图书馆 CIP 数据核字(2020)第 142401 号

出版发行 / 北京理工大学出版社有限责任公司
社　　　址 / 北京市海淀区中关村南大街 5 号
邮　　　编 / 100081
电　　　话 / (010)68914775(总编室)
　　　　　　(010)82562903(教材售后服务热线)
　　　　　　(010)68948351(其他图书服务热线)
网　　　址 / http://www.bitpress.com.cn
经　　　销 / 全国各地新华书店
印　　　刷 / 廊坊市印艺阁数字科技有限公司
开　　　本 / 787 毫米 × 1092 毫米　1/16
印　　　张 / 17.25
字　　　数 / 405 千字
版　　　次 / 2020 年 8 月第 1 版　2024 年 8 月第 5 次印刷
定　　　价 / 49.90 元

责任编辑 / 莫　莉
文案编辑 / 莫　莉
责任校对 / 周瑞红
责任印制 / 李志强

前言

　　本教材深入学习贯彻党的二十大精神,推动党的创新理论和党的二十大精神进教材、进课堂、进学生头脑。本书精选 10 个典型思政案例,将思政教育与专业教育有机融合,培养学生精益求精的工匠精神,引导广大人才 爱党报国、努力培养造就更多大师、大国工匠、高技能人才。

　　本书是以高职教育特征和课程教学目标为导向,从对行业岗位的实际调研出发,根据职业岗位能力需求确定课程目标、教学模块,取舍教学内容,突出职业能力培养。本书的编写贯彻"能力核心、素质全面、知识够用"的宗旨,以项目为引导、以任务为驱动,对内容的深度和广度进行适当的调整,把职业资格标准融入教材中,按照理论实习一体的原则设计与编写。构建切实符合高职课程要求、具有鲜明特色的"教学做"一体化教材。

　　本书共分 10 个项目,分别是认知液压传动系统、简化的磨床工作台液压系统、液压夹紧装置、黏压机液压系统、钻床液压系统、YT4543 动力滑台液压系统、N40 加工中心动力卡盘系统、典型液压系统分析及故障排除、机床气动夹紧系统、典型气动系统分析及维护。每个项目由多个任务组成,相应的理论任务和实训任务让学生掌握液压与气压传动系统的原理与组装技能,将理论知识与实践操作融合一体,使学生在工作中学习,在学习中工作。每个项目教师根据学生学习和实训情况进行总结和评价,最后进行测验考核,考核题目多样,便于学生掌握基本概念,提高分析解决问题的能力。

　　本书在编写过程中,贯彻少而精和理论实训一体的原则。所选项目均是专业领域一线的典型案例,结构由浅入深、循序渐进,符合学生认知规律;突出课程内容的针对性和实用性,兼顾先进性和前瞻性。为方便读者自主学习,本书添加了动画视频资源的二维码链接,读者可以手机扫码进行观看学习。

　　本书可供高职高专及技工院校机电、机械类等相关专业的通用教材,也可作为液压与气压传动的培训教材及工程技术人员学习的参考书。

　　本书由山东劳动职业技术学院骨干教师、济南柴油机有限责任公司王其和山东大陆矿机有限公司黄方超等企业技术骨干共同编写。李绍华、李继财、庞恩泉任主编,赵训茶、孙永华、姚忠福任副主编,付长景、方新、程刚、李国琳、薛珊珊、王进、王其、黄方超参编。具体的编写分工是:项目 1、10 由李绍华编写;项目 2 由李继财编写;项目 3 由付长景、方新编写;项目 4 由李国琳编写;项目 5 由孙永华、王进编写;项目 6 由姚忠福、薛珊珊编写;项目 7 由庞恩泉编写;项目 8 由赵训茶、王其编写;项目 9 由程刚和黄方超编写。

　　本书由陈福恒教授、薛彦登教授担任主审,在此表示衷心的感谢。

　　由于编者水平有限,书中难免存在不足之处,敬请广大读者批评指正。

编　者

项目 1　认知液压传动系统

学习目标

1. 熟悉液压试验台中的液压元件。
2. 通过认识液压千斤顶，能理解液压传动工作原理与组成。
3. 能理解液压油的性质，会选择液压油的黏度。
4. 能理解液体静力学方程及静压传递原理。
5. 能理解液压动力学基本性能。
6. 坚定文化自信，启发爱国情怀，增强民族自豪感和使命感。

工作情境描述

大国工匠——李斌

　　通用液压千斤顶适用于高度不大重物的各种起重作业，一般可顶起 1.6 t 重物（若每位男同学体重为 64 kg，可举起 25 位男同学），它由油室、油泵、储油腔、活塞、摇把、油阀等主要部分组成。工作时，只要往复扳动摇把，使手动油泵不断向油缸内压油，就使油缸内油压不断增高，从而迫使活塞及活塞上面的重物一起向上运动。打开回油阀，油缸内的高压油便流回储油腔，于是重物与活塞也就一起下落。学生接受拆装液压千斤顶任务，制订工作计划，熟练使用拆卸工具，通过参观液压实训室和液压千斤顶，掌握液压传动工作原理及组成，对液压传动的基本概念有一些了解。工作过程中遵循工作现场 7S ［整理(Seiri)、整顿(Seiton)、清扫(Seiso)、清洁(Seiketsu)、素养(Shitsuke)、安全(Safety)、节约(Saving)］管理规范。

任务 1.1 液压千斤顶

学习目标

1. 掌握液压传动系统的工作原理。
2. 掌握液压传动系统的组成。

学习过程

利用液压千斤顶来展示液压传动系统的工作原理和组成。

一台功能完整的机器设备一般由动力装置、传动装置、执行装置和控制装置组成。传动装置有机械传动、电力传动、液体传动（液压传动和液力传动）和气压传动等形式。液压传动与气压传动是以流体（液体和气体统称为流体）作为工作介质，利用压力能进行能量传递和控制的传动技术。

1.1.1 液压传动系统的工作原理与组成

液压传动系统以液体为工作介质，气压传动系统则以气体作为工作介质。两种工作介质的不同在于：液体几乎不可压缩，而气体具有明显的可压缩性。液压传动系统与气压传动系统在基本工作原理、元件的结构及回路的组成等方面是极为相似的。现以图 1－1－1 的液压千斤顶为例来介绍液压传动系统的工作原理。

液压千斤顶
动画

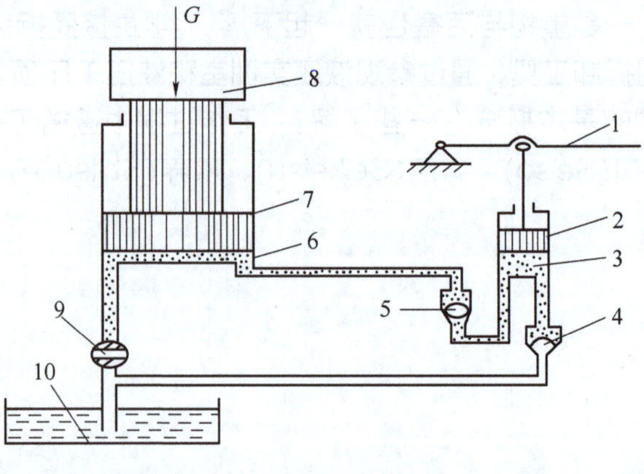

1—杠杆；2—小活塞；3，6—液压缸；4，5—单向阀；7—大活塞；8—重物；9—截止阀；10—油箱

图 1－1－1　液压千斤顶

液压缸 3 和 6 的活塞和缸体之间保持良好的配合关系，使得活塞能在缸内滑动，同时配合

面之间又能实现可靠的密封。当向上抬起杠杆 1 时，小活塞 2 向上运动，液压缸 3 下腔容积增大，形成局部真空，此时单向阀 5 关闭，油箱 10 中的油液在大气压的作用下通过单向阀 4 进入液压缸 3 的下腔，完成一次吸油过程。压下杠杆 1 时，小活塞 2 向下移动，液压缸 3 下腔容积减小，腔内压力升高，这时单向阀 4 关闭，液压缸 3 下腔的压力油就打开单向阀 5 挤入到液压缸 6 的下腔，推动大活塞 7 将重物 8 向上顶起一段距离。如此反复地提压杠杆 1，就可以使重物不断上升，达到起重的目的。如果打开截止阀 9，液压缸 6 下腔通油箱 10，大活塞 7 在自重作用下向下移动，迅速下降到原位。

由上可见，液压传动是以液体为工作介质，利用液体的压力能来实现运动和力的传递的一种运动方式。它具有以下特点：

（1）以液体为传动介质来传递运动和动力。
（2）液压传动必须在密闭的容器内进行。
（3）依靠密封容积的变化传递运动。
（4）依靠液体的静压力传递动力。

液压传动装置由以下几部分组成，如图 1-1-2 所示。

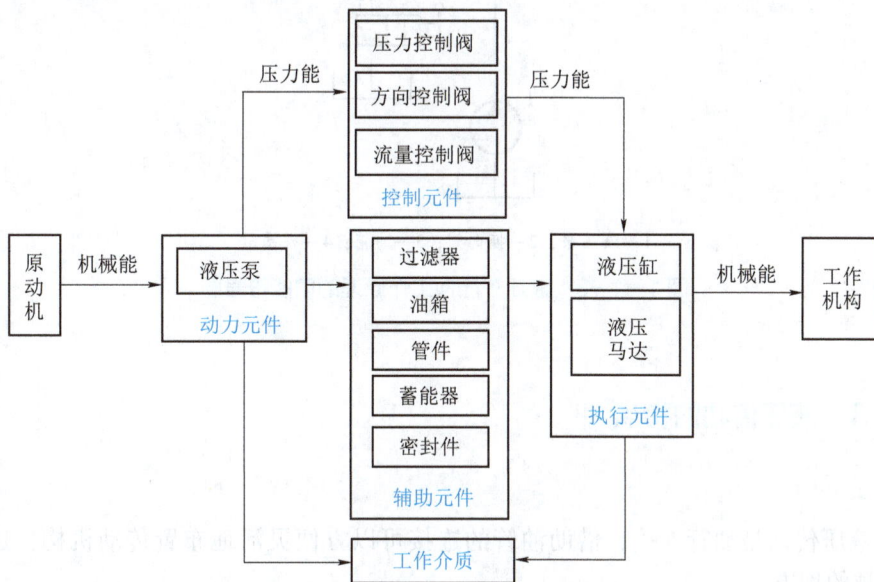

图 1-1-2 液压传动装置的组成

（1）动力元件，即将原动机输出的机械能转换成工作液体的压力能的装置，如液压泵。
（2）执行元件，即将工作液体的压力能重新转换为机械能，推动负载做往复直线运动或回转运动的装置，如液压缸、液压马达等。
（3）控制元件，即调控液压系统中工作液体的压力、流量、方向的装置，这类元件不做能量的转换，如压力控制阀、流量控制阀和方向控制阀等。
（4）辅助元件，即上述三种元件之外，保证系统正常工作必不可少的其他元件，在系统中起到输送、储存、加热、冷却、过滤和测量等作用，它们对保证液压系统工作的可靠、稳定起着重大的作用，如管接头、油管、油箱、过滤器、蓄能器、压力表等。
（5）工作介质，即传递能量的流体——液压油，它直接影响液压系统的性能和可靠性。

1.1.2　液压传动的标准图形符号

图1-1-1为液压千斤顶的结构原理图，其中的元件用结构（或半结构）式的图形来表示，它直观、容易理解。实际生产应用中，液压系统图的图形较复杂，绘制也较困难。为了简化液压系统的表示方法，往往将结构（或半结构）式的图形简化，采用标准图形符号来绘制液压系统工作原理图。标准图形符号（职能符号）脱离了元件的具体结构，只表示元件的功能、控制方法及外部连接，方便阅读、分析、设计和绘制。我国制定了液压与气压传动图形符号标准 GB/T 786.1—2021。图1-1-3为液压千斤顶工作原理的职能符号图。

当有些特殊元件或专用元件无法用职能符号表达时，仍可使用结构示意图。

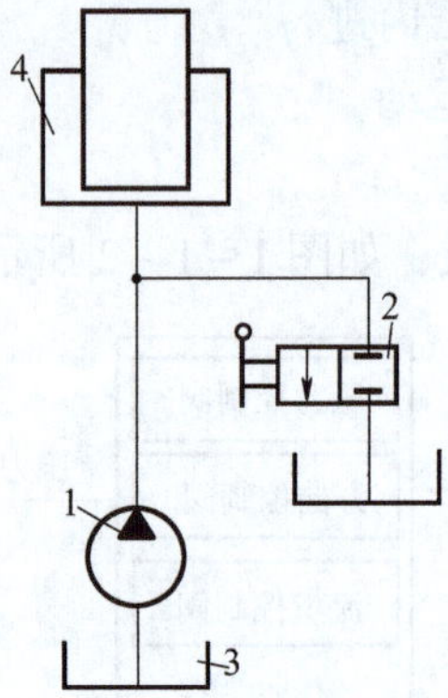

1—液压泵；2—换向阀；3—油箱；4—柱塞缸

图1-1-3　液压千斤顶工作原理的职能符号图

1.1.3　液压传动的特点

1. 优点

（1）液压传动是油管连接，借助油管的连接可以方便灵活地布置传动机构，这是比机械传动优越的地方。

（2）可在大范围内实现无级调速。

（3）液压传动装置质量轻、结构紧凑、惯性小。

（4）传递运动均匀、平稳，负载变化时速度较稳定。

（5）液压传动容易实现自动化：借助于各种控制阀，特别是液压控制和电气控制结合使用时，能很容易地实现复杂的自动工作循环，而且可以实现遥控。

（6）液压装置易于实现过载保护（借助于设置溢流阀等），同时液压件能自行润滑，因此使用寿命长。

（7）液压元件已实现了标准化、系列化和通用化，便于设计、制造和推广使用。

2. 缺点

（1）液压传动以液压油为工作介质，在相对运动表面间不可避免地存在漏油等问题，同时油液又不是绝对不可压缩的，因此使得液压传动不能保证严格的传动比，因而液压传动不宜应用在传动比要求严格的场合。

（2）为了减少泄漏，以及满足某些性能上的要求，液压元件的配合件制造精度要求较高，加工工艺较复杂。

（3）液压传动对油温的变化比较敏感，温度变化时，液体黏性变化，引起运动特性的变化，使得工作的稳定性受到影响，所以它不宜在温度变化很大的环境条件下使用。

（4）液压系统发生故障时不易检查和排除。

（5）液压传动要求有单独的能源，不像电源那样使用方便。

（6）由于采用油管传输压力油，距离越长，沿程压力损失越大，故不宜远距离输送动力。

1.1.4　液压系统的应用和发展

1. 液压传动的应用

液压传动由于优点很多，所以在国民经济各部门都得到了广泛的应用。但各部门应用液压传动的出发点不同。工程机械、矿山机械、建筑机械、压力机械采用液压系统的原因是其结构简单、输出力量大；航空工业采用液压系统的原因是其质量轻、体积小。

液压传动在各个行业中的应用，见表1-1-1，应用举例如图1-1-4所示。

表1-1-1　液压传动在各类机械中的应用

行业名称	应用举例	行业名称	应用举例
工程机械	挖掘机、装载机、推土机等	轻工机械	打包机、注塑机等
矿山机械	凿岩机、开掘机、提升机、液压支架等	灌装机械	食品包装机、真空镀膜机、化肥包装机
建筑机械	打桩机、液压千斤顶、平地机等	汽车工业	高空作业车、自卸式汽车、汽车起重机
冶金机械	轧钢机、压力机、步进加热炉等	铸造机械	砂型压实机、加料机、压铸机等
锻压机械	压力机、模锻机、空气锤等	纺织机械	织布、抛砂机、印染机等
机床	磨床、铣床、刨床、拉床、压力机、组合机床、自动机床、数控机床、加工中心等	起重运输机械	起重机、叉车、装卸机械等

2. 液压传动技术的发展

相对于机械传动，液压传动是一门新的技术。液压传动起源于1654年帕斯卡提出的静压传动原理。1795年，英国第一台水压机问世，至今已有两百余年的历史。液压传动的推广应用，得益于19世纪崛起并蓬勃发展的石油工业。最早成功应用液压传动装置的是舰艇上的炮塔转位器；第二次世界大战期间，军事工业需要反应快、精度高、功率大的液压传动装置，这又进一步推动了液压技术的发展。第二次世界大战后，液压技术迅速应用到民用工业，在机

(a)

(b)

(c)

(d)

图 1-1-4 液压传动应用举例

(a) 叉车；(b) 挖掘机；(c) 飞机起落架；(d) 船用起重机液压吊

床、工程机械、农业机械、汽车等行业逐步得到推广。20 世纪 60 年代以来，随着原子能、空间技术、计算机技术的发展，液压技术得到了极大的推广，并渗透到各个工业领域。当前，液压技术正向高压、高速、高效、高寿命、低噪声、大功率、高度集成化方向发展。此外，新型液压元件和液压系统的计算机辅助设计（Computer Aid Design，CAD）、计算机辅助测试（Computer Aid Test，CAT）、计算机实时控制技术、机电一体化技术、可靠性技术、计算机仿真和优化设计技术，以及污染控制技术等，也是当前液压传动与控制技术的发展与研究方向。

任务 1.2 液压油的选用

学习目标

1. 掌握液压油的黏性。
2. 会选用液压油。

学习过程

学习网络教学资源，用 PPT（PowerPoint）演示液压油的性质及选择。

工作介质（液压油）在液压传动中起到传递能量和信号的作用，同时还起到润滑、冷却和防锈的作用。因此在掌握液压系统之前，必须对液压油的物理性质和如何选用做必要的了解。

1.2.1 液压油的性质

1. 密度

单位体积液体的质量称为液体的密度，用 ρ 表示，单位为 kg/m^3。设液体体积为 V，单位为 m^3；质量为 m，单位为 kg，则该液体密度 ρ 为

$$\rho = \frac{m}{V} \tag{1-1}$$

液体密度随温度的升高而减小，随压力的升高而增大。但是温度和压力对密度的影响都很小，因而一般情况下可视液体密度为常数。矿油型液压油的密度 $\rho = 850 \sim 900\ kg/m^3$。

2. 可压缩性

液体在压力作用下体积减小的性质称为液体的可压缩性，用体积压缩系数 κ 表示，即在单位压力变化下液体体积的相对变化量。设体积为 V 的液体，当压力增大 Δp 时，体积减小了 ΔV，则体积压缩系数 κ 为

$$\kappa = -\frac{\frac{\Delta V}{V}}{\Delta p} \tag{1-2}$$

式中，负号表示 Δp 与 ΔV 的变化相反，即压力增加时体积减小。

实际应用中，常用体积弹性模量 K 的大小反映液体抵抗压缩的能力。液体的 K 为 κ 的倒数，即

$$K = \frac{1}{\kappa} = -\frac{\Delta p}{\frac{\Delta V}{V}} \tag{1-3}$$

式中，K 的单位为 Pa。

K 表示产生单位体积相对变化量所需的压力增量。常温下，纯净液压油 $K = (1.4 \sim 2.0) \times 10^3\ MPa$，是钢的 $100 \sim 150$ 倍。在一般液压系统中认为液压油是不可压缩的。但是，如果油液中混有游离空气，液体的 K 会显著降低，严重影响液压系统的工作性能。如果油液中混有 1% 的气体，其 K 只是纯净油液的 30%；如果油液中混有 4% 的气体，其 K 仅为纯净油液的 10%。由于油液中气体难以完全排除，实际计算中，常将油液的 K 值取为 $(0.7 \sim 1.0) \times 10^3\ MPa$。

3. 黏性

1）黏性的物理意义

液体在外力作用下流动时，分子间的内聚力阻碍其相对运动而产生内摩擦力，这一性质称为液体黏性。

由于液体内部黏性，以及液体与固体壁面间附着力的影响，液体内部各处的速度不相等。如图 1-2-1，设两平行平板间充满液体，下平板不动，上平板以速度 u_0 向右平移。由于存在液体黏性，紧靠下平板的液层速度为 0，紧贴上平板的液层速度为 u_0，而中间各

液层的速度从下到上呈线性递增。

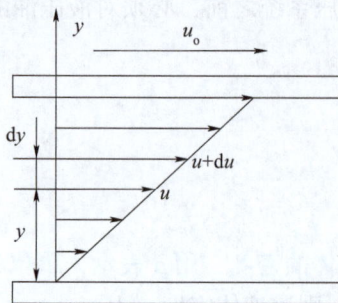

图 1-2-1　液体黏性示意图

实验表明，液体流动时相邻液层间的内摩擦力 F 与液层接触面积 A、液层间相对速度 $\mathrm{d}u$ 成正比，与液层间距离 $\mathrm{d}y$ 成反比，即

$$F = \mu A \frac{\mathrm{d}u}{\mathrm{d}y} \tag{1-4}$$

式中　μ——比例常数，黏性系数或动力黏度；

$\dfrac{\mathrm{d}u}{\mathrm{d}y}$——速度梯度。

若以 τ 表示切应力，则

$$\tau = \frac{F}{A} = \mu \frac{\mathrm{d}u}{\mathrm{d}y} \tag{1-5}$$

τ 即液层间单位面积上的内摩擦力，这就是牛顿液体内摩擦定律。

在静止液体中，因为速度梯度为 0，内摩擦力为 0，所以静止液体不呈现黏性。

2）黏度的表示方法

（1）动力黏度，又称绝对黏度。动力黏度 μ 是指液体在单位速度梯度下流动时单位面积上产生的内摩擦力。

$$\mu = \frac{F}{A \frac{\mathrm{d}u}{\mathrm{d}y}} \tag{1-6}$$

动力黏度的国际单位为 $\mathrm{Pa \cdot s}$ 或 $\mathrm{N \cdot s/m^2}$。

（2）运动黏度。动力黏度 μ 与液体密度 ρ 的比值称为液体的运动黏度，用 ν 表示，即

$$\nu = \frac{\mu}{\rho} \tag{1-7}$$

运动黏度没有明确的物理意义，由于它的量纲只与长度和时间有关，所以称为运动黏度。运动黏度的国际单位为 $\mathrm{m^2/s}$，工程中常用 $\mathrm{mm^2/s}$，$1~\mathrm{m^2/s} = 10^6~\mathrm{mm^2/s}$。

国际标准化组织 ISO 规定统一采用运动黏度表示液压油的黏度等级。我国生产的液压油采用 40 ℃时的运动黏度（$\mathrm{mm^2/s}$）为黏度等级标号。如牌号为 L—HL22 表示普通液压油在 40 ℃时的运动黏度平均值为 22 $\mathrm{mm^2/s}$。

（3）相对黏度，又称条件黏度。相对黏度是在一定测量条件下测定的，中国、德国等都采用恩氏黏度°E，美国用赛氏黏度 SSU，英国用雷氏黏度 R。

恩氏黏度用恩氏黏度计测定，将 200 mL 温度为 T 的被测液体装入黏度计，其在自身重

力作用下流过黏度计下部直径为 $\phi2.8$ mm 的小孔,测出液体流尽所需时间 t_1,t_1 与温度为 20 ℃的 200 mL 蒸馏水在同一黏度计中流尽所需时间 t_0(标定值)之比,称为恩氏黏度。即

$$°E = \frac{t_1}{t_0} \qquad (1-8)$$

一般以 20 ℃、50 ℃、100 ℃作为测定液体黏度的标准温度。

恩氏黏度与运动黏度间的换算关系为

$$\nu = \left(7.31°E - \frac{6.31}{°E}\right) \times 10^{-6} \qquad (1-9)$$

3)影响黏度的因素

油液对温度的变化十分敏感,温度升高,分子间的内聚力减小,黏度降低。油液黏度随温度变化的性质称为黏温特性,液压油黏度的变化直接影响液压系统的性能和泄漏量。因此,人们希望黏度随温度的变化越小越好,即黏温特性好。常采用黏度指数 VI 衡量油液黏温特性好坏,黏度指数是黏度随温度变化程度与标准油黏度随温度变化程度进行比较所得的相对数值,黏度指数越大,表示黏度随温度的变化率越小,黏温特性越好。一般液压油的 VI 要求在 90 以上。

液体所受压力增大,黏度增大。但对于一般液压系统,当压力低于 32 MPa 时,压力对黏度影响不大,可以忽略不计。

1.2.2 液压油的种类

液压系统常用液压油主要有三大类:矿油型、乳化型和合成型。矿油型液压油主要由提炼后的石油制品加入各种添加剂精制而成,具有品种多、润滑性好、腐蚀性小、化学稳定性好、成本低、使用范围广的优点,为大多数液压系统所采用。矿油型液压油的主要缺点是易燃。在高温、易燃、易爆的工作环境应使用难燃的液体,如水包油、油包水乳化液或水-乙二醇液、磷酸酯合成液。

液压油详细分类、代号和用途见表 1-2-1,其中 L 表示润滑剂和有关产品,H 组表示用于液压系统。

表 1-2-1 液压油分类(GB 1118.1—2011)

分类	名 称	代号	组成和特性	应 用
矿油型	精制矿物油	L—HH	浅度精制矿物油,不含添加剂,稳定性差,易氧化、易起泡,易生成黏胶块,阻塞元件小孔	主要用于润滑和要求不高的低压系统,液压代用油
	普通液压油	L—HL	精制矿物油加抗氧化、防锈添加剂,提高了抗氧化、防锈性能	一般设备的中低压系统
	抗磨液压油	L—HM	L—HL 加抗磨剂、金属钝化剂、消泡剂,改善抗磨性	适用于工程机械、车辆液压系统

续表

分类	名　称	代号	组成和特性	应　用
矿油型	低温液压油	L—HV	L—HM 加添加剂，改善黏温特性	适用于 –40～–20 ℃的高压系统
	高黏度指数液压油	L—HR	L—HL 加黏度指数添加剂，改善黏温特性，黏度指数达175 以上	适用于环境温度变化较大的低压系统、数控机床液压系统
	液压导轨油	L—HG	L—HM 加抗黏滑剂，良好的防锈、抗氧化、抗磨性，改善黏滑性能，低速下防爬行	机床中液压和导轨润滑合用的系统
乳化型	水包油乳化液	L—HFAE	高水基液，难燃，黏温特性好，但润滑性差，易泄漏	用于有抗燃要求，用量较大的液压系统
	油包水乳化液	L—HFB	抗磨、防锈、抗燃性能好	有抗燃要求的中压系统
合成型	水–乙二醇液	L—HFC	难燃，黏温特性好、抗蚀性好，能在 –30～60 ℃下使用	有抗燃要求的中低压系统
	磷酸酯合成液	L—HFDR	难燃，良好的润滑性、抗磨性和抗氧化性，能在 –54～135 ℃ 温度范围内使用，但有毒	适用于有抗燃要求的高压精密液压系统

1.2.3　液压油的选用

1. 液压油的使用要求

（1）黏度适当，黏温特性好。

（2）润滑性好，防锈能力强。

（3）抗氧化稳定性好，不易变质。

（4）热膨胀系数小，比热容大。

（5）燃点高，凝点低。

（6）抗泡沫性、抗乳化性好。

2. 液压油的选用

实际工作中根据液压系统对工作介质的要求选用合适的液压油品种，参见表 1 – 2 – 1。当液压油品种确定后主要考虑液压油的黏度，进而选择油液的黏度等级及牌号。

选择黏度时主要考虑以下几个因素。

（1）工作压力，为减少泄漏，工作压力较高的液压系统应选择黏度较大的液压油。

（2）运动速度，为减少摩擦损失，工作部件运动速度较高时，宜选用黏度较小的液压油。

（3）环境温度，为减少泄漏，环境温度较高时，宜选用黏度较大的液压油。

在液压系统所有元件中，液压泵的转速最高、承受压力最大、工作时间最长，且温升高。因此，常根据液压泵的类型及其要求来选择液压油黏度。各类液压泵适用液压油的黏度范围见表1-2-2。

表1-2-2　各类液压泵适用液压油的黏度范围及推荐用油

液压泵类型	压力	运动黏度 (40 ℃，mm²/s)		适用品种和黏度等级
		5～40 ℃	40～80 ℃	
叶片泵	7 MPa 以下	30～50	40～75	L-HM，32、46、68
		50～70	55～90	L-HM，46、68、100
螺杆泵	—	30～50	40～80	L-HL，32、46、68
齿轮泵		30～70	95～165	L-HL（中高压用 L-HM），32、46、68、100、150
径向柱塞泵		30～50	65～240	L-HL（高压用 L-HM），32、46、68、100、150
轴向柱塞泵		40～75	70～150	

3. 使用液压油的注意事项

（1）应保持液压油的清洁，防止金属屑和纤维等杂物进入油中。

（2）油箱内壁一般不允许涂刷油漆，以免油中产生沉淀物质。

（3）为防止空气进入系统，回油管口应在油箱液面以下，并将管口切成斜面；液压泵和吸油管路应严格密封；液压泵和油管的安装高度应尽量小些，以减少液压泵吸油阻力；必要时在系统的最高处设置放气阀。

（4）定期检查油液质量和油面高度。

（5）应保证油箱的温升不超过液压油允许的范围，通常不超过 70 ℃，否则应进行冷却。

任务1.3　液体静力学

学习目标

1. 掌握压力及其表示方法。
2. 理解帕斯卡原理及其应用。
3. 掌握液体静力学基本性能。

学习过程

学习网络教学资源，用 PPT 演示液体静力学基本性能。

液体静力学主要讨论液体静止时的受力平衡规律及这些规律的应用。所谓"静止"是指液体内部各质点间没有相对位移，也就是不呈现黏性，因此没有剪应力，只有静压力。

1.3.1 液体静压力及其性质

1. 静压力

作用在液体上的力有两种：质量力和表面力。质量力即液体自身重力；表面力可以是其他物体作用于液体上的力，也可以是一部分液体对另一部分液体的作用力。表面力又分法向力和切向力，当液体静止时，液体各质点间没有相对位移，没有切向力，只有法向力。静止液体内某处单位面积上所受的法向力称为静压力，即

$$p = \frac{F}{A} \tag{1-10}$$

压力的国际单位是 Pa 或 N/m²，工程上常用 MPa、bar、kgf/cm²，1 MPa = 10⁶ Pa，1 bar = 1.02 kgf/cm² = 0.1 MPa。

2. 静压力的特性

（1）液体静压力垂直于受压面，方向和该面的内法线方向一致。

（2）静止液体内任一点的静压力在各方向上都相等。

1.3.2 液体静力学基本方程

如图 1-3-1，静止液体表面受压力 p_0，自液面向下取高度为 h 的微小圆柱体，底面积为 A，对该圆柱体进行受力分析：上表面受力 p_0A、自身重力 ρghA、下表面受力 pA，各力使圆柱体处于力学平衡状态。在垂直方向列出受力平衡方程式，则

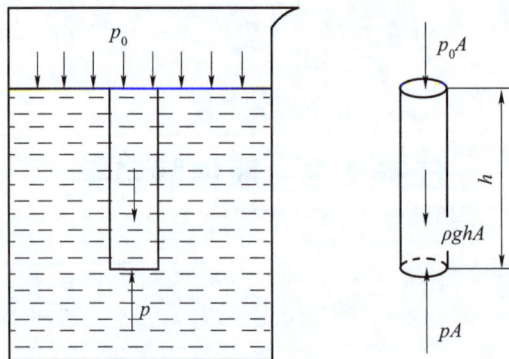

图 1-3-1 重力作用下压力分布

$$pA = p_0A + \rho ghA \tag{1-11}$$

简化后

$$p = p_0 + \rho gh \tag{1-12}$$

可见，静止液体的压力具有以下特征。

（1）静止液体内任一点处的压力都由两部分组成。

（2）静止液体内压力随深度呈线性规律分布。

（3）深度相同的各点组成一水平等压面。

1.3.3　液体压力的表示方法

压力有两种表示方法，一种是以绝对真空为基准所表示的压力，称为绝对压力；一种是以大气压作为基准所表示的压力，称为相对压力。由于大多数测压仪表测得的压力都是相对压力，所以相对压力又称为表压力。

$$相对压力 = 绝对压力 - 大气压力 \tag{1-13}$$

如果液体中某处绝对压力小于大气压，这时绝对压力比大气压小的那部分数值叫真空度，即

$$真空度 = 大气压力 - 绝对压力 \tag{1-14}$$

绝对压力、大气压力、相对压力、真空度之间的关系如图 1-3-2 所示。

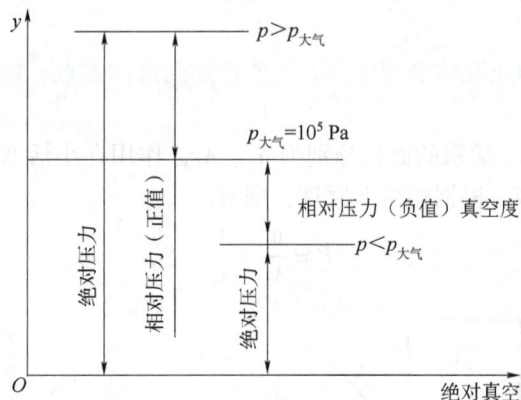

图 1-3-2　绝对压力、大气压力、相对压力、真空度之间的关系

1.3.4　帕斯卡原理

例 1-1　如图 1-3-3，容器内盛有油液。已知油的密度 $\rho = 900 \ kg/m^3$，作用在活塞上的力 $F = 2\,000 \ N$，活塞面积 $A = 1 \times 10^{-3} \ m^2$。不计活塞质量，求活塞下方 $h = 0.8 \ m$ 处的压力是多少。

解：外力 F 作用在液体表面的压力

$$p_0 = \frac{F}{A} = \frac{2\,000 \ N}{1 \times 10^{-3} \ m^2} = 2 \times 10^6 \ Pa$$

深度为 h 处的液体压力为

$$p = p_0 + \rho g h = 2 \times 10^6 \ Pa + 900 \times 9.8 \times 0.8 \ N/m^2$$

$$= 2.007\,056 \times 10^6 \ Pa$$

$$\approx 2.0 \times 10^6 \ Pa$$

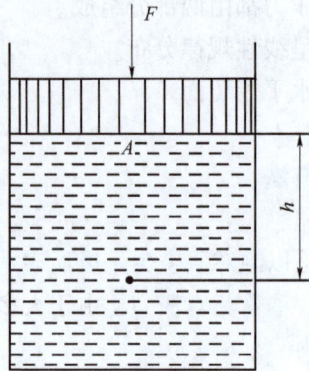

图 1 - 3 - 3　例 1 - 1 图

实验表明，液体在外界压力作用下，由液体自重所产生的压力 ρgh 相对很少，在液压系统中可以忽略不计，可近似认为整个液体内部的压力是相等的，等于液体表面的压力。也就是说，同一密闭容器内，压力处处相等。密闭容器内油液表面的外力 F 变化时，引起作用在表面的压力 p_0 随之发生变化，只要液体仍保持静止状态，液体中的任一点压力也将发生同样大小的变化。

施加于密闭容器内静止液体上的压力以等值传递到液体各点，这就是帕斯卡原理，或称静压传递原理。

如图 1 - 3 - 4，大、小活塞的面积分别为 A_2、A_1，作用在小活塞上的外负载为 F，大活塞上举起的重物重力为 W，根据帕斯卡原理，则有

$$P = \frac{W}{A_2} = \frac{F}{A_1} \qquad\qquad (1 - 15)$$

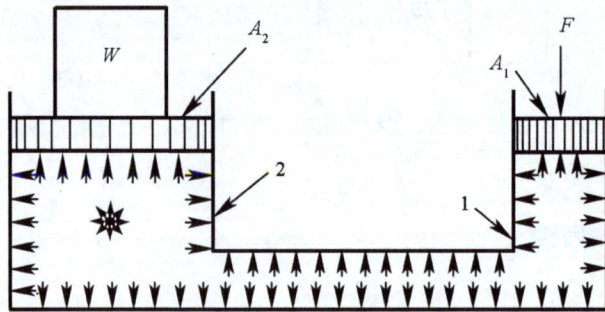

1，2—液压缸

图 1 - 3 - 4　帕斯卡原理图

由此可以看出液体内的压力是由外界负载作用形成的，即压力决定于负载，这是液压传动中一个重要的概念。

1.3.5　液体对固体壁面的作用力

静止液体与固体壁面相接触时，固体壁面将受到液体压力的作用。当固体壁面为一平面

时，液体压力对该平面的总作用力 F 等于液体压力 p 与该平面面积 A 的乘积，其作用方向与该平面垂直。对于液压缸，如图 1-3-5 （a），在无杆腔活塞（活塞直径为 D，面积为 A）左侧所受的液体作用力 F 为

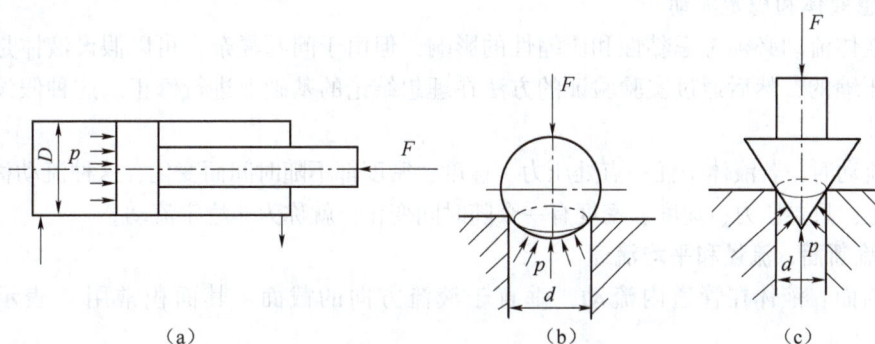

图 1-3-5　液体作用在固体壁面上的力
（a）液压缸；（b）球面体；（c）圆锥面体

$$F = pA \tag{1-16}$$

当固体壁面为一曲面时，液体压力在该曲面某方向 x 上的总作用力 F_x 等于液体压力与曲面在该方向投影面积 A_x 的乘积，如图 1-3-5 （b）的球面和图 1-3-5 （c）的圆锥体面，液体沿垂直方向作用在球面和锥面上的力，就等于压力 p 与该部分曲面在垂直方向的投影面积 A_x 的乘积，其作用点通过投影圆的圆心，方向垂直向上，即

$$F_x = pA_x = p\frac{\pi d^2}{4} \tag{1-17}$$

任务 1.4　液体动力学性能

学习目标
1. 掌握液体动力学基本术语。
2. 会应用液体动力学三大方程。

学习过程
学习网络教学资源，用 PPT 演示液体动力学性能。

在液压传动系统中，液压油总是在不断地流动着，液体动力学主要讨论液体的流动状态、运动规律、能量转换及流动液体液动力等问题，主要讲解液体流动的 3 个基本方程：连续性方程、伯努利方程和动量方程，即液体流动的质量守恒、能量守恒、动量守恒三大定律。它们是液压技术中分析问题和设计计算的理论依据。

1.4.1 基本概念

1. 理想液体和稳定流动

研究液体流动必须考虑黏性和压缩性的影响，但由于问题复杂，可以假设液体是没有黏性和不可压缩的，然后通过实验验证的方法在理想结论的基础上进行修正。这种假设液体称为理想液体。

液体流动时，若液体中任一点处压力、速度、密度都不随时间而变化，这种流动称为稳定流动。反之，只要压力、速度、密度有一个随时间变化，就称为非稳定流动。

2. 过流断面、流量和平均流速

过流断面：液体在管道内流动，垂直于液流方向的截面。其面积常用 A 表示，单位为 m^2。

流量：单位时间内流过某一过流断面的液体体积。用 q_v 表示，单位为 m^3/s 或 L/min。

假设理想液体在一直管内做稳定流动，管道截面积为 A，过流断面上各质点的流速 u 相等，则时间 t 内流过某一过流断面的液体体积 $V = Aut$，所以流量为

$$q_v = \frac{V}{t} = \frac{Aut}{t} = Au \qquad (1-18)$$

由于液体的黏性，过流断面上各点的速度并不相等，也难以确定，如图 1-4-1 所示。为此，科学家提出了平均流速的概念，用 v 表示，即假设过流断面上各点流速均匀分布，且有如下流量关系式：

$$q_v = vA \qquad (1-19)$$

从而得出过流断面上的平均流速为

$$v = \frac{q_v}{A} \qquad (1-20)$$

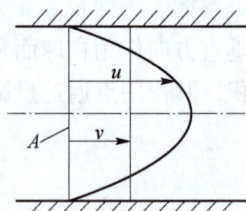

图 1-4-1 平均流速

在液压缸工作时，活塞的运动速度等于缸内液体的平均流速。因此，活塞运动速度 $v_活$ 与液压缸有效面积 A、q_v 之间的关系为

$$v_活 = \frac{q_v}{A} \qquad (1-21)$$

当液压缸有效面积一定时，活塞运动速度取决于进入液压缸的流量。

3. 层流、紊流、雷诺数

实际液体流动时具有两种状态，即层流和紊流。可以通过雷诺实验观察这两种现象。

实验装置如图 1-4-2 所示，实验时保持水箱中水位恒定，然后将阀门 8 微微开启，使少量水流流经玻璃管，玻璃管内平均流速 v 很小。这时，如将容器的阀门 4（实验中使用红色水）开启，使水流入玻璃管内，在玻璃管内看到一条明显的直线流，不论红色水放在玻璃管内的什么位置，它都呈直线状，这说明管中红色水和周围的液体没有混杂，管中水流是分层的，层与层间互不干扰，这种流动状态就是层流。如果把阀门 8 缓慢开大，管中液流平均流速 v 增加至某一数值，红色水流开始弯曲颤动，这说明玻璃管内液体层流被破坏，液流紊乱。如果阀门 8 继续开大，平均流速 v 进一步加大，红色水流完全与周围液体混合，红色水流完全消失，这种流动状态称为紊流。

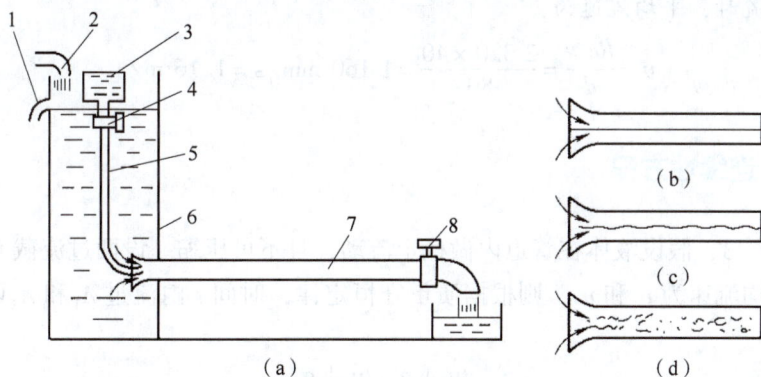

1—溢流装置；2—进水管；3—水杯；4—开关；5—细导管；6—水箱；7—玻璃管；8—阀门

图 1-4-2　雷诺实验装置

（a）实验装置；（b）层流；（c）过渡状态；（d）紊流

如果将阀门 8 逐渐关小，则玻璃管中流动状态又从紊流向层流转变，但转变时阀口面积要比由层流向紊流转变时要小。

实验证明，液体在圆管中流动状态不仅与管内平均流速 v 有关，还与管径 d 和液体的运动黏度 ν 有关，3 个参数组成了一个判定液体流动状态的无量纲数，即雷诺数 Re。

$$Re = \frac{vd}{\nu} \qquad (1-22)$$

液流由层流向紊流转变时的雷诺数和由紊流向层流转变时的雷诺数是不同的，后者数值小，所以一般工程中用后者作为判断液流状态的依据，称为临界雷诺数，记为 Re_c，当实际雷诺数小于 Re_c 时为层流，反之为紊流。常见液流管道的临界雷诺数见表 1-4-1。

表 1-4-1　常见液流管道的临界雷诺数

管道形状	Re_c	管道形状	Re_c
光滑金属圆管	2 320	带环槽的同心环状缝隙	700
橡胶软管	1 600~2 000	带环槽的偏心环状缝隙	400
光滑同心环状缝隙	1 100	圆柱形滑阀阀口	260
光滑偏心环状缝隙	1 000	锥阀阀口	20~100

雷诺数的物理意义：雷诺数是液流惯性力与黏性力的比值。当雷诺数较大时，惯性力起主导作用，为紊流；当雷诺数较小时，黏性力起主导作用，为层流。雷诺数相同，流动状态相同。

例 1-2　液体在光滑钢管中的平均流速为 $v=4$ m/s，管道内径 $d=80$ mm，油液的运动黏度 $\nu=40$ mm²/s，试判定液体的流动状态。若要保证为层流，其流速应为多少？取 $Re_c=2$ 320。

解：由雷诺数公式

$$Re = \frac{vd}{\nu} = \frac{4 \times 1\,000 \times 80}{40} = 8\,000 > Re_c$$

因此，液体流动状态为紊流。

若保证层流时，平均流速为

$$v = \frac{Re_c \nu}{d} = \frac{2\ 320 \times 40}{80} = 1\ 160 \text{ mm/s} = 1.16 \text{ m/s}$$

1.4.2　连续性方程

如图 1-4-3，假设液体在管道内做稳定流动，且不可压缩。设两过流截面面积为 A_1 和 A_2，液体的平均流速为 v_1 和 v_2，则根据质量守恒定律，时间 t 内流过 A_1 和 A_2 两截面的液体质量相等，即

$$tv_1 A_1 \rho = tv_2 A_2 \rho \qquad (1-23)$$

整理

$$v_1 A_1 = v_2 A_2 = q_v = 常数 \qquad (1-24)$$

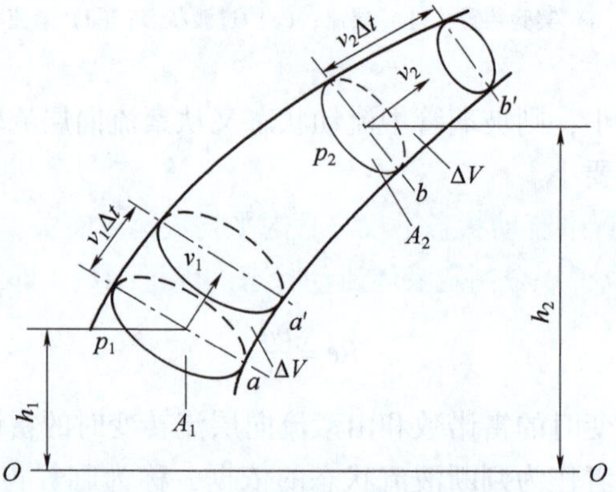

图 1-4-3　液体的流动情况示意图

这就是不可压缩液体做稳定流动的连续性方程。它说明：
(1) 通过无分支管道任一过流截面的流量相等。
(2) 平均流速与管道过流截面积成反比。

1.4.3　伯努利方程

1. 理想液体的伯努利方程

如图 1-4-3，假设管道内液体为理想液体，并做稳定流动。任取一段液流 ab 作为研究对象，设两断面中心到基准面 $O—O$ 的高度分别为 h_1 和 h_2，两过流断面面积分别为 A_1 和 A_2，压力分别为 p_1 和 p_2。断面上流速均匀分布，分别为 v_1 和 v_2。设经过很短时间 Δt 后，ab 段液体移动到 $a'b'$ 位置。

根据能量守恒定律，外力对液体（ab 段）做的功等于液体能量的变化量，即

$$(p_1 - p_2) \Delta V = \rho g \Delta V (h_2 - h_1) + \frac{1}{2} \rho \Delta V (v_2^2 - v_1^2) \qquad (1-25)$$

由 $\Delta V = A_1 v_1 \Delta t = A_2 v_2 \Delta t$，整理后得理想液体的伯努利方程

$$p_1 + \rho g h_1 + \frac{1}{2} \rho v_1^2 = p_2 + \rho g h_2 + \frac{1}{2} \rho v_2^2 \qquad (1-26)$$

理想液体伯努利方程的物理意义：在密闭管道内做稳定流动的理想液体具有压力能、位能和动能 3 种能量，在流动过程中，3 种能量可以相互转化，但在任一过流截面上 3 种能量之和为定值。

2. 实际液体的伯努利方程

由于实际液体存在黏性，管道内过流断面上流速分布不均匀，用平均流速代替实际流速，存在动能误差，为此引入动能修正系数 α。又由于黏性，液体内各质点间存在内摩擦，与管壁存在摩擦，管路局部形状与尺寸变化等都要消耗能量，因此实际液体流动存在能量损失 Δp_w。

因此，实际液体的伯努利方程为

$$p_1 + \rho g h_1 + \frac{1}{2}\rho \alpha_1 v_1^2 = p_2 + \rho g h_2 + \frac{1}{2}\rho \alpha_2 v_2^2 + \Delta p_w \qquad (1-27)$$

式中　α——动能修正系数，紊流时 $\alpha = 1$，层流时 $\alpha = 2$。

伯努利方程反映了液体流动过程中的能量变化规律，是流体力学中一个特别重要的基本方程。

应用伯努利方程时必须注意：两断面需顺流向选取，否则 Δp_w 为负值，且应选在缓变的过流断面上选取适当的水平基准面，断面中心在基准面以上时，h 取正值，反之取负值。两断面的压力表示应相同，即同为相对压力或同为绝对压力。

例 1 - 3　如图 1 - 4 - 4，液压泵的安装高度为 $H = 0.5$ m，泵出口处流量为 $q_v = 40$ L/min，吸油管直径 $d = 40$ mm。设液压油运动黏度 $\nu = 40$ mm²/s，密度 $\rho = 900$ kg/m³，不计能量损失，试计算液压泵吸油口处的真空度。

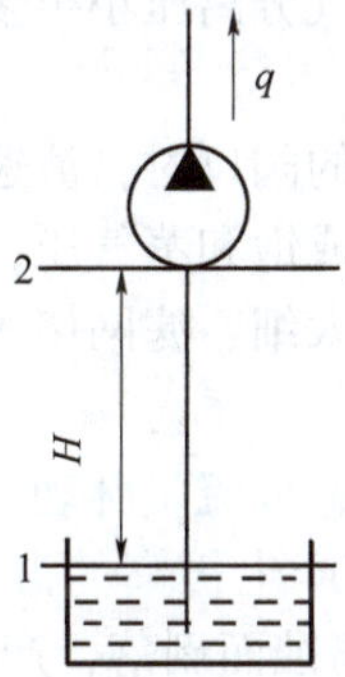

图 1 - 4 - 4　泵从油箱吸油的示意图

解：（1）计算吸油管内液体流速：

$$v = \frac{q_v}{A} = \frac{\dfrac{40 \times 10^{-3}}{60}}{\dfrac{3.14 \times (40 \times 10^{-3})^2}{4}} = 0.53 \text{（m/s）}$$

（2）计算实际雷诺数 Re。

$$Re = \frac{vd}{\nu} = \frac{0.53 \times 1\,000 \times 40}{40} = 530 < Re_c$$

判断吸油管内液体为层流。

（3）取油箱液面 1—1、泵吸油口截面 2—2，α_1、α_2 分别为 1—1 和 2—2 的动能修正系数，并列伯努利方程：

$$p_1 + \rho g h_1 + \frac{1}{2}\rho \alpha_1 v_1^2 = p_2 + \rho g h_2 + \frac{1}{2}\rho \alpha_2 v_2^2 + \Delta p_w$$

式中，取油箱液面为高度方向基准面，压力取相对压力，所以 $p_1 = 0$，$h_1 = 0$，$v_1 \ll v_2$，$v_1 \approx 0$，$h_2 = H$，$\alpha_2 = 2$，$\Delta p_w = 0$，上式代入数值得：

$$0 + 0 + 0 = p_2 + 900 \times 9.8 \times 0.5 + \frac{1}{2} \times 900 \times 2 \times 0.53^2 + 0$$

$$p_2 = -4\ 663 \quad (\text{Pa})$$

因此，液压泵吸油口处的真空度为 4 663 Pa。

液压泵吸油口的真空度由 3 部分组成：把油液提升到一定高度 h 所需的压力；产生一定流速所需的压力；吸油管内的压力损失。液压泵形成真空度的能力，表示泵自吸能力的好坏，但液压泵吸油口真空度不能太大，即泵吸油口处的绝对压力不能太低，否则就会产生气穴现象，造成液压泵的噪声过大，因此在实际使用中 h 一般应小于 0.5 m，并且采用较大直径的吸油管，使管路尽可能短些，以减少液体流速和压力损失。有时为使吸油条件得到改善，采用浸入式或倒灌式安装，即使液压泵的吸油高度小于 0。有时为了改善吸油条件，也可以采用在油液表面加压的密封油箱。

3. 气穴现象

在液压系统中，空气在液压油中的溶解度与液体的绝对压力成正比。当流速突增、供油不足时，压力会迅速下降，油液蒸发形成气泡；当压力低于空气分离压时，溶于油液中的空气游离出来也形成气泡，使油液中夹杂气泡，这种现象称为气穴现象。当液压油的压力继续下降至低于一定数值时，油液本身便迅速汽化，产生大量蒸气，这个压力为油液的饱和蒸气压。一般来说，油液的饱和蒸气压比空气分离压小很多。

1）气穴的产生及危害

当液压油流经过流断面积收缩较小的阀口时，流速会很高，根据伯努利方程，该处的压力会很低，如果压力低于空气的分离压或饱和蒸气压，就会出现气穴现象。在液压泵的吸油过程中，如果泵安装位置过高、吸油管太细、滤网堵塞、泵转速过快，将会使吸油腔压力低于空气分离压。

大量的气泡破坏了液流的连续性，造成流量脉动，噪声增大。当气泡随油液进入高压区时，受周围高压作用迅速破灭，使局部产生极高的温度（1 000 ℃以上）和冲击压力（几百 MPa），导致金属表面被变质的油液腐蚀而剥落，产生气蚀（图 1-4-5），严重影响液压元件的工作性能。

图 1-4-5 气蚀

2）减少气穴的措施

减少气穴的主要措施是避免液压系统中压力过低，可通过以下途径实现。

（1）减小小孔前后的压力差，压力比控制在 $\frac{p_1}{p_2} < 3.5$。

（2）降低泵的安装高度，适当加大吸油管内径，限制吸油管内流速。

（3）提高密封能力，防止空气进入，降低油液中的含气量。

（4）液压泵转速不能过高，以防吸油不充分。

（5）管路要尽可能直，避免急弯和局部窄缝。

（6）提高元件的抗氧化、抗气蚀能力，采用抗气蚀能力强的金属材料（铸铁的抗气蚀能力较差，青铜较好）。

1.4.4　动量方程

在液压传动中，通常应用动量方程计算液流作用在壁面上的力。

根据动量定理，作用在物体上的力的大小等于物体在力的作用方向上动量的变化率，即

$$\sum \boldsymbol{F} = \frac{mv_2 - mv_1}{\Delta t} \tag{1-28}$$

对于做稳定流动的液体，忽略其可压缩性，将 $m = \rho q_v \Delta t$ 代入上式，同时考虑黏性对流速的影响，引入动量修正系数 β，则有液体做稳定流动的动量方程：

$$\sum \boldsymbol{F} = \rho q_v (\beta_2 \boldsymbol{v}_2 - \beta_1 \boldsymbol{v}_1) \tag{1-29}$$

使用该动量方程要注意：该方程为矢量方程，$\boldsymbol{F}$、$\boldsymbol{v}_1$、$\boldsymbol{v}_2$ 为矢量。具体应用时要将各矢量在指定方向进行投影，再列出该方向上的动量方程进行求解。

$\sum \boldsymbol{F}$ 为壁面作用在液体上外力的矢量和，与液体作用在壁面上的力 $\boldsymbol{F}'$（称为稳态液动力）是一对大小相等方向相反的作用力与反作用力，即 $\boldsymbol{F}' = -\sum \boldsymbol{F}$。

紊流时动量修正系数 $\beta = 1$，层流时 $\beta = 1.33$，为简化计算，通常均取 $\beta = 1$。

应用动量方程时应选取适当的控制体。

1.4.5　压力损失

1. 沿程压力损失

液体在等截面的直管中流动时，液体与管壁会产生摩擦，液体分子间也存在内摩擦，因而必然要消耗一部分能量，这种能量损失称为沿程压力损失。实验表明，这种压力损失主要取决于液体的流动速度、黏度，以及管道长度和管径，此外还与 Re 有关。

2. 局部压力损失

液压系统的管路是由若干段管道串联而成的，除等直径的管道外，还有管道弯曲、管道截面急剧变化、管道分支等情况，为了控制和测量的需要，经常要在管道上安装控制阀及其附件。这样液体在管道中流动时，流经截面的扩大或缩小，管道弯头、控制阀的阀口等处都会造成能量损失。一般将液流通过这些局部处引起的能量损失称为局部压力损失。液流通过

局部阻力处时，由于液流的方向和速度突然改变，并形成旋涡，使质点间相互碰撞而消耗了能量；另外，截面流速急剧变化产生的附加摩擦也消耗能量，这些都是产生局部压力损失的主要原因。

3. 管路系统的总压力损失

管路系统的总压力损失等于所有的沿程压力损失与所有的局部压力损失之和。应当指出，计算液压系统总的压力损失 Δp_w 时，由于参数多，用公式计算很麻烦，一般性的液压系统中，往往采用近似估算的方法。例如，将泵的出口压力取为液压执行元件工作压力的 $1.3 \sim 1.5$ 倍，则其压力损失为

$$\Delta p_w = (0.3 \sim 0.5)p \tag{1-30}$$

对于简单系统取小值，对于复杂的系统则取大值。

压力损失不利于液压系统的正常工作，压力损失过大不仅会降低系统效率，也会使系统温度升高，应采取必要的措施来减少压力损失。

常常采取以下措施减少液压系统的压力损失。

（1）将油液的流速限制在适当的范围内。

（2）使管道内壁光滑。

（3）使油液的黏度适当。

（4）尽量缩短管道长度，减少管道的弯曲和突然变化。

压力损失也有有利的一面，如流量控制阀和压力控制阀的阀口的节流作用，就是利用阻力所形成的压力差来控制动作的（这种压力损失称为节流现象）。

任务 1.5　实训：认知液压试验台

学习目标

1. 参观液压试验台，能初步明白液压传动系统的工作原理与组成。

2. 对液压元件有初步的认识。

3. 了解液压传动的特点、应用与发展。

学习过程

参观认识液压试验台，参观过程中对技术报国有着强烈的使命感、责任感。

安全、有序参观液压试验台，操作试验台上由教师构建好的磨床工作台模拟控制系统，写出液压试验台中各组成部分的名称及作用。记录各种阀的标准图形符号，认识液压元件。

实习注意事项：

（1）注意安全，将各种阀平放于台面上，以免砸伤。

（2）液压系统压力（泵压）控制在 $4 \sim 5$ MPa，调节溢流阀可以调节系统压力。

（3）关闭泵之前将溢流阀压力调至最小，以免造成油管堵塞，拔不下来。

（4）管路连接后，确认连接好方可通电，以免漏油。

（5）遵循学院的 7S 管理规定（整理、整顿、清扫、清洁、安全、素养、节约），实习完打扫好工作台面及地面。

✖ 拓展实习：拆装液压千斤顶

（1）拆卸液压千斤顶之前，应将液压回路卸压。否则，应把与液压千斤顶相连接的油管接头拧松时，回路中的高压油就会迅速喷出。液压回路卸压时应先拧松溢流阀等处的手轮或调压螺钉，使压力油卸荷，然后切断电源或切断动力源，使液压装置停止运转。

（2）拆卸时应防止损伤活塞杆顶端螺纹、油口螺纹、活塞杆表面、缸套内壁等。为了防止活塞杆等细长件弯曲或变形，放置细长件时应用垫木支承均衡。

（3）拆卸时要按顺序进行。由于各种液压千斤顶的结构和大小不尽相同，拆卸顺序也稍有不同。一般应先放掉液压千斤顶两腔的油液，然后拆卸缸盖，最后拆卸活塞与活塞杆。在拆卸液压千斤顶的缸盖时，对于内卡键式连接的卡键或卡环要使用专用工具，禁止使用扁铲；对于法兰式端盖必须用螺钉顶出，不允许锤击或硬撬；在活塞和活塞杆难以抽出时，不可强行打出，应先查明原因再进行拆卸。

（4）拆卸前后要防止液压千斤顶的零件被周围的灰尘和杂质污染。

（5）液压千斤顶拆卸后要认真检查，以确定哪些零件可以继续使用，哪些零件可以修理后再用，哪些零件必须更换。

（6）装配前必须对各零件用煤油仔细清洗。

（7）要正确安装各处的密封装置。

①安装 O 形圈时，不要将其拉到永久变形的程度，也不要边滚动边套装，否则可能因形成扭曲状而漏油。

②安装 Y 形和 V 形密封圈时，要注意其安装方向，避免因装反而漏油。对 Y 形密封圈而言，其唇边应对着有压力的油腔，此外，还要注意区分 Y 形密封圈是轴用还是孔用，不要装错。V 形密封圈由形状不同的支承环、密封环和压环组成，当压环压紧密封环时，支承环可使密封环产生变形而起密封作用，安装时应将密封环的开口面向压力油腔；调整压环时，应以不漏油为限，不可压得过紧，以防密封阻力过大。

③密封装置如与滑动表面配合，装配时应涂以适量的液压油。

④拆卸后的 O 形密封圈和防尘圈应全部换新。

（8）拧紧螺纹连接件时应使用专用扳手，扭力矩应符合标准要求。

（9）活塞与活塞杆装配后，须设法测量其同轴度和在全长上的直线度是否超差。

（10）装配完毕后，活塞组件移动时应无阻滞感和阻力大小不均匀等现象。

（11）向主机上安装液压千斤顶时，进出油口接头之间必须加上密封圈并紧固好，以防漏油。

（12）按要求装配好液压千斤顶后，应在低压情况下进行几次往复运动，以排除缸内气体。

任务总结与评价

1. 组织小组讨论， 各小组推选代表做工作总结， 用 PPT 进行成果展示。
2. 各小组对成果展示做评价。

⊗ 任务考核习题

一、填空题

1. 一个完整的液压传动装置由以下几部分组成：_____、_____、_____、_____、工作介质。

2. 液压泵把原动机输出的_____能转换成_____能，为整个液压系统提供动力，是_____元件。

3. 液压管路中的压力损失可分为两种，一种是_____，一种是_____。

4. 液体的流动状态分为_____和_____，通过_____实验可以观察。

5. 液压传动是以_____为工作介质，利用液体的_____来实现运动和力的传递的一种传动方式。

6. 在液压系统中，由于某些原因使液体压力突然急剧上升，形成很高的压力峰值，这种现象称为_____。

7. 液体的黏性是由分子间内聚力阻碍其相对运动产生的一种_____引起的，其大小可用黏度来度量。温度越高，液体的黏度越_____；液体所受的压力越大，其黏度越_____。

8. 绝对压力等于大气压力_____，真空度等于大气压力_____。

9. 液压系统的压力取决于_____的大小，执行元件的运动速度取决于_____的大小。

10. 液压油的牌号是用_____表示的。L—HL32 表示_____。

11. 液体的黏度包括_____、_____、_____ 3 种。

二、选择题

1. 在液体流动中，因某点处的压力低于空气分离压而产生大量气泡的现象，称为（　　）。

A. 层流　　　　　　　B. 液压冲击　　　　C. 气穴现象　　　D. 紊流

2. 下面哪一种状态是层流？（　　）

A. $Re < Re_c$　　　　B. $Re = Re_c$　　　　C. $Re > Re_c$

3. 流量连续性方程是（　　）在流体力学中的表达形式。

A. 能量守恒定律　　B. 动量定理　　　C. 质量守恒定律　　D. 其他

4. （　　）是液压系统的执行元件。

A. 电动机　　　　B. 液压缸　　　　C. 液压泵　　　　D. 液压控制阀

5. （　　）是液压系统的动力元件。

A. 电动机　　　　　B. 液压缸　　　　　C. 液压泵　　　　　D. 液压控制阀

6. （　　）是液压系统的控制元件。

A. 电动机　　　　　B. 液压缸　　　　　C. 液压泵　　　　　D. 液压控制阀

三、判断题

1. 液压传动适于在传动比要求严格的场合采用。 （　　）

2. 简单地说，伯努利方程是指理想液体在同一管道中做稳定流动时，其内部的动能、位能、压力能之和为一常数。 （　　）

3. 溢流阀是液压系统的控制元件。 （　　）

4. 液体在不等横截面的管中流动，液流速度和液体压力与横截面积的大小成反比。 （　　）

5. 液压千斤顶能用很小的力举起很重的物体，因而能省功。 （　　）

6. 空气侵入液压系统，不仅会造成运动部件的"爬行"，而且会引起冲击现象。 （　　）

7. 用来测量液压系统中液体压力的压力计所指示的压力为相对压力。 （　　）

8. 液压泵是液压系统的执行元件。 （　　）

9. 液压油是液压系统的动力元件。 （　　）

10. 以大气压力为基准测得的高出大气压的那一部分压力称绝对压力。 （　　）

四、计算题

1. 在题图 1 – 1 的简化液压千斤顶中，$T = 294$ N，大、小活塞的面积分别为 $A_2 = 5 \times 10^{-3}$ m²、$A_1 = 10^{-3}$ m²，忽略损失，试解答下列各题。

（1）通过杠杆机构作用在小活塞上的力 F_1 及此时系统压力 p 为多少？

（2）大活塞能顶起重物的重力 G 为多少？

（3）大、小活塞运动速度哪个快？快多少？

（4）设需顶起的重物 $G = 19\,600$ N 时，系统压力 p 为多少？作用在小活塞上的力 F_1 应为多少？

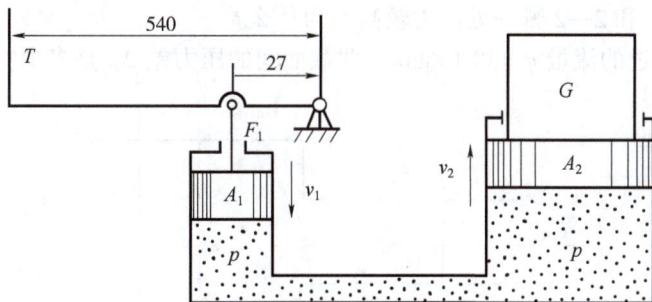

题图 1 – 1

2. 如题图 1 – 2，已知活塞面积 $A = 10^{-2}$ m²，包括活塞自重在内的总负重 $G = 10$ kN，问：从压力表上读出的压力 P_1、P_2、P_3、P_4、P_5 各是多少？

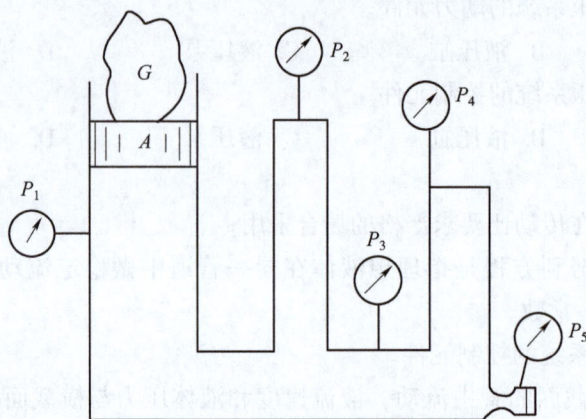

题图 1-2

3. 题图 1-3 液压装置，$d_1 = 20$ mm，$D_1 = 80$ mm，$d_2 = 40$ mm，$D_2 = 120$ mm，$q_1 = 25$ L/min，试求：v_1、v_2、q_2 各为多少？

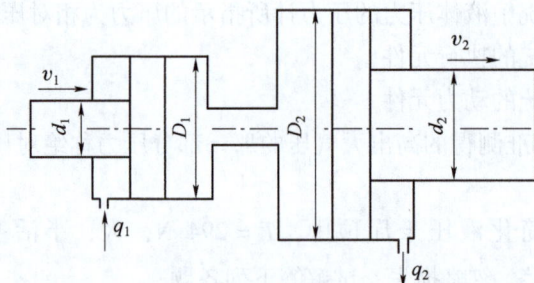

题图 1-3

4. 液压油在钢管中流动，已知管道直径 $D = 50$ mm，液压油运动黏度 $\nu = 40$ mm²/s，取 $Re_c = 2\,320$，如果液流为层流，求：管内的平均流速 v 和通过的最大流量 q_{max}。

5. 如题图 1-4，油管水平放置，截面 1-1、2-2 处的内径分别为 $d_1 = 5$ mm，$d_2 = 20$ mm，在管内流动的油液密度 $\rho = 900$ kg/m³，运动黏度 $\nu = 20$ mm²/s，不计压力损失，试问：

（1）截面 1—1 和 2—2 哪一处压力较高？为什么？

（2）若管内通过的流量 $q = 30$ L/min，两截面间的压力差 Δp 是多少？

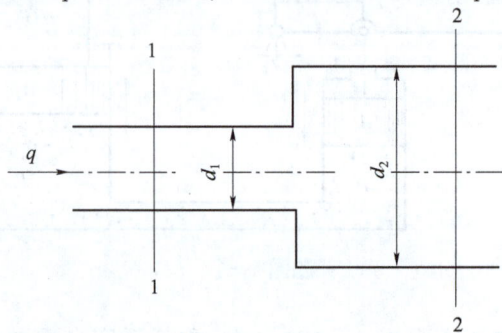

题图 1-4

项目2 简化的磨床工作台液压系统

学习目标

1. 能正确使用拆装工具，拆装程序合理规范。
2. 能理解液压泵的工作原理。
3. 能理解液压缸的工作原理。
4. 能理解各种换向阀的工作原理。
5. 能正确组装简化的磨床工作台往复运动液压回路，能分析并排除故障。
6. 能对拆装过程进行故障分析及总结。
7. 能设计各种换向回路。
8. 培养标准意识、规范意识，强化遵纪守法意识。
9. 培养学生团结协作意识和主动学习的态度。

大国重器——世界
最大模锻液压机

工作情境描述

通过对简化的磨床工作台往复运动液压系统（图2-0-1）的认知学习，要求学生掌握换向回路的基本特点及液压元件的选用及原理。学生接受拆装液压泵、液压缸、液压阀任务，制订工作计划，熟练使用拆卸工具，掌握其基本结构及原理；通过组装回路，了解换向阀、换向回路的基本概念，同时对整个实训过程进行总结。工作过程中遵循工作现场7S管理规范。

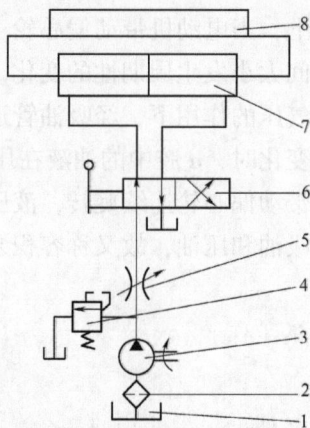

磨床工作台
动画

1—油箱；2—过滤器；3—液压泵；4—溢流阀；5—节流阀；6—换向阀；7—液压缸；8—工作台

图2-0-1 简化的磨床工作台液压系统

任务 2.1　液压泵

学习目标

1. 掌握液压泵的工作原理。
2. 熟悉液压泵的各类参数，会画液压泵的职能符号。
3. 掌握齿轮泵的工作原理、结构要点。
4. 掌握叶片泵的工作原理、结构要点。
5. 掌握柱塞泵的工作原理。

学习过程

学习网络教学资源，用 PPT 演示液压泵工作原理。

　　任何工作系统都需要动力驱动。液压系统则是以液压泵作为动力元件，向系统提供一定的流量和压力。液压泵由电动机带动将液压油从油箱中吸出，并以一定的压力输送到系统中，驱动执行元件运动做功。其作用是将电动机（或其他原动机）输入的机械能转换为液体的压力能，为液压系统提供压力油。液压泵的性能好坏直接影响到液压系统的工作性能和可靠性，在液压传动中占有极其重要的地位。

2.1.1　液压泵的概述

1. 液压泵的工作原理

　　图 2-1-1 为液压泵的工作原理。柱塞 2 装在缸体 3 内，并左右移动，在弹簧 4 的作用下，柱塞紧压在偏心轮 1 的外表面上，当电动机带动偏心轮 1 旋转时，偏心轮即推动柱塞 2 左右运动，从而使密封容积 a 的空间大小发生周期性的变化。当容积由小到大变化时，a 腔形成部分真空，油箱中的油液在大气压的作用下，经吸油管道顶开单向阀 6 进入油腔 a 实现吸油过程；反之，当容积由大到小变化时，a 腔中的油液在压力的作用下，顶开单向阀 5 进入液压系统实现压油过程。电动机带动偏心轮连续旋转，液压泵就不断地吸油和压油。由于液压泵依靠工作腔的容积变化进行吸油和压油，故又称容积泵。

　　构成液压泵的基本条件是：
（1）结构上能形成具有密封性的工作腔。
（2）工作腔能周期性地增大或减小。
（3）应有配流装置，使吸油口与压油口不能相通。
（4）油箱不能做成真空结构。

1—偏心轮；2—柱塞；3—缸体；4—弹簧；5、6—单向阀

图 2-1-1　液压泵工作原理

单柱塞泵工作
原理动画

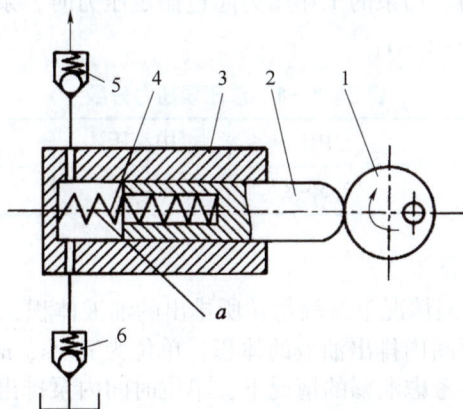

液压泵的常用类型有齿轮泵、叶片泵、柱塞泵、螺杆泵等，每一类中又有不同的结构型式。工作腔几何参数固定不变，在每一工作周期中，吸入、排出的液体体积恒定，这种泵称为定量泵。有些结构型式的泵是变量型的，即可以通过某种结构措施改变其工作腔的容积。液压泵的分类如下：

（1）按输出流量能否调节，分为定量泵和变量泵。

（2）按结构型式，分为齿轮式、叶片式、柱塞式、螺杆式等。

（3）按输油方向能否改变，分为单向泵和双向泵。

（4）按使用压力，分为低压泵、中压泵、中高压泵和高压泵。

液压泵的职能符号如图 2-1-2 所示。

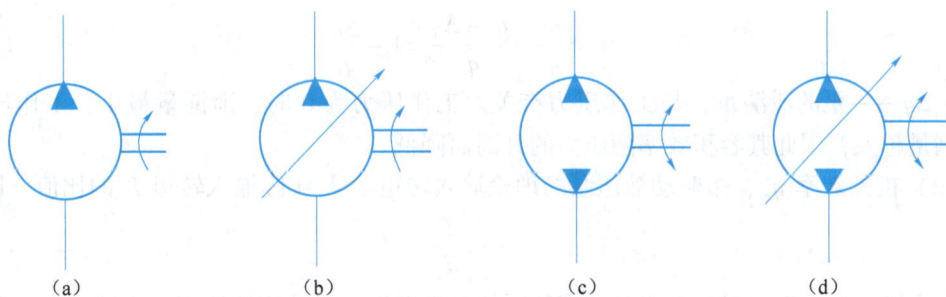

（a）　　　　　　（b）　　　　　　（c）　　　　　　（d）

图 2-1-2　液压泵的职能符号

（a）单向定量液压泵；（b）单向变量液压泵；（c）双向定量液压泵；（d）双向变量液压泵

2. 液压泵的性能参数

1）液压泵的压力

（1）工作压力 p，指液压泵工作时输出油液的实际压力，其大小取决于外界负载，外负载增大，泵的工作压力也随之升高。

（2）额定压力 p_n，液压泵的额定（公称）压力是标（铭）牌上所标定的压力，指液压泵在正常工作条件下，按实验标准规定连续运转的最高工作压力。泵的额定压力大小受泵本

身的泄漏和结构强度所制约。当泵的工作压力超过额定压力时，泵就会过载。

液压泵压力分级见表2-1-1。

表2-1-1 液压泵压力分级

压力等级	低压	中压	中高压	高压	超高压
压力/MPa	≤2.5	2.5~8	8~16	16~32	>32

2）液压泵的排量和流量

（1）排量 V，不考虑泄漏情况下泵轴每转所排出的油液体积，常用单位为 m^3/r、mL/r。

（2）流量，泵在单位时间内排出油液的体积，单位为 m^3/s、m^3/min。

①理论流量 q_t 是指在不考虑泄漏的情况下，单位时间内泵排出油液的体积。液压泵的理论流量等于排量和转速的乘积，即

$$q_t = Vn \tag{2-1}$$

②实际流量 q_v 是指泵工作时的实际输出流量。由于泵存在泄漏，泵的实际流量小于理论流量。

③额定流量 q_n 是指泵在额定压力和额定转速下的输出流量。

3）液压泵的功率

液压泵输入的是机械能，表现形式为输入转矩 T_i 和转速 n；其输出的是液体压力能，表现形式为输出流量 q 和压力 p，所以，液压泵输入功率 P_i（单位为 W）为

$$P_i = 2\pi n T_i \tag{2-2}$$

液压泵输出功率 P_o 为

$$P_o = pq_v \tag{2-3}$$

4）液压泵的效率

（1）容积效率 η_v，指液压泵实际流量与理论流量的比值，即

$$\eta_v = \frac{q_v}{q_t} = \frac{q_t - \Delta q}{q_t} = 1 - \frac{\Delta q}{q_t} \tag{2-4}$$

式中　Δq——泵的泄漏量，与工作压力有关。工作压力为 0 时，泄漏量最小，工作压力越大泄漏量越大，因此其容积效率随压力的升高而降低。

（2）机械效率 η_m，指驱动液压泵的理论输入转矩 T_t 与实际输入转矩 T_i 的比值，即

$$\eta_m = \frac{T_t}{T_i} \tag{2-5}$$

由于液压泵在工作时存在机械摩擦和液体黏性摩擦，导致实际所需输入转矩大于理论输入转矩。

（3）总效率 η，指泵输出功率与输入功率的比值，即

$$\eta_m = \frac{P_o}{P_i} = \eta_v \eta_m \tag{2-6}$$

由式（2-6）可知，液压泵的总效率等于容积效率和机械效率的乘积。

2.1.2 齿轮泵

齿轮泵是一种常用的液压泵，其主要特点是：结构简单、工艺性好、体积小、质量轻、价

格低、自吸性能好、对油的污染不敏感、工作可靠。由于齿轮泵是轴对称的旋转体，因而允许有较高的转速，但流量脉动和困油现象较严重，噪声大，排量不可变。低压齿轮泵的工作压力为2.5 MPa；中、高压齿轮泵的工作压力为16～20 MPa；某些高压齿轮泵的工作压力可达32 MPa。齿轮泵的最高转速一般可达3 000 r/min，某些齿轮泵（如飞机用齿轮泵）最高转速可达8 000 r/min。但其低速性能较差，一般不适于低速运行，当泵的转速低于200～300 r/min时，容积效率将降到不允许运行的地步。

齿轮泵是利用一对齿轮的啮合运动造成吸、排油腔的容积变化进行工作的，啮合的齿轮为其核心零件。按啮合形式，其可分为外啮合齿轮泵和内啮合齿轮泵。外啮合齿轮泵一般采用一对齿数相同的渐开线直齿圆柱齿轮啮合，内啮合齿轮泵除采用渐开线齿轮外，也可采用摆线齿轮。

1. 外啮合齿轮泵

1）工作原理及结构图

图2-1-3为外啮合齿轮泵的工作原理图。齿轮泵由壳体、端盖和齿轮的各个齿间槽组成了许多密封工作腔，当齿轮转向如图2-1-3时，左侧吸油腔由于相互啮合的轮齿逐渐脱开，密封工作腔容积逐渐增大，形成部分真空，油箱中的油液被吸入泵体，将齿间槽充满，并随着齿轮旋转，把油液带到右侧压油腔中。在压油腔一侧，由于齿轮逐渐啮合，密封工作腔容积不断减少，油液被挤压出去。吸油区和压油区是由相互啮合的轮齿及泵体分隔开的。

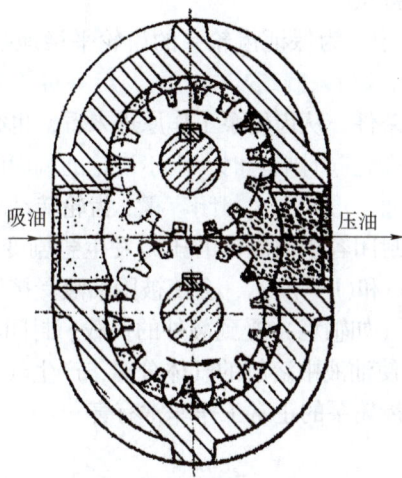

外啮合齿轮泵动画

图2-1-3 外啮合齿轮泵的工作原理

CB—B型齿轮泵的结构如图2-1-4所示，该泵为三片结构，即前后端盖6、2和泵体5，三片由两个定位销11定位，用6个螺钉7连接。为了使齿轮能灵活转动，同时又要使泄漏量最小，在齿轮端面和泵端盖之间应留适当的间隙（轴向间隙），另外为避免齿顶和泵体内壁相碰，齿顶与泵体内表面之间也要留一定的间隙（径向间隙）。该泵采用了内部泄油方式，即油液通过泵的轴向间隙润滑滚针轴承，然后经泄油道9流回吸油腔。在泵体5的前后端面上开有卸荷槽，使泄漏油经由卸荷槽流回吸油腔，同时减轻了泵体与泵盖接合面之间的泄漏油压力，减轻了螺钉承受的拉力。泵不需要设置单独的外泄漏油管。

1—滚针轴承；2—后端盖；3—键；4—主动轮；5—泵体；6—前端盖；7—螺钉；8—传动轴；
9—泄油道；10—卸荷槽；11—定位销

图 2-1-4　CB—B 型齿轮泵的结构

　　该泵为了消除困油现象，在左、右端盖上各铣有两个不对称矩形卸荷槽；为了减小径向作用力不平衡、改善轴承受力情况，采用了缩小压油腔的措施。这种结构的泵其吸油腔不能承受高压，故泵的吸、排油腔不能互换，泵不能反向工作，也不能作液压马达使用。

　　2）外啮合齿轮泵的结构特点

　　（1）困油现象。实际工作中，为保证齿轮泵的齿轮平稳地啮合运转，必须使齿轮啮合的重叠系数 e 略大于1，即前一对轮齿未脱离啮合之前，后一对轮齿已进入啮合。齿的啮合是使泵的高、低压油腔隔开的必要条件。从齿轮泵工作原理来看，也必须保证在任何时刻至少有一对齿轮处于啮合状态。当两对齿轮同时啮合时，由于齿轮的端面间隙很小，这两对齿轮之间的油液与泵的吸、排油腔互不相通，形成一个封闭容积。齿轮转动时，封闭容积会发生变化，使其中的液体压缩或膨胀，造成封闭容积内液体的压力发生急剧变化，这种现象称为困油现象。封闭容积减少如图 2-1-5（a）和（b）所示，会使被困油液受挤压，并从缝隙中挤出而产生很高的压力，油液发热，使机件（如轴承）受到额外的负载。封闭容积增大如图 2-1-5（b）和（c）所示，会造成局部真空，使油液中溶解的气体分离，产生气穴现象。这将使泵产生强烈的振动和噪声，因此困油现象对齿轮泵的正常工作非常有害。

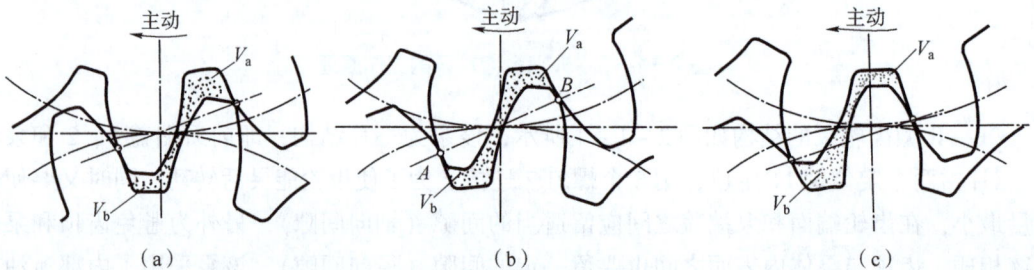

图 2-1-5　困油现象
（a）密封容积最大 Ⅰ；（b）密封容积最小；（c）密封面积最大 Ⅱ

　　消除困油现象的措施：在两侧盖板上开卸荷槽，原则是在保证吸、压油腔互不相通的前提下，设法使封闭容积与吸油腔或压油腔相通。当封闭腔容积减小时，左边的卸荷槽与压油腔相通；封闭容积增大时，右边的卸荷槽与吸油腔相通。

（2）径向力不平衡。齿轮泵工作时压油腔的油压高于吸油腔的油压，并且齿顶圆与泵体内表面之间存在径向间隙，油液会通过间隙泄漏。因此从压油腔起，沿齿轮外缘至吸油腔的每个齿间内的油压不同，压力依次递减，其分布情况如图2-1-6所示。工作压力越大，径向力不平衡越严重，严重时能使泵轴弯曲，导致齿顶接触泵体，产生磨损，同时也降低轴承使用寿命。

消除径向力不平衡的措施：一是缩小压油口直径，使高压仅作用在1、2个轮齿的范围内，这样压力油作用于齿轮上的面积减小，径向力也相应减小，同时适当增加径向间隙，使齿顶不与泵体接触。二是高压齿轮泵开压力平衡槽，在相关零件（通常在轴承座圈）上开出4个接通齿间的压力平衡槽，使其中2个与压油腔相通，另2个与吸油腔相通，这种方法可使作用在齿轮上的径向力大致平衡，但同时也会使泵的高、低压油区更加接近，增加泄漏风险和降低容积效率。三是改善结构，如将结构改造成"三齿轮"形式（图2-1-7），中间齿轮为主动轮，比二齿轮泵仅多了一个齿轮，形成2个吸油腔和2个压油腔。流量虽增加近一倍，但体积、质量增加不大，而且径向力平衡，泵的使用寿命长。

（3）泄漏。齿轮泵存在3条可能产生泄漏的途径：通过齿轮两端面和泵端盖之间的轴向间隙泄漏；通过齿轮齿顶和泵体内表面间的径向间隙泄漏；通过两齿轮齿面啮合处的啮合间隙泄漏。因轴向间隙泄漏的途径短且面积大，故此处的泄漏量最大，占总泄漏量的75%~80%。可见轴向间隙越大，泄漏量也越大，容积效率就越低。但轴向间隙过小，会造成齿轮端面和泵盖间的摩擦加大，从而降低机械效率，因此必须选择合适的轴向间隙。CB型齿轮泵轴向间隙为0.01~0.04 mm，其容积效率和机械效率可达90%以上。

齿轮泵不适合做高压泵。为解决外啮合齿轮泵的内泄漏问题、提高其工作压力，人们现已开发出固定侧板式齿轮泵，其最高压力可达7~10 MPa；可动侧板式齿轮泵的侧板在高压时被往里推，其最高压力可达14~17 MPa。

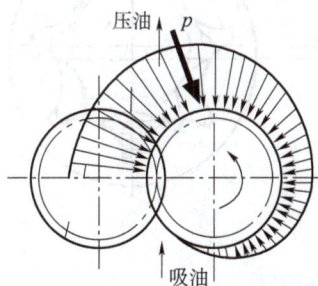

图2-1-6　径向力不平衡

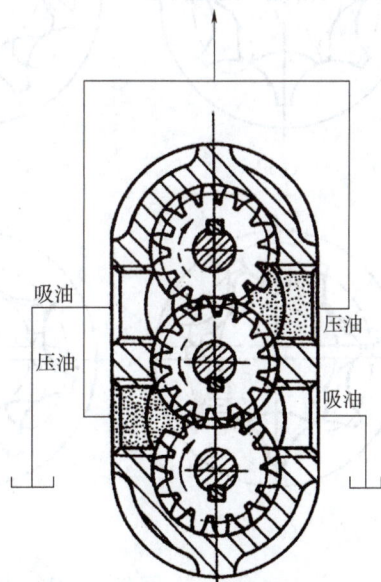

图2-1-7　三齿轮泵工作原理

2. 内啮合齿轮泵

内啮合齿轮泵有渐开线齿轮泵和摆线齿轮泵两种，如图2-1-8所示。在渐开线内啮合齿轮泵中，小齿轮和内齿轮之间要装一块隔板3，将吸油腔1与压油腔2隔开。在摆线内啮合齿轮泵中，小齿轮与内齿轮只相差一个齿，不设置隔板。内啮合齿轮泵中的小齿轮是主动轮。

1—吸油腔；2—压油腔；3—隔板

图2-1-8 内啮合齿轮泵

（a）渐开线式；（b）摆线式

渐开线内啮合齿轮泵的工作原理与外啮合齿轮泵相同，图2-1-9为摆线齿轮泵的工作原理（图中所示为吸油过程，压油过程与图示过程相反）。

图2-1-9 摆线齿轮泵的工作原理

内啮合齿轮泵结构紧凑、尺寸小、质量轻。由于其齿轮转向相同，相对滑动速度小，磨损小，使用寿命长，流量脉动比外啮合齿轮泵小，故压力脉动和噪声都较小。内啮合齿轮泵还允许使用高转速（高转速下的离心力使油液更好地充入密封工作腔），可获得较大的容积效率。其中，摆线内啮合齿轮泵结构更简单，啮合的重叠系数大，传动平稳，吸油条件更好。内啮合齿轮泵的缺点是齿形复杂、加工精度要求高，需要专门的造价较贵的制造设备。

3. 齿轮泵的排量和流量

齿轮泵的排量可按啮合原理来进行精确计算。近似计算时，可认为排量等于它的 2 个齿轮的齿间槽容积之和。设齿间槽容积等于轮齿体积，则当齿轮齿数为 z、节圆直径为 D、齿高为 h、模数为 m、齿宽为 b 时，泵的排量为

$$V = \pi Dhb = 2\pi zm^2 b \tag{2-7}$$

考虑到齿间槽容积比轮齿体积稍大，所以通常取

$$V = 6.66zm^2 b \tag{2-8}$$

泵的实际流量为

$$q = 6.66zm^2 bn\eta_v \tag{2-9}$$

式中　n——泵轴转速；

　　　η_v——容积效率。

4. 齿轮泵的常见故障、原因和解决方法

齿轮泵使用过程中的常见故障有噪声、压力波动、供油不足或不均等。产生故障的原因及排除方法见表 2-1-2。

表 2-1-2　齿轮泵的常见故障、原因及排除方法

故障	原　　因	排　除　方　法
噪声大或压力波动严重	滤油器被污物阻塞或吸油管贴近滤油器底面	清除滤油器铜网上的污物；吸油管不得贴近滤油器底面
	油管露出油面，伸入油箱较浅，或吸油位置太高	吸油管应伸入油箱内 2/3 深，吸油位置不得超过 500 mm
	油箱中的油液不足	按油标规定线加注油液量
	CB 型齿轮泵的泵体与泵盖是硬性接触（不加垫圈），若泵体与泵盖的平面度不好，泵工作时会吸入空气；泵密封不良、接触面或管接头处有泄漏，也会造成空气的侵入	泵体与泵盖的平面度不好，可在平板上用金刚砂研磨，使平面度不超过 5 μm（同时注意保证垂直度的要求）；紧固各连接件，严防泄漏的发生
	泵和电动机的联轴器碰撞	装配时注意保证同轴度的要求；联轴器中的垫圈损坏应及时更换
	轮齿的齿形精度不好	更换齿轮或修整齿形
	CB 型齿轮泵骨架油封损坏或装配时骨架油封内弹簧脱落	及时更换损坏的骨架油封

故障	原　　因	排 除 方 法
输油量不足或压力不能保证	轴向间隙与径向间隙过大	修复或更换泵的相关机件
	连接处有泄漏，混入空气	紧固连接处的螺钉
	油液黏度太高或油温过高	选用合适黏度的液压油，并注意温度变化对油温的影响
	电动机旋转方向不正确，造成泵无法正常工作；在泵吸油口处有大量气泡	改变电动机旋转方向
	滤油器或管道堵塞	清除污物，定期更换油液
	压力阀中的阀芯在阀体中移动不灵活	检查压力阀，使阀芯在阀体中能灵活移动
泵旋转不良或卡死	轴向间隙或径向间隙过小	修复或更换泵的机件
	装配不良	按照"修复后的齿轮泵装配注意事项"进行装配
	压力阀失灵	检查压力阀中的弹簧是否失灵、阀上小孔是否堵塞、阀芯在阀体孔中移动是否灵活等，并及时调整或修复
	泵和电动机的联轴器同轴度不好	调整两者的同轴度，使其在规定范围内
	油液中杂质被吸入泵体内	注意环境整洁，严防周围灰尘、铁屑及切削液进入油箱
CB型泵的压盖或骨架油封遭冲击	压盖堵塞了前、后盖板的回油通道，造成回油不通畅，产生很高的压力	将压盖取出重新压进，并注意不要堵塞回油通道
	骨架油封与泵的前盖配合较松	调整骨架油封外圈与泵的前盖配合间隙，骨架油封应压入泵的前盖；若间隙过大，应更换新的骨架油封
	装配时将进、出油口装反，使出油口接通卸荷槽，形成压力，冲击骨架油封	纠正泵体的装配方向
	泄漏通道被污物堵塞	清除泄漏通道上的污物

2.1.3 叶片泵

　　叶片泵具有流量均匀、运转平稳、噪声低、体积小、结构紧凑、寿命长等优点；但与齿轮泵相比对油液污染较敏感，油液中杂质较多时，叶片易出现卡死现象，结构也较复杂。中、低压叶片泵的工作压力一般为 8 MPa，中、高压叶片泵的工作压力可达 25 ~ 32 MPa。叶片泵的转速为 600 ~ 2 500 r/min，多用于机械制造中的专用机床、自动线。

　　叶片泵可分为单作用（转子每转完成吸、排油各一次）和双作用（转子每转完成吸、排油各两次）两种型式。

1. 双作用式叶片泵

1) 工作原理

图 2-1-10 为双作用式叶片泵的工作原理图。定子 1 的内表面由 2 段半径为 R 的长圆弧、2 段半径为 r 的短圆弧和 4 段过渡曲线组成，定子 1 与转子 3 同心。在转子上沿圆周均布的若干个槽内分别安放有叶片，这些叶片可沿槽做径向滑动。在配流盘上，对应于定子 4 段过渡曲线的位置开有 4 个腰形配流窗口，其中 2 个窗口与泵的吸油口连通，为吸油窗口；另 2 个窗口与压油口连通，为压油窗口。按图示转动时，密封容积在左上角和右下角处逐渐增大，是吸油区；在左下角和右上角处逐渐减小，是压油区；吸、压油区之间有一段封油区将两者隔开。这种泵转子每转 1 转时，每个密封工作腔完成吸、压油 2 次，故称为双作用式叶片泵。吸油区与压油区在结构上是径向对称的，作用于转子上的径向液压力平衡，故又称为平衡式叶片泵。双作用式叶片泵是定量泵。

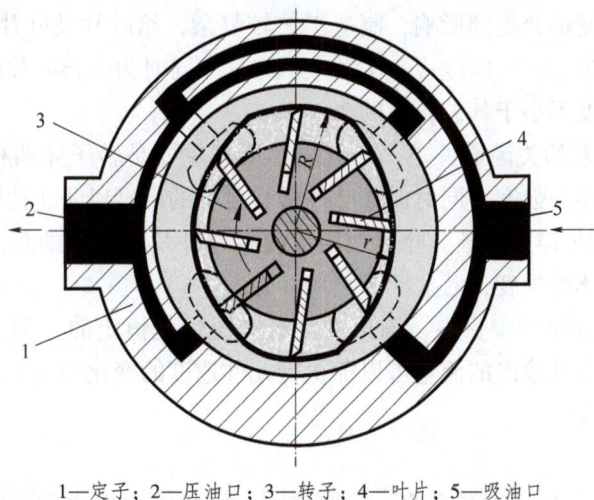

双作用式叶片泵动画录制

1—定子；2—压油口；3—转子；4—叶片；5—吸油口

图 2-1-10　双作用式叶片泵工作原理

2) 排量和流量

双作用叶片泵的排量 V 和实际流量 q_v 分别为

$$V = 2\pi (R^2 - r^2) b \qquad (2-10)$$

$$q_v = Vn\eta_v = 2\pi (R^2 - r^2) bn\eta_v \qquad (2-11)$$

式中　b——叶片宽度；

　　　R——定子长半径；

　　　r——定子短半径；

　　　n——转子转速；

　　　η_v——泵的容积效率。

3) 结构要点

(1) 定子曲线。理想的叶片泵定子过渡曲线不仅应使叶片在槽中滑动时的径向速度和加速度变化均匀，而且应使叶片转到过渡曲线和圆弧交接点处的加速度突变不大，以减小冲击和噪声。目前，双作用式叶片泵一般都是用综合性能较好的等加速、等减速曲线作为过渡曲线。

（2）径向作用力平衡。转子转1转时，两叶片间的工作容积完成2次吸油和压油过程。吸油口与压油口对称分布，作用于转子上的径向作用力平衡。

（3）叶片倾角。叶片沿定子曲线滑动时，其端部受到定子内表面的反作用推力和与滑动方向相反的摩擦力的作用，它们的合力可分解为沿叶片槽方向的分力和垂直于叶片的分力。叶片与定子曲线的接触压力角越大，垂直分力也越大。为避免接触压力角过大而造成叶片在槽中滑动困难或被卡住（自锁），通常将叶片槽相对转子半径沿转动方向前倾一角度 θ，以减少接触压力角，一般取 $\theta = 13°$。

4）提高叶片泵寿命的措施

（1）叶片与定子采用耐磨材料：定子一般多用38CrMoAl合金钢进行渗氮处理，使其内表面的耐磨性比较好，而叶片多采用W18Cr4V。

（2）减少低压区叶片对定子内表面的压紧力：减薄叶片厚度，可以减少压紧力，但叶片太薄，其刚度和强度都会受到影响，制造工艺较复杂，给叶片及叶片槽的加工带来困难。一般按结构及工艺要求，叶片厚度应在1.8~2.2 mm。同时为改善叶片的受力情况，要求叶片留在槽内的最短长度不小于其总长度的2/3。

（3）转子是叶片泵的关键零件之一，其损坏形式主要是转子体两相邻叶片槽根部的断裂。为提高转子的抗冲击强度，同时保证叶片槽有足够的硬度以防止槽磨损，转子体一般采用冲击韧性较好的40Cr淬火处理。叶片数增加使相邻叶片槽底部的距离缩短，转子体的强度减弱。为保证转子体的强度，一般叶片泵的叶片数不超过16个，常用12个叶片。

（4）双作用式叶片泵为定量泵，输出的排量和流量是恒定的，实践生产中常用单作用式叶片泵做变量泵，使其输出的流量可以随执行元件速度的变化而变化。

2. 单作用式叶片泵

1）工作原理

图2-1-11为单作用式叶片泵的工作原理图。定子的内表面是圆柱形孔，转子2与定子3之间有一偏心，叶片4在转子的槽内可灵活滑动，在转子转动的离心力和通入叶片根部压力油的作用下，叶片顶部贴紧在定子内表面上，使两相邻叶片、配油盘、定子和转子之间形成一个密封的工作腔。当转子转动时，右侧的叶片向外伸出，密封工作腔容积逐渐增大，产生真空，此时由吸油口5和配油盘上窗口将油吸入。左侧的叶片向里缩回，密封腔容积逐渐减小，将油液由配油盘的另一窗口和压油口1压入系统中。这种泵的转子每转1转，吸、压油各1次，故称单作用式叶片泵。

2）排量和流量

单作用式叶片泵的排量 V 和流量 q_v 分别为

$$V = 2\pi DeB \tag{2-12}$$

$$q_v = Vn\eta_v = 2\pi (R^2 - r^2) bn\eta_v \tag{2-13}$$

式中　D——定子直径；

　　　e——定子与转子的偏心距；

　　　B——转子的宽度。

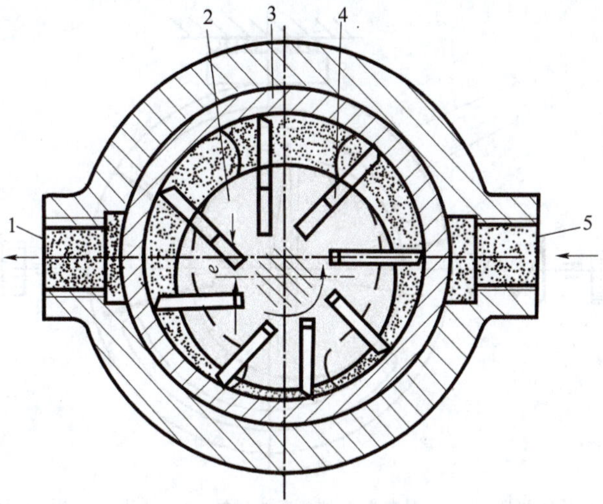

1—压油口；2—转子；3—定子；4—叶片；5—吸油口

图2-1-11　单作用式叶片泵工作原理

3）结构要点

（1）定子和转子偏心安装。改变定子和转子之间的偏心方向和大小，可改变泵的进、出油方向和排量，故单作用式叶片泵又称为双向变量泵。

（2）径向液压力不平衡。与齿轮泵相似，单作用式叶片泵转子上也会受到单方向的径向液压不平衡作用力，故又称为非平衡泵。其轴承所受负载较大，使泵的工作压力受到限制，额定压力不超过7 MPa。

（3）叶片后倾。为使叶片工作时易甩出，叶片槽常做成后倾结构，后倾角通常为24°。为使叶片能始终贴紧在定子内表面上，应在压油腔叶片底部通高压油，在吸油腔叶片底部通低压油。

3. 限压式变量叶片泵

限压式变量叶片泵是单作用式叶片泵，它是借助输出压力自动改变偏心距e的大小来改变输出流量的。限压式变量叶片泵在负荷小时，泵输出流量大，可实现快速移动；当负荷增加时，泵输出流量减少，输出压力增加，运动速度降低。此特性可减少能量消耗，避免油温升高。限压式变量叶片泵有内反馈式和外反馈式两种。

1）内反馈式变量叶片泵

内反馈式变量叶片泵的操纵力来自泵本身的排出压力，其结构如图2-1-12所示。由于存在偏角θ，压油压力对定子环的作用力可以分解为垂直于偏心距OO_1的分力F_1和与偏心距同向的调节分力F_2。F_2与调节弹簧的压缩力、定子运动的摩擦力相平衡。当泵的工作压力所形成的调节分力F_2小于弹簧预紧力时，泵的定子环对转子的偏心距保持在最大值，不随工作压力的变化而变化。当泵的工作压力超过设定值后，调节分力F_2大于弹簧预紧力，并随着工作压力的提高而增大，使定子向减小偏心距的方向移动，泵的排量开始下降。调节弹簧的预紧力，可调节其流量随压力的变化量。调节最大流量调节螺钉，可以调节其最大的流量值。

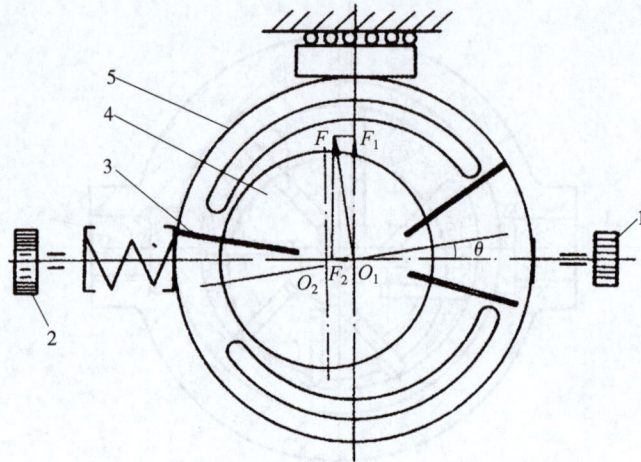

1—最大流量调节螺钉；2—弹簧预压缩量调节螺钉；3—叶片；4—转子；5—定子

图 2-1-12　内反馈式变量叶片泵

2）外反馈式变量叶片泵

外反馈式变量叶片泵利用外来油源推动变量机构，可使泵的变量机构通过流量为 0 的位置，实现双向变量。由于采用外来油源，故控制油压稳定，对泵的变量稳定性有一定好处。外反馈式变量叶片泵（图 2-1-13）组成：变量泵主体、限压弹簧、调节机构（螺钉）、反馈液压缸。其工作原理如下：

（1）当 $pA < F_s$（弹簧预紧力）时，定子不动，定子转子间的偏心距 $e = e_0$（e_0 为定子的最大偏心量），液压泵的输出流量 $q = q_{max}$（$q_{max} = 2\pi DeBn$）。

（2）当 $pA = F_s$ 时，定子即将移动，$p = p_B$，p_B 为限定压力。

（3）当 $pA > F_s$ 时，定子右移，定子转子间的偏心距 e 减小，q 减小。

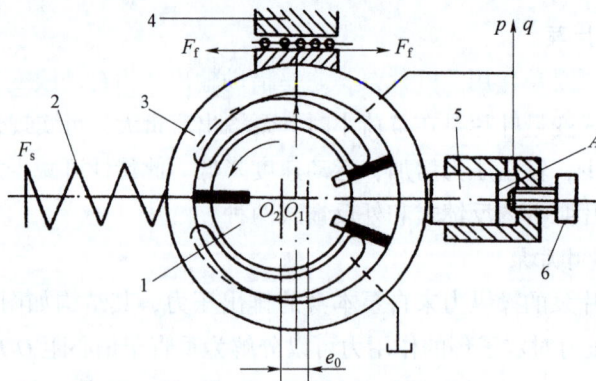

限压式变量叶片泵

1—转子；2—限压弹簧；3—定子；4—滑块滚针支承；5—反馈柱塞；6—流量调节螺钉

图 2-1-13　外反馈式变量叶片泵

限压式变量叶片泵的特性曲线如图 2 - 1 - 14 所示。

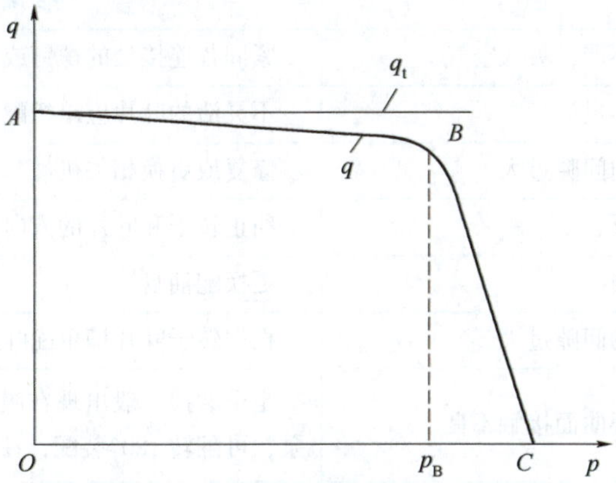

图 2 - 1 - 14　限压式变量叶片泵的特性曲线

当 $p \leqslant p_B$，$pA \leqslant F_s$，泵此时为定量泵，因泵本身的泄漏，输出流量 q 小于理论流量 q_t；当 $p > p_B$ 时，定子左移，偏心量减小，泵的流量减小。当泵的压力增加使定子与转子之间的偏心距近似为零，泵的输出流量为零、泵达到极限压力 P_c，泵此时为变量泵。调节调压螺钉可改变 x_o，即可改变 p_B。

3）限压式变量叶片泵的应用

（1）执行机构需要有快、慢速运动的场合。如组合机床进给系统实现快进、工进、快退等。快进或快退：用 AB 段——负载小、压力低、流量大。工进：用 BC 段某点——负载大、压力高、速度慢、流量小。

（2）保压系统：提供小流量补偿系统泄漏。

（3）定位夹紧系统：定位夹紧——用 AB 段；夹紧结束保压——用近 C 点。

4. 叶片泵的常见故障及排除方法

叶片泵的常见故障、原因及排除方法见表 2 - 1 - 3。

表 2 - 1 - 3　叶片泵的常见故障、原因及排除方法

故障	原　　因	排　除　方　法
油液吸不上来，压力无法建立	电动机转向不正确	纠正电动机的旋转方向
	油面过低，油液吸不上来	定期检查油箱的油液，按油标规定线及时补油
	叶片在转子槽内配合过紧	单独配叶片，使各叶片在所处的转子槽内移动灵活
	油液黏度过高，导致叶片移动不灵活	更换黏度合适的液压油
	泵体有砂眼，使高、低压油区互通	更换新的泵体
	配油盘在压力油作用下变形，配油盘与壳体接触不良	修整配油盘的接触面

故障	原　　因	排 除 方 法
输油量不足，压力提不高	各连接处密封不严，吸入空气	紧固各连接处的螺钉或更换垫片
	个别叶片移动不灵活	不灵活的叶片应单槽配研
	轴向间隙或径向间隙过大	修复或更换相关机件
	叶片和转子装反	纠正转子和叶片的方向
	配油盘内孔磨损	更换配油盘
	转子槽和叶片的间隙过大	根据转子叶片槽单配叶片
	叶片和定子内环曲面接触不良	定子磨损一般出现在吸油腔。对于双作用式叶片泵，可翻转180°装配，在对称位置重新加工定位孔
	吸油不通畅	清洗滤油器，定期更换工作油液，并加油至油标规定线
噪声和振动严重	有空气侵入	详细检查吸油管路和油封的密封情况及油面的高度是否正常
	配油盘端面与内孔不垂直，或叶片本身垂直度不好	修磨配油盘端面和叶片侧面，使其垂直度在$10\ \mu m$之内
	配油盘上的三角形节流槽太短	用整形锉刀将其适当修长
	个别叶片过紧	详细检查，进行研配
	油液黏度过高	适当降低油液黏度
	联轴节的安装同轴度不好或松动	调节同轴度至要求范围内，并将螺钉紧固好
	叶片倒角太小或高度不一致	将原$0.5 \times 45°$倒角加大为$1 \times 45°$或加工成圆弧形；修磨或更换叶片，使其高度一致
	转速过高	适当降低转速
	轴的密封过紧（用手摸轴和轴盖有烫手现象）	适当调整密封圈，使之松紧适度
	吸油不畅，或油面过低	清理吸油油路，使之通畅，或加油至油面要求高度
	定子曲线面拉毛	抛光或修磨

2.1.4 柱塞泵

柱塞泵依靠柱塞在其缸体内往复运动时密封工作腔的容积变化进行吸油和压油。由于缸体内孔与柱塞均为圆柱表面，故易形成高精度的配合。这种泵的泄漏小，容积效率高，适用于高压、大流量、大功率场合。但其结构较复杂，制造困难，故在各类容积泵中，柱塞泵价格最贵，而且这类泵对油液的污染较敏感，对使用、维护的要求也较严格。

1. 轴向柱塞泵

轴向柱塞泵的工作原理如图 2 - 1 - 15 所示。轴向柱塞泵主要由斜盘1、柱塞2、缸体3、配油盘4和传动轴5组成。柱塞的轴线与缸体的轴线平行，并均匀地分布在缸体的圆周上。斜盘与缸体间倾斜δ角。柱塞在弹簧或液压力的作用下保持头部和斜盘紧密接触。当缸体旋转时，由于斜盘、弹簧或液压力的共同作用，使柱塞在缸体内做往复运动，各柱塞与缸体间的密封容积发生变化，通过配油盘上的窗口 a 进行吸油、通过窗口 b 进行压油。工作中，缸体每转 1 周，每个柱塞各完成吸油和压油 1 次，缸体连续旋转，柱塞则不断吸油和压油。

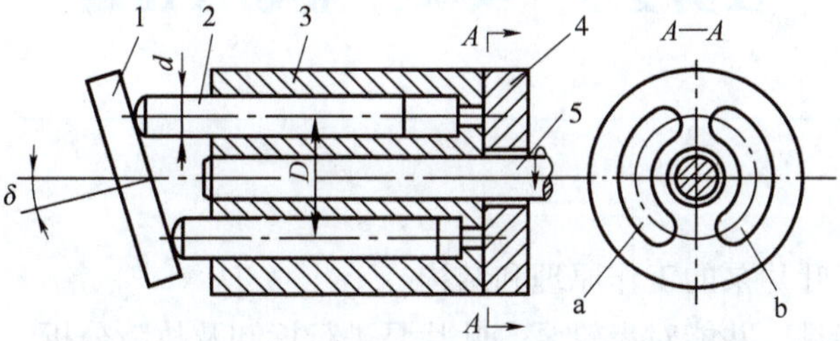

轴向柱塞泵动画

1—斜盘；2—柱塞；3—缸体；4—配油盘；5—传动轴

图 2 - 1 - 15　轴向柱塞泵工作原理

若改变斜盘倾角δ的大小，便可改变柱塞的行程，从而改变泵的排量；若改变斜盘倾角δ的方向，则可以改变吸、压油的方向，使其成为双向变量轴向柱塞泵。

2. 径向柱塞泵

图 2 - 1 - 16 为径向柱塞泵的工作原理图。当转子2 按图示方向转动时，柱塞3 和转子2 一起旋转，同时又靠离心力压紧在定子内壁上。由于转子和定子间有一偏心距 e，故转子在上半部分转动时柱塞向外伸出，径向孔内的密封工作腔容积逐渐增大，形成局部真空，将油箱中的油液经配油轴吸油；转子转到下半周时，情况与此相反。转子每转 1 转，柱塞在每个径向孔内吸油、压油各 1 次。改变偏心距 e 可改变泵的排量；若改变定子和转子的偏心距 e 的方向，则可改变吸、压油的方向，因此径向柱塞泵可以做成单向或双向变量泵。

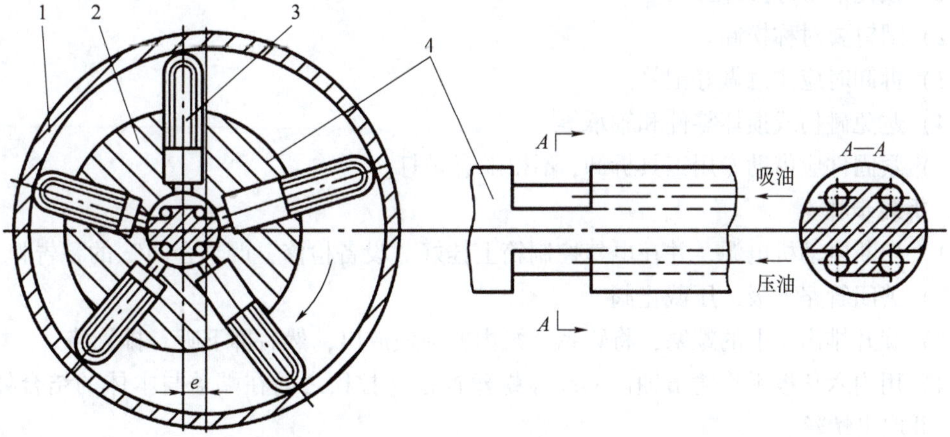

1—定子；2—转子；3—柱塞；4—配油轴

图 2 - 1 - 16　径向柱塞泵工作原理

径向柱塞泵的优点是流量大、工作压力较高，便于做成多排柱塞的形式，轴向尺寸小，工作可靠；缺点是径向尺寸大、结构复杂、自吸能力差，而且配油轴受径向不平衡液压力的作用易磨损，使其转速和压力的提高受到限制。因噪声过大，这种泵正逐步被淘汰。

任务2.2 实训： 拆装液压泵

学习目标

1. 掌握齿轮泵、叶片泵的工作原理和结构。
2. 会使用拆卸工具，并能对齿轮泵、叶片泵进行拆卸及故障分析。

学习过程

1. 用 PPT 演示齿轮泵的工作原理。
2. 进行齿轮泵、叶片泵实物的拆卸。

2.2.1 拆装齿轮泵

齿轮泵虽然结构简单，但种类较多，结构各异。通过拆装 CB—B 型齿轮泵可加深对其结构、工作原理、加工及装配工艺的了解。

1. 拆装注意事项

（1）预先准备好拆卸工具。
（2）螺钉要对称松卸。
（3）拆卸时应注意做好记号。
（4）避免碰伤或损坏零件和轴承等。
（5）紧固件应借助专用工具拆卸，不得随意敲打。

2. 拆装步骤

（1）切断电动机电源，并在电气控制箱上挂好"设备检修，严禁合闸"的警告牌。
（2）关闭管路上吸、压截止阀。
（3）旋开排出口上的螺塞，将管系及泵内的油液放出，然后拆下吸、排管路。
（4）用内六角扳手将输出轴侧的端盖螺丝拧松（拧松之前在端盖与本体的结合处做上记号）并取出螺丝。
（5）用螺丝刀沿端盖与泵体的结合面处轻轻将端盖撬松，注意不要撬太深，以免划伤密封面，因密封主要是靠两密封面的加工精度及泵体密封面上的卸油槽来实现。
（6）将端盖板拆下，将主、从动齿轮取出，注意将主、从动齿轮与对应位置做好记号。

（7）用煤油或轻柴油将拆下的所有零部件进行清洗并放于容器内妥善保管，以备检查和测量。

3. 齿轮泵的安装

（1）将啮合良好的主、从动齿轮两轴装入左侧（非输出轴侧）端盖的轴承中，装复时应按拆卸所做记号对应装入，切不可装反。

（2）上右侧端盖，拧紧螺丝，拧紧时应边拧边转动主动轴，并对称拧紧，以保证端面间隙均匀一致。

（3）装复联轴节，将电动机装好，对好联轴节，调整同轴度，保证转动灵活。

（4）接妥泵与吸、排管路，再次用手转动，确认是否灵活。

4. 技术评价

技术评价项目见表 2-2-1。

表 2-2-1   拆装齿轮泵技术评价项目

序号	评价项目	配分	得分	备注
1	是否正确选取拆装工具和量具	15		
2	拆卸程序是否正确	20		
3	所使用的工艺方法是否恰当，是否符合技术规范	20		
4	是否能够正确地对零件进行外部检查	15		
5	拆装完毕后工具的整理是否符合规范	15		
6	问题分析和结论是否正确	15		
	合计	100		

5. 问题分析

仔细观察齿轮泵结构，思考以下问题（对应表 2-2-1 评价项目6）。

（1）齿轮泵由哪些零件组成？

（2）齿轮泵为什么能吸油和压油，若油箱完全密封、不与大气接通，是否可以？

（3）进、出油口孔径是否相等？为什么？

（4）密封容积是由哪些零件组成的？

（5）卸荷槽在哪个位置上？相对高、低压腔是否对称布置？

（6）泵内压力油是怎样泄漏的？怎样提高泵的容积效率？

2.2.2   拆装叶片泵

1. 拆卸实训步骤

1）拆卸前准备工作

观察叶片泵的外部形状、记录铭牌标记；用手转动传动轴，体会转动的轻重，观察泵体上的两个油口，确定吸油口，并做记号。

2）拆装顺序

（1）对称松开并卸下左、右泵体上固定螺钉，将油泵翻转，放在铺有干净垫布的工作台面上，使左泵体在下，右泵体在上。

（2）用木槌轻击右泵体并正反方向旋转，边转边往外拉，卸下右泵体。

（3）松开泵盖与右泵体的固定螺钉，拆下泵盖，用专用工具取出油封。

（4）用卡簧钳拆下轴承挡圈，拆下泵轴，取出轴承。

（5）将右泵体翻转放在工作台上，观察其上的油道与油口连通情况。

（6）观察左泵体内泵芯组件（由左、右配油盘，定子，转子及其叶片，2只螺钉组成）的安装位置，分析其结构、特点，装入传动轴，理解工作过程。注意观察转子每转1转，每个密封工作腔如何实现吸、压油各2次。

（7）从左泵体内取出泵芯组件。

（8）拆卸泵芯组件。拔出传动轴，松开固定螺钉，依次取下左配油盘、定子、转子及其叶片、右配油盘。

①观察定子内曲线的组成，记录叶片的数目，叶片倾角方向。

②观察配油盘上环形槽、吸油窗口、压油窗口及三角槽的布置及互通情况。

（9）拆卸后清洗、检验、分析，准备装配。

2. 装配步骤

1）装配前的准备工作

装配前将全部零件洗净擦干，保证所有油道清洁畅通，用适当方法去除零件上的毛刺，消除划擦、磕碰等造成的损伤。

2）装配顺序

（1）将泵芯组件（左配油盘、定子、转子及其叶片、右配油盘）按标记装配在一起，拧入固定螺钉。

（2）将轴承、油封、泵轴依次装入泵盖，拧入泵盖与右泵体固定螺钉。

（3）将泵芯组件装入左泵体，装上右泵体与泵盖，拧入并旋紧泵体固定螺钉。

3. 使用叶片泵的注意事项

叶片泵主要用于中压、中速、精度要求较高的液压系统中。叶片泵在机床液压系统中应用广泛；在工程机械中，由于工作环境不清洁，应用较少。使用叶片泵时应注意以下几个问题。

（1）叶片泵安装前应用煤油进行清洗，并要进行压力和效率试验，试验合格后才可安装。

（2）叶片泵与电动机连接的同轴度要求较高。

（3）叶片泵不能用V带传动。

4. 技术评价

拆装叶片泵技术评价项目见表2-2-2。

表 2-2-2　拆装叶片泵技术评价项目

序号	评价项目	配分	得分	备注
1	是否正确选取拆装工具和量具	15		
2	拆卸程序是否正确	20		
3	所使用的工艺方法是否恰当，是否符合技术规范	20		
4	是否能够正确地对零件进行外部检查	15		
5	拆装完毕后工具的整理是否符合规范	15		
6	问题分析和结论是否正确	15		
	合计	100		

5. 问题分析

仔细观察 YB 型叶片泵的结构，思考以下问题（对应表 2-2-2 中评价项目6）。

（1）叶片泵是由哪些零件组成的？

（2）叶片泵为什么叫双作用式叶片泵？

（3）叶片泵为什么能吸油和压油？

（4）泵在工作时，叶片一端靠什么力量始终顶住定子内圆表面而不产生脱空现象？

任务 2.3　液压缸

学习目标

1. 掌握液压缸的工作原理。
2. 会进行液压缸的设计。
3. 熟悉液压缸的结构。

学习过程

学习网络教学资源，用 PPT 演示液压缸的工作原理。

液压缸是液压系统中的执行元件，以直线往复运动或回转摆动的形式将液压能转变为机械能。液压缸结构简单、易制造，用来实现直线往复运动尤为方便，应用范围很广。液压缸按额定工作压力、结构型式和作用等不同归类方法分类。表 2-3-1 是按结构型式和作用分类的液压缸名称及工作特点。

表 2 - 3 - 1　液压缸的名称及工作特点

分类	名　称	职能符号	说　明
单作用式液压缸	柱塞式液压缸	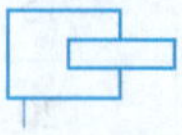	柱塞仅单向液压驱动，返回行程通常利用自重、负载或其他外力
	单活塞杆液压缸	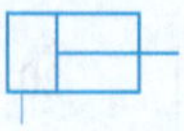	活塞仅单向液压驱动，返回行程利用自重或负载将活塞推回
	双活塞杆液压缸	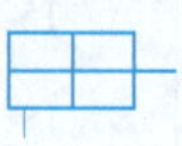	活塞两侧均装有活塞杆，但只向活塞一侧供给压力油，返回行程通常利用弹簧力、重力或外力
	伸缩液压缸		以短缸获得长行程，用压力油从大到小逐节推出，靠外力由小到大逐节缩回
双作用式液压缸	单活塞杆液压缸	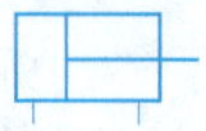	单边有活塞杆，双向液压驱动，两向推力和速度不等
	双活塞杆液压缸	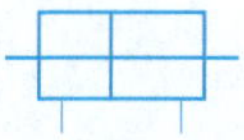	双边有活塞杆，双向液压驱动，可实现等速往复运动
	伸缩液压缸	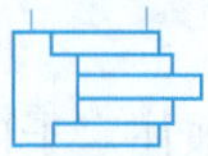	柱塞为多段套筒形式，由大到小逐节推出，由小到大逐节缩回
组合式液压缸	弹簧复位液压缸	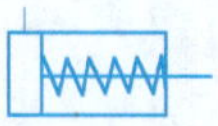	单向液压驱动，由弹簧力复位
	串联液压缸	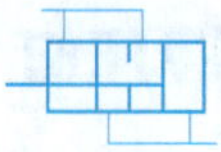	由于缸的直径受限制，而长度不受限制，可获得大的推力
	增压缸（增压器）	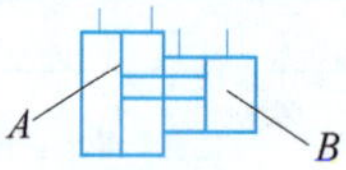 A　　　B	由大、小液压缸串联组成，由低压大缸 A 驱动，使小缸 B 获得高压
	齿条传动液压缸	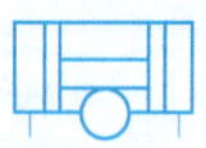	活塞的往复运动经齿条传动，使与之啮合的齿轮作双向回转运动
摆动式液压缸			输出轴直接输出转矩，其往复回转的角度小于 360°

2.3.1　单活塞杆液压缸

1. 单活塞杆液压缸的特点

图 2 - 3 - 1 为双作用单活塞杆液压缸，它的进、出油口的布置视安装方式而定，可以缸筒固定，也可以活塞杆固定，工作台的移动范围是活塞或缸筒的有效行程的 2 倍。液压缸的往复运动均由液压实现。单活塞杆液压缸只有一端有活塞杆伸出，两端作用面积不等。在输

入相同流量时，两个方向的运动速度不同。

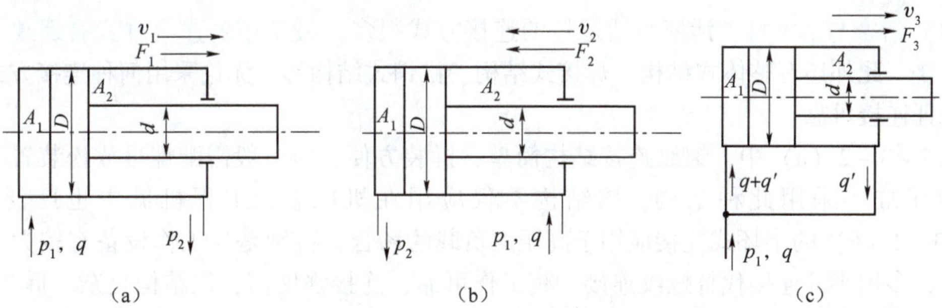

图2-3-1　单活塞杆液压缸

（a）无杆腔进油；（b）有杆腔进油；（c）两腔同时通入压力油

图2-3-1（a）中：

$$v_1 = \frac{q}{A_1} = \frac{4q}{\pi D^2} \qquad (2-14)$$

图2-3-1（b）中：

$$v_2 = \frac{q}{A_2} = \frac{4q}{\pi (D^2 - d^2)} \qquad (2-15)$$

单活塞杆液压缸动画

比较两式可知：因为 $A_1 > A_2$，所以 $v_2 > v_1$。

两个方向的供油压力分别为 p_1 和 p_2，液压缸往返运动的推力为

图2-3-1（a）中：

$$F_1 = (p_1 A_1 - p_2 A_2) = \frac{\pi}{4}[D^2 p_1 - (D^2 - d^2) p_2] \qquad (2-16)$$

图2-3-1（b）中：

$$F_2 = (p_1 A_2 - p_2 A_1) = \frac{\pi}{4}[(D^2 - d^2) p_1 - D^2 p_2] \qquad (2-17)$$

假定 $p_1 = p_2$，因为 $A_1 > A_2$，故 $F_1 > F_2$，即无活塞杆端推力大，常用于工作端，v_1 为工作方向，活塞杆受压。

单活塞杆液压缸在其左右两腔同时接通高压油时，称做"差动连接"，这种连接形式的液压缸被称为"差动缸"如图2-3-1（c）所示。差动连接时，活塞（或缸体）只能向一个方向运动，要使其反向运动，油路的连接应与非差动连接相同。差动连接时输出的速度和推力按下式计算：

$$v_{差} = \frac{q}{A_1 - A_2} = \frac{4q}{\pi d^2} \qquad (2-18)$$

$$F_{差} = p(A_1 - A_2) = p\frac{\pi}{4}d^2 \qquad (2-19)$$

反向运动时，速度与推力由 v_2 和 F_2 确定。

如要求往返运动速度相等时，即 $v_2 = v_{差}$，则有 $\frac{4q}{\pi (D^2 - d^2)} = \frac{4q}{\pi d^2}$，化简后得 $D^2 = 2d^2$。

即为保证差动连接时的往返速度相等，则要使活塞与活塞杆的直径保持 $D = \sqrt{2}\,d$。

2. 单活塞杆液压缸的结构

在液压传动系统设计中，液压泵和液压阀可选用标准元件，液压缸则需要自行设计和制造。

液压缸的结构可以分为活塞与活塞杆、缸筒与端盖、密封装置、缓冲装置和排气装置5部分。

（1）活塞与活塞杆。活塞与活塞杆的连接方式很多，最常用的连接方式有螺纹连接和半环连接，此外还有整体式结构、焊接式结构、锥销式结构等。无论采用何种连接方式，都必须保证连接可靠。

图2-3-2（a）中，螺纹连接结构简单、拆装方便，但一般需配螺母放松装置。单活塞杆液压缸多采用此种结构，该结构不仅应用在机床上，工程机械中也广泛采用。图2-3-2（b）的半环式连接应用于高压大负载的场合，特别是当工作设备有较大振动的工况下，多用半环连接代替螺纹连接，其工作可靠、连接强度高，但结构复杂、拆装不便，工程机械多采用半环式连接。

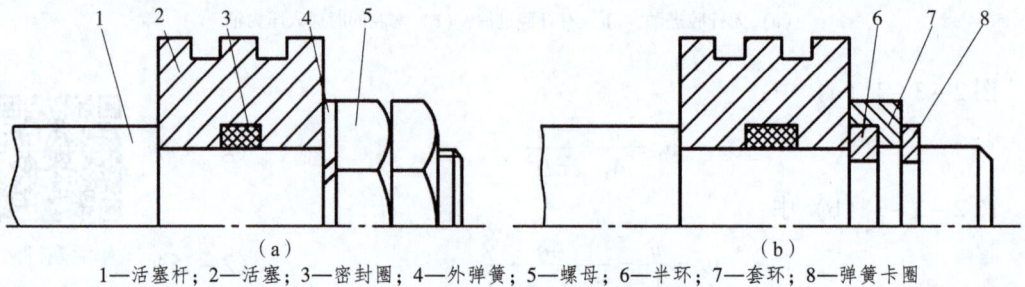

（a） （b）

1—活塞杆；2—活塞；3—密封圈；4—外弹簧；5—螺母；6—半环；7—套环；8—弹簧卡圈

图2-3-2 活塞与活塞杆的连接方式
（a）螺纹式连接结构；（b）半环式连接结构

活塞受油压的作用在缸筒内做往复运动，因此活塞必须具备一定的强度和良好的耐磨性。活塞一般用铸铁制造。活塞杆是连接活塞和工作部件的传力零件，它必须具有足够的强度和刚度。活塞杆无论是实心的还是空心的，通常都用钢料制造。活塞杆在导向套内往复运动，其外圆表面应当耐磨并有防锈能力，故活塞杆外圆表面有时需镀铬。

（2）液压缸缸筒与端盖。缸体和端盖要有足够的强度、较高的表面精度和可靠的密封性。

图2-3-3为液压缸缸筒与端盖的连接方式。法兰式的连接结构比较简单，易于加工和装配，但要求缸筒端部有足够的壁厚，用以安装螺栓或螺钉，是常用的一种连接形式；半环式结构紧凑、质量轻，但安装密封圈时有可能被环槽边缘擦伤，常用于无缝钢管缸筒与端盖的连接中；螺纹式外形尺寸小、体积小、结构紧凑，但端部结构复杂，而且内、外径有同轴度要求，装配困难，要使用专门工具，一般用于要求外形尺寸小、重量轻的场合；拉杆式通用性强、缸体易于加工、装拆最方便，但质量和外形尺寸较大，拉杆受力后会拉伸变长，影响密封效果，只适用于长度不大的中、低压液压缸；焊接式结构简单、尺寸小，但缸体焊接后有能变形，也不易加工。

缸筒内孔一般采用镗削、铰孔、滚压或珩磨等精密加工工艺制造，要求表面粗糙度 Ra 为 $0.1 \sim 0.4\ \mu m$。为了防止腐蚀，缸筒内表面有时需镀铬。

（3）液压缸的密封装置。液压缸高压腔中的油液向低压腔泄漏称为内泄漏，缸内的油液向外部泄漏称为外泄漏。内、外泄漏的存在会使液压缸的容积效率降低，影响液压缸的工作性能，严重时系统的压力上不去，甚至无法工作。另外，外泄漏还会污染环境。为防止泄漏，液压缸中需密封处应采取必要的措施。液压缸中需密封的部位有活塞、活塞杆和端盖处。

（a）　　　　　　　　（b）　　　　　　　　（c）

（d）　　　　　　　　（e）　　　　　　　　（f）

图 2-3-3　液压缸缸筒与端盖的连接方式

（a）法兰式；（b）半环式；（c）外螺纹式；（d）拉杆式；（e）焊接式；（f）内螺纹式

常用的密封方法有以下几种。

①间隙密封。依靠两运动件配合面保持很小的间隙，使其产生液体摩擦阻力，用来防止泄漏。该密封方法适用于直径较小、压力较低的液压缸与活塞间的密封。图 2-3-4 为间隙密封，配合间隙一般取 $0.02 \sim 0.05$ mm。在图 2-3-4 的间隙密封中，阀芯的外表面开有几条等距离的环形沟槽，称为压力平衡槽，它的主要作用是使阀芯能在孔中自动对中心，减少摩擦力，增大泄漏阻力来减少泄漏，同时使径向压力分布均匀，减小液压卡紧力。平衡槽一般宽 $0.3 \sim 0.5$ mm，深为 $0.5 \sim 1.0$ mm。

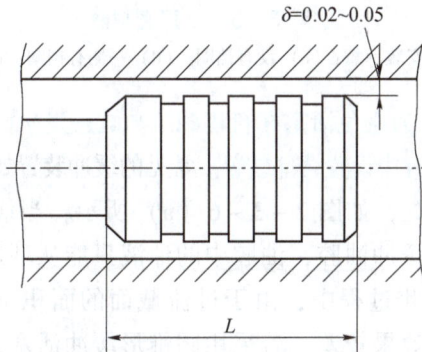

$\delta = 0.02 \sim 0.05$

L

图 2-3-4　间隙密封

②密封圈密封。密封圈一般用耐油橡胶制成。使用时将密封圈套装在活塞或活塞杆上。按结构形式分，有 O 形、Y 形和 V 形等，其中 O 形密封圈应用最广泛。O 形密封圈原理如图 2-3-5 所示。它利用密封圈的安装变形来密封，一般安装在截面为矩形的环形沟槽内以实现密封，一般用耐油橡胶制成，其横截面呈圆形，如图 2-3-5（a）所示。O 形密封圈安装时要有合理的预压缩量 δ_1 和 δ_2，如图 2-3-5（b）所示，预压缩量过小不能密封，过大则会增大摩擦力，加剧密封圈磨损。O 形密封圈在沟槽中受到油压作用而变形，会紧贴槽

侧和配合偶件的壁，因此其密封性能可随压力的增加而提高。当油液工作压力超过10 MPa时，O形圈在往复运动中容易被油液压力挤入间隙而提前损坏，如图2-3-5（c）所示，为此要在它的侧面安放1.2~1.5 mm厚的聚四氟乙烯挡圈，单向受力时在受力侧的对面安放一个挡圈，如图2-3-5（d）所示；双向受力时则在两侧各放一个挡圈，如图2-3-5（e）所示。

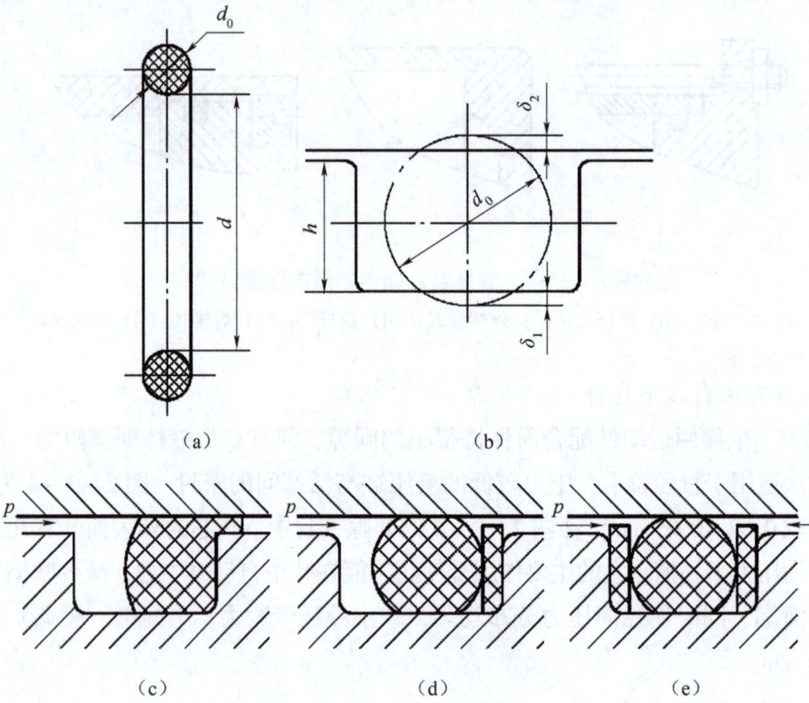

图2-3-5　O形密封圈
（a）截面；（b）安装示意；（c）没有挡圈；（d）一侧有挡圈；（e）两侧有挡圈

（4）液压缸的缓冲装置。为避免活塞在行程两端与缸盖发生碰撞，产生冲击和噪声，常在大型、高速或要求较高的液压缸中设置缓冲装置。常见的缓冲装置如图2-3-6所示。

①圆柱形环隙式缓冲装置，如图2-3-6（a）所示，当缓冲柱塞进入缸盖上的内孔时，缸盖与缓冲活塞间形成缓冲油腔，油腔中的油液只能从环形间隙δ排出，产生缓冲压力，从而实现减速制动。在此过程中，由于过流截面的面积不变，所以缓冲过程中其缓冲制动力将逐渐减少，缓冲效果较差。若采用圆锥形缓冲活塞，缓冲效果较好。

②可变节流槽式缓冲装置，如图2-3-6（b）所示，在缓冲柱塞上由浅入深开若干个三角槽，其通流截面的面积随着缓冲行程的增大而逐渐减小，缓冲压力变化比较平缓。

③可调节流孔式缓冲装置，如图2-3-6（c）所示，当缓冲柱塞进入缸盖内孔时，油腔内的油液只能经过节流阀1才能排出，调节节流阀1的开口大小可控制缓冲压力的大小，以适应液压缸负载和速度不同的情况。单向阀2用于液压缸反向启动。

（5）液压缸的排气装置。液压系统混入空气后会使液压缸工作不稳定，产生振动、噪声、爬行或前冲等现象，严重时会使系统不能正常工作。因此设计液压缸时必须考虑空气的排除。

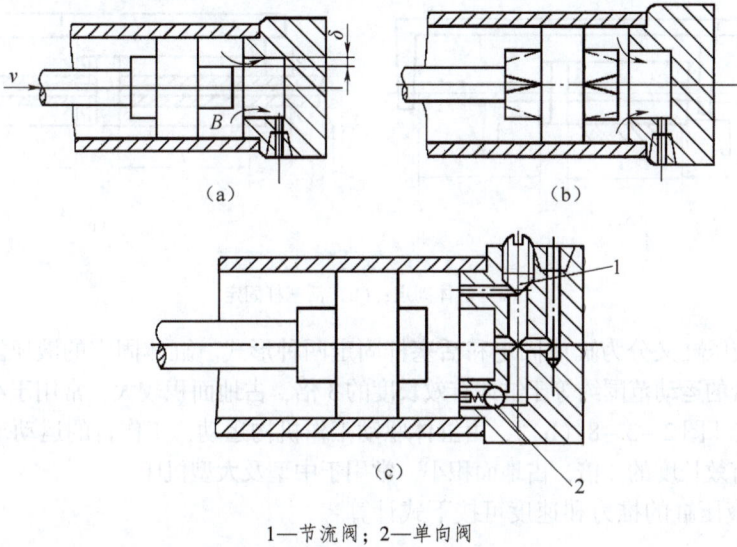

1—节流阀；2—单向阀

图 2-3-6 液压缸的缓冲装置

(a) 圆柱形环隙式缓冲装置；(b) 可变节流槽式缓冲装置；(c) 可调节流孔式缓冲装置

对要求不高的液压缸，往往不设专门的排气装置，而是将油口布置在缸筒两端的最高处，如图 2-3-7 (a) 所示，这样可以使空气随液流排往油箱，再从油箱中逸出。对工作平稳性要求较高的液压缸，常在液压缸的最高处设置专门的排气装置，如排气塞、排气阀等，如图 2-3-7 (b)、(c) 所示。在液压系统正式工作前松开排气装置的螺钉，让液压缸全行程空载往复运动几次以排气，排气完毕后拧紧螺钉，液压缸便可正常工作。

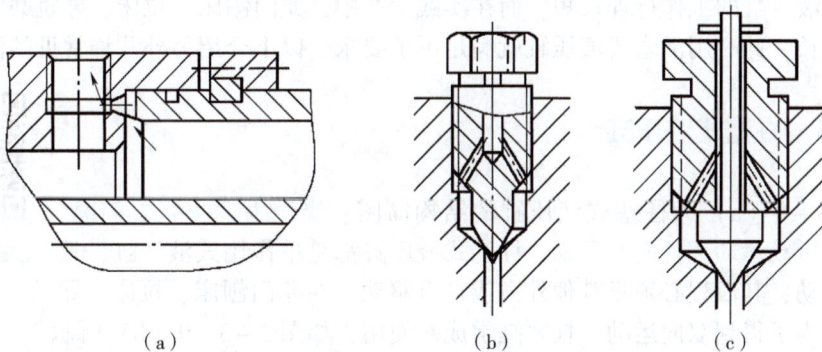

图 2-3-7 液压缸的排气装置

(a) 油口在缸筒两端最高处；(b) 排气塞 I；(c) 排气塞 II

2.3.2 双活塞杆活塞缸

图 2-3-8 的双作用式双活塞杆液压缸，因为两端有直径相同的活塞杆伸出，所以液压缸两端的有效作用面积相等。当输入的流量相等时，两个方向的运动速度相等；当输入的油压相等时，两个方向的推力相等。这种结构性能的液压缸可以用于双向负荷基本相等的场合，如磨床液压系统。

图 2-3-8　双活塞杆液压缸

(a) 缸体固定；(b) 活塞杆固定

双活塞杆液压缸又分为缸体固定和活塞杆固定两种形式。缸体固定的液压缸 [图 2-3-8 (a)]，其工作台的运动范围约等于缸体有效长度的 3 倍，占地面积较大，常用于小型机床。活塞杆固定的液压缸 [图 2-3-8 (b)]，由缸体驱动工作机构运动，工作台的运动范围约等于活塞杆（或缸体）有效长度的 2 倍，占地面积小，常用于中型及大型机床。

活塞双杆液压缸的推力和速度可按下式计算：

$$F = Ap = \frac{\pi}{4}(D^2 - d^2)p \qquad (2-20)$$

$$v = \frac{q}{A} = \frac{4q}{\pi(D^2 - d^2)} \qquad (2-21)$$

式中　A——液压缸有效工作面积；

p——进油压力；

q——进入液压缸的流量；

D——液压缸的内径；

d——活塞杆直径。

活塞式液压缸的工作行程较短。而在实践生产中，龙门刨床、拉床、导轨磨床等机床的工作行程较长，此时用活塞式液压缸就满足不了要求。以下介绍另外几种常见的液压缸。

2.3.3　柱塞式液压缸

图 2-3-9 (a) 为柱塞式液压缸的结构简图。当压力油进入缸筒时，推动柱塞并带动运动部件向右移动。柱塞式液压缸都是单作用式液压缸，只能做单向运动，其回程必须靠其他外力或自重驱动。在龙门刨床、拉床、导轨磨床中，为了得到双向运动，柱塞缸常成对使用，如图 2-3-9 (b) 所示。

柱塞式液压缸动画

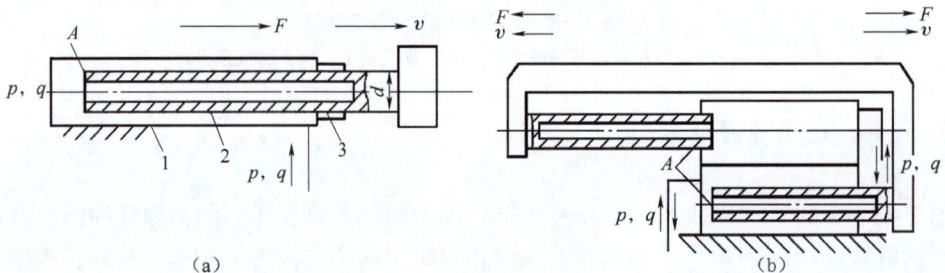

1—缸筒；2—柱塞；3—导向套

图 2-3-9　柱塞式液压缸

柱塞式液压缸的主要特点是：柱塞由导向套导向，与缸筒无配合要求，缸筒内孔不需进行精加工，甚至可以不加工；工艺性好、成本低，适用于较长行程的场合。柱塞端面受压，为了能输出较大的推力，柱塞一般较粗、较重。柱塞缸水平安装时易产生单边磨损，故柱塞缸适于垂直安装使用。当其水平安装时，为防止柱塞因自重而下垂，常制成空心柱塞并设置各种不同的辅助支承。

2.3.4　伸缩液压缸

伸缩液压缸又称多级液压缸。当安装空间受到限制而要求行程很长时可采用这种液压缸，如起重机的吊臂缸。

伸缩液压缸可以是单作用式，如图2-3-10（a）所示；也可以是双作用式，如图2-3-10（b）所示。其类型有活塞式，还有柱塞式。活塞式双作用伸缩液压缸前一级活塞缸的活塞就是后一级活塞缸的缸筒。伸缩液压缸逐个伸出时，有效工作面积逐次减小，因此，当输入流量相同时，外伸速度依次增大；当负载恒定时，液压缸的工作压力逐次增高。空载缩回的顺序一般是从小活塞到大活塞，收回后液压缸总长度较短，结构紧凑。

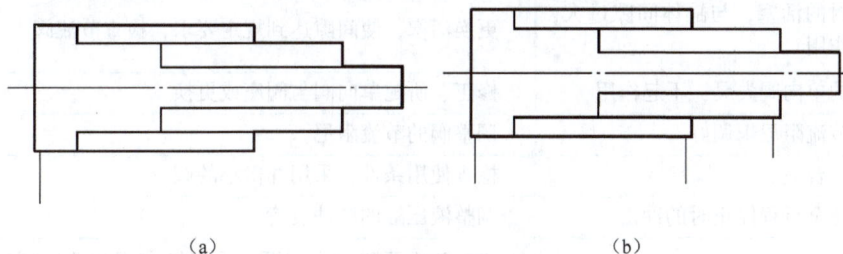

其他伸缩液压缸

（a）　　　　　（b）

图2-3-10　伸缩液压缸
（a）单作用式；（b）双作用式

综上所述，伸缩液压缸工作时行程可以很长，不工作时整个缸的长度可缩得很短。伸缩液压缸的外伸靠油压，内缩靠自重或负荷作用。因此多用于缸倾斜或垂直放置的场合，如起重机伸缩臂液压缸、自卸汽车举升液压缸等。

2.3.5　齿条传动液压缸

齿条传动液压缸又称无杆液压缸，是由两个柱塞缸1和一套齿轮齿条传动装置2组成的，如图2-3-11所示。柱塞的移动经齿轮、齿条传动装置变成齿轮的转动，用于实现工作部件的往复摆动或间歇进给运动。齿条传动液压缸多用于自动线、组合机床等的转位或分度机构中。

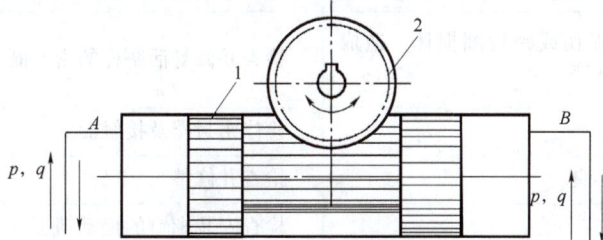

1—柱塞缸；2—齿轮齿条传动装置

图2-3-11　齿条传动液压缸

2.3.6 液压缸工作中常见故障分析及排除方法

液压缸工作中常见故障分析及排除方法见表2-3-2。

表2-3-2 液压缸常见故障分析及排除方法

故障现象	产生原因	排除方法
爬行	外界空气进入缸内	设排气装置或开动系统强迫排气
	密封压得太紧	调整密封，但不得泄漏
	活塞与活塞杆不同轴，活塞杆不直	校正或更换活塞杆，使同轴度小于0.4 mm
	缸内壁拉毛，局部磨损严重或腐蚀	适当修理，严重者重新磨缸内孔，按要求重配活塞
	安装位置有偏差	校正位置
	双活塞杆两端螺母拧得太紧	调整螺母
冲击	用间隙密封的活塞，与缸体间隙过大，节流阀失去作用	更换活塞，使间隙达到规定要求，检查节流阀
	端头缓冲的单向阀失灵，不起作用	修正、研配单向阀与阀座或更换
	换向阀的节流阻尼未调好	调整阀的节流阻尼
	选择的阀不合适	检查使用条件，采用冲击小的阀
	液压缸走完全行程停止时的冲击	调整液压缸的缓冲装置
	回路不良	研究防止回路冲击问题，采用换向阀和调速阀来防止换向时的冲击等
	活塞杆有伤痕	检查防尘圈的情况，调查污物混入的可能情况
推力不足，速度不够或逐渐下降	由于缸与活塞配合间隙过大或O形密封圈损坏，使高低压侧互通	更换活塞或密封圈，调整到合适的间隙
	工作段不均匀，造成局部几何形状有误差，使高、低压腔密封不严，产生泄漏	镗磨修复缸孔径，重配活塞
	缸端活塞杆密封压得太紧或活塞杆弯曲，使摩擦力或阻力增加	放松密封，校直活塞杆
	油温太高，黏度降低，泄漏增加，使缸速度减慢	检查温升原因，采取散热措施。如间隙过大，可单配活塞或增装密封环
	液压泵流量不足	检查泵或调节控制阀
外渗漏	活塞杆表面损伤或密封圈损坏，造成活塞杆处密封不严	检查并修复活塞杆的密封圈
	管接头密封不严	检修密封圈及接触面
	缸盖处密封不良	检查并修整
	螺钉安装不良	检查安装螺钉的松动情况并拧紧
	放气孔处的密封不好	取下检查后，密封好

故障现象	产生原因	排除方法
内部渗漏	活塞杆有挠曲现象	检查活塞杆受横向力的状况及咬死等情况
	偏载引起的密封件磨损	检查密封件、活塞杆、活塞的变形、磨损及断裂等
	由于污染引起的密封件或缸体伤痕、损坏	检查伤痕状态
	在高速的情况下，使用不适当的密封件	相对于使用条件，采用合适的密封件
	安装时，密封件未装好	装好密封件
	螺钉松动	检查并拧紧
其他	安装环、耳轴等处轴承部分的伤痕、咬死、裂纹	对强度是否满足要求、是否有污物等进行检查
	活塞杆头部的螺纹不好	检查负载条件和安装条件
	管路安装偏斜引起缸变形	小型液压缸发生这种情况较多，对管路安装进行检查
	外部的异常负载引起活塞杆弯曲	设计失误或活塞杆强度不足
	由于高压引起液压缸变形	强度不足或使用失误

任务2.4 实训：拆装液压缸

学习目标

1. 熟悉液压缸的结构。
2. 能进行拆卸、装配液压缸及分析故障。

学习过程

进行液压缸实物的拆卸及装配。

单活塞杆液压缸外形如图2-4-1所示。

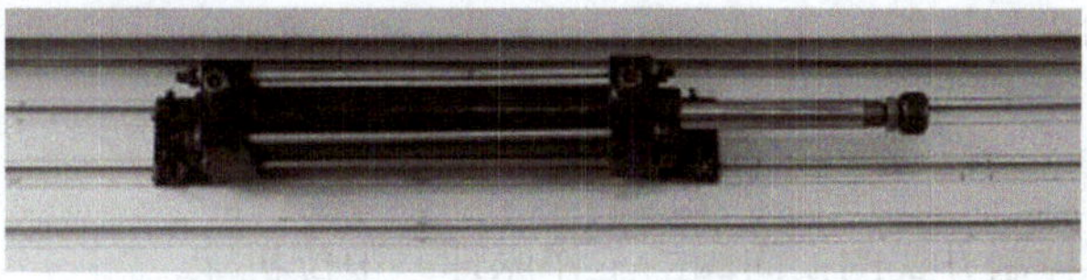

图2-4-1 单活塞杆液压缸

1. 液压缸的拆卸

先拆掉两端压盖上的螺钉，卸下压盖，再拆掉端盖，随后将活塞与活塞杆从缸体中分离。在拆卸过程中，仔细观察其结构，弄清以下问题。

（1）液压缸各部位的典型结构。

（2）液压缸各组成部分的功用。

（3）活塞与活塞杆、缸体与端盖、活塞杆头部、液压缸的安装形式等。

（4）活塞与缸体、端盖与缸体、活塞杆与端部间采用的密封形式及密封圈沟槽的结构形式。

（5）缸体内孔、活塞、活塞杆的各种加工精度。

（6）液压缸各种零件的材料及缸体的结构形式。

2. 液压缸的装配

装配前清洗各零件，将活塞、活塞杆与缸体等配合表面涂润滑油，然后按拆卸时的反向顺序装配。注意不要漏件，不要损伤。

拆装液压缸时，严禁用锤子敲打缸筒和活塞表面；拆装液压缸时，要防止损伤活塞杆顶端的螺纹、缸口螺纹和活塞杆表面。

3. 技术评价

技术评价项目见表 2 - 4 - 1。

表 2 - 4 - 1　拆装液压缸技术评价项目

序号	评价项目	配分	得分	备注
1	是否正确选取拆装工具和量具	15		
2	拆卸程序是否正确	20		
3	所使用的工艺方法是否恰当，是否符合技术规范	20		
4	是否能够正确地对零件进行外部检查	15		
5	拆装完毕后工具的整理是否符合规范	15		
6	问题分析和结论是否正确	15		
	合计	100		

任务 2.5　换向阀

学习目标

1. 理解不同控制方式的换向阀的工作原理。

2. 会辨别各种换向阀的职能符号。

3. 掌握三位阀的中位机能。

学习过程

用 PPT 演示不同控制方式的换向阀的工作原理、中位机能。

控制阀是液压系统中用来控制液流方向、压力和流量的元件。通过这些阀，系统对执行元件的启动、停止、运动方向、速度、动作顺序和克服负载的能力进行调节与控制，使各类液压机械都能按要求协调地进行工作。

1. 控制阀的分类

1）按用途分

控制阀可分为方向控制阀、压力控制阀和流量控制阀。方向控制阀主要包括单向阀和换向阀；压力控制阀主要包括溢流阀、顺序阀、减压阀和压力继电器；流量控制阀主要包括节流阀、调速阀和分流集流阀。

实际应用中，这3类阀还可根据需要互相组合成为组合阀，如单向顺序阀、单向节流阀等。

2）按操纵方式分

普通控制阀为开关阀，可分为手动控制阀、机动控制阀、电磁控制阀、液动控制阀等，此外还有根据输入信号连续或按比例控制的比例阀和伺服阀，用数字信息直接控制的数字阀。

2. 控制阀的基本共同点

各种类型的控制阀都具有下述基本共同点。

（1）在结构上，所有液压阀都是由阀体、阀芯和操纵部分组成。

（2）在工作原理上，所有液压阀的开口大小、进出口间的压差及通过阀的流量之间的关系都符合孔口流量公式 $q = CA\Delta p^m$（C 为流量系数，A 为阀口的截面积，Δp 为阀口的两端压差，m 为阀口的长径比所决定的指数，为 0.5 或 1），仅是不同控制阀的参数各不相同。

3. 控制阀的要求

（1）动作灵敏，使用可靠，工作时冲击和振动小。

（2）密封性能好，内外泄漏少。

（3）结构简单，制造装配方便，通用性好。

4. 控制阀的规格和性能参数

控制阀的规格用阀进、出油口的名义通径 D_g（mm）表示。D_g 相同的阀，其阀口的实际尺寸不一定相等。目前仍然在使用的某些按旧标准生产的阀，其性能参数主要有额定压力、额定流量、额定压力损失、最小稳定流量等。按新标准生产的阀除了规定性能参数（如最大工作压力、开启压力、压力调整范围、允许背压、最大流量等）之外，还给出了若干条特性曲线，如压力—流量特性曲线、压力损失—流量特性曲线等，用以确定不同状态下的性能参数值，这更能确切地表明阀的性能。

2.5.1　换向阀概述

换向阀通过变换阀芯在阀体内的相对位置，使阀体各油口连通或断开，从而控制执行元件的换向或启/停。

换向阀的分类如下：

（1）按阀芯的型式，分为滑阀和转阀，其中滑阀比转阀应用广泛。

（2）按阀芯在阀体中的工作位置数，分为二位阀、三位阀等。

（3）按阀体油口通路数，分为二通阀、三通阀、四通阀、五通阀等。

（4）按移动阀芯的操纵方式，分为手动阀、机动阀、电磁阀、液动阀、电液阀。

液压传动系统对换向阀性能的主要要求为：

（1）油液流经换向阀时压力损失要小。

（2）互不相通的油口间的泄漏要小。

（3）换向要平稳、迅速且可靠。

1. 换向阀的工作原理

换向阀主要由阀体及阀芯组成，阀体内加工出环形通道及油口，阀杆上加工出台肩与之配合，有的阀芯内部有通孔。当阀芯在阀体内移动时，可改变各油口之间的连通关系。图 2-5-1 为三位四通换向阀的工作原理，在图示位置，液压缸两腔不通压力油，处于停止状态。若使换向阀的阀芯 1 左移，阀体 2 上的油口 P 和 A 连通，B 和 T 连通。压力油经 P、A 进入液压缸左腔，活塞右移，右腔油液经 B、T 流回油箱。反之，若使阀芯右移，则 P 和 B 连通，A 和 T 连通，活塞左移。

2. 换向阀职能符号的含义

图 2-5-1 的换向阀可以绘制成图 2-5-2 的职能符号。其中，"位""通"等是换向阀绘制中的重要概念。

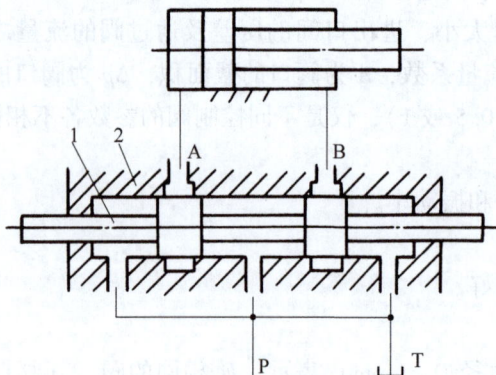

图 2-5-1　三位四通换向阀工作原理

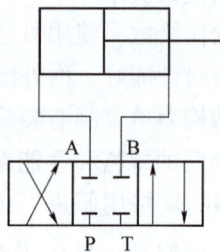

图 2-5-2　换向阀职能符号

（1）位：阀芯相对阀体的不同的工作位置数，即工作位置数称为"位"，通常用一个粗实线方框表示一个工作位置。换向阀有几个工作位置就相应有几个方框数。图 2-5-1 的换向阀阀芯相对于阀体有 3 个工作位置，所以在图 2-5-2 中有 3 个方框，表示 3 位。

（2）通：通常把换向阀与液压系统油路相连的油口数称为"通"，即表示阀体上的油路数。阀体上外部接口有 2 个油口，为二通；有 3 个油口，为三通。当阀芯相对于阀体运动时，可改变各油口之间的连通情况，从而改变液流的流动方向。图 2-5-1 的换向阀共有 P、T、A、B 4 个通油口，所以在图 2-5-2 中的每个方框中都有 4 个油口，表示四通。

（3）箭头：表示阀体油口处于连通状态，箭头方向不一定表示油液实际方向。

（4）截断符号"⊥"和"⊤"：表示油路被封闭。

（5）三位阀的中位，二位阀靠近弹簧的一位为常态位。

（6）靠近外加控制信号的一格，表示控制信号作用下换向阀的工作位置。

（7）一般阀与系统供油路连接的进油口用 P 表示，阀与系统回油路连接的回油口用 T 表示，而阀与执行元件连接的工作油口用 A、B 表示。

表 2 – 5 – 1 列出了几种常用换向阀的结构及其职能符号。

表 2 – 5 – 1　常用换向阀的结构和职能符号

位与通	结构原理图	职能符号
二位二通	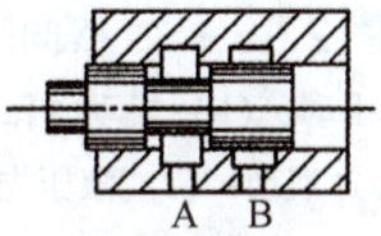	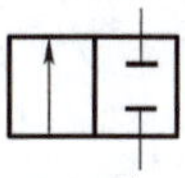
二位三通	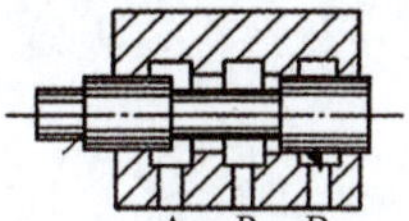	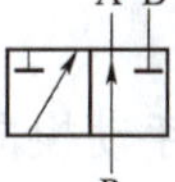
二位四通	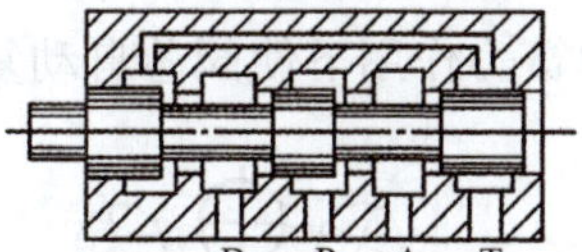	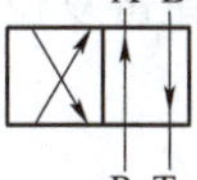
二位五通	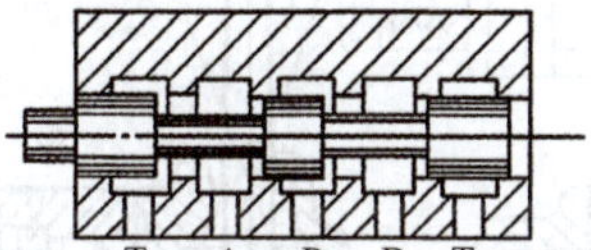	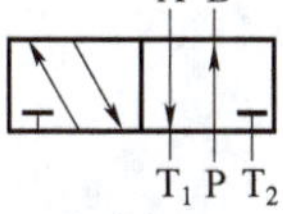
三位四通	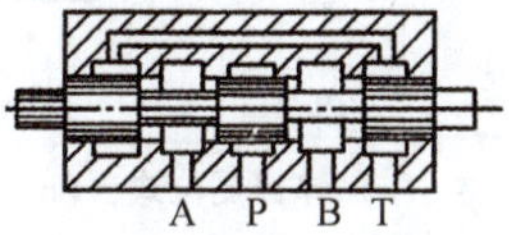	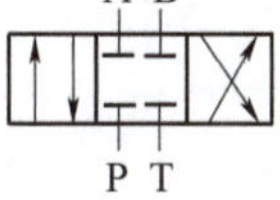
三位五通	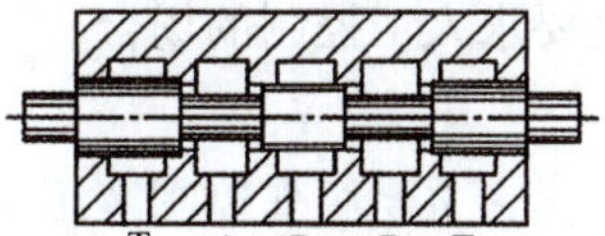	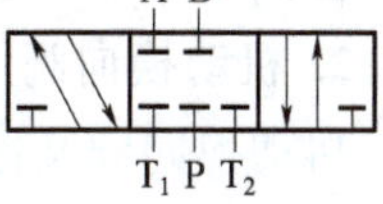

二位二通

二位三通

二位四通

三位五通

常用的换向阀操纵方式符号如图 2 – 5 – 3 所示，图 2 – 5 – 3 的操纵方式与表 2 – 5 – 1 的换向阀的位和通路符号组合可以得到不同的换向阀，如三位四通电磁换向阀、二位二通机动换向阀等。

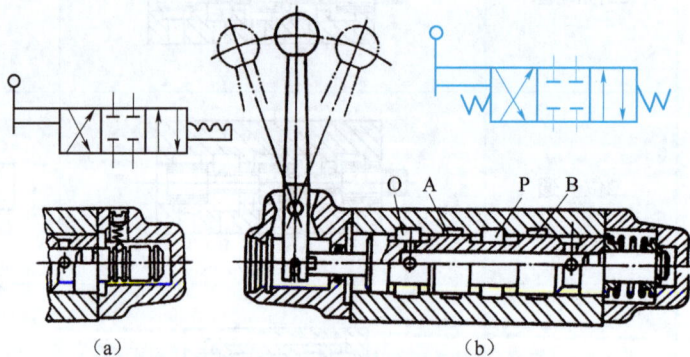

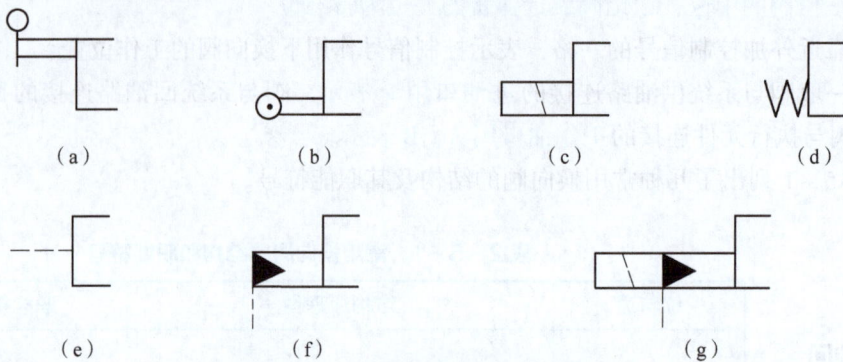

图 2-5-3　换向阀操纵方式符号

(a) 手动；(b) 机动（滚轮）；(c) 电磁控制；

(d) 弹簧控制；(e) 液动；(f) 液压先导控制；(g) 电磁—液压先导控制

2.5.2　换向阀的种类

1. 手动换向阀

手动换向阀是用手动杠杆操纵阀芯换位的方向控制阀。手动换向阀有钢球定位式和弹簧复位式两种，如图 2-5-4 所示。钢球定位式阀因钢球卡在定位槽中，可保持阀芯处于换向位置；弹簧复位式阀则在弹簧力作用下使阀芯自动复位。

手动换向阀
动画

图 2-5-4　手动换向阀

(a) 弹簧复位式；(b) 钢球定位式

手动换向阀结构简单、动作可靠，还可人为地控制阀口的大小，从而控制执行元件的速度，但只适用于间歇动作且要求人工控制的场合。

2. 机动换向阀

机动换向阀又称行程阀，它主要用来控制液压机械运动部件的行程。这种阀必须安装在液压缸附近，不能装在液压站上。它借助于安装在工作台上的挡铁或凸轮来迫使阀芯移动，从而控制油液的流动方向，机动换向阀通常是二位的，有二通、三通、四通和五通几种。图 2-5-5 (a) 为滚轮式二位二通常闭式机动换向阀，若滚轮未压住则油口 P 和 A 不通，当挡铁或凸轮压住滚轮时，阀芯右移，则油口 P 和 A 接通。图 2-5-5 (b) 为其职能符号。

机动换向阀动画

（a）　　　　　　　　　　　　　　（b）

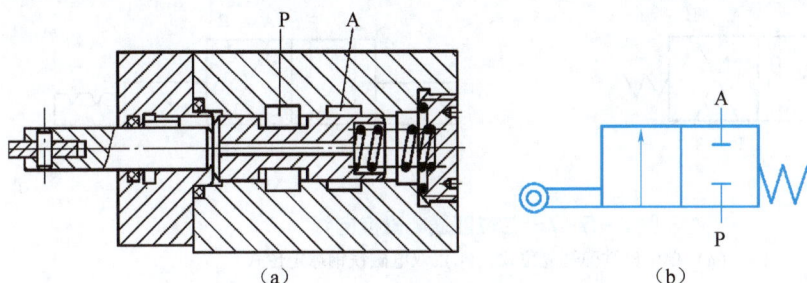

图2-5-5　二位二通机动换向阀

（a）结构；（b）职能符号

机动换向阀通常是弹簧复位式的二位阀。它结构简单、动作可靠、换向位置精度高，改变挡块的迎角α或凸轮外形，可使阀芯获得合适的换位速度，减小换向冲击。

3. 电磁换向阀

电磁换向阀是利用电磁线圈通电后的电磁铁吸力操纵阀芯换位的方向控制阀。图2-5-6为三位四通电磁换向阀的结构原理和职能符号。阀的两端各有一个电磁铁和一个对中弹簧，常态时阀芯处于中位。当右端电磁铁通电时，衔铁通过推杆将阀芯推至左端，换向阀在右位工作，P和B通，A和T通；反之，左端电磁铁通电吸合时，换向阀在左位工作。

（a）

（b）

1—阀体；2—弹簧；3—弹簧座；4—阀芯；5—线圈；6—衔铁；7—隔套；8—壳体；9—插头组件

图2-5-6　三位四通电磁换向阀

（a）结构原理；（b）职能符号

图2-5-7为二位四通电磁换向阀的职能符号。二位电磁换向阀一般都是单电磁铁控制的，但无复位弹簧的双电磁铁二位阀由于电磁铁断电后仍能保留通电时的状态，可以避免系统失灵或出现事故，故常用于连续作业的自动化系统。

电磁铁按使用电源的不同可分为交流式和直流式两种，按衔铁工作腔是否有油液可分为干

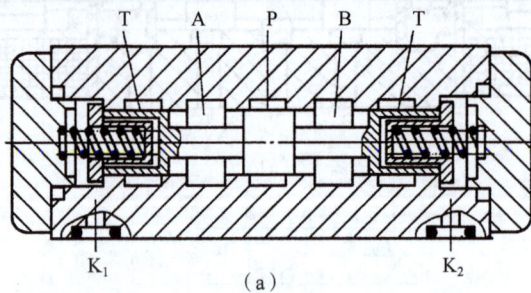

图 2-5-7　二位四通电磁换向阀

（a）单电磁铁弹簧复位式；（b）双电磁铁钢球定位式

式和湿式。交流电磁铁启动力较大，不需要专门的电源，吸合、释放快，动作时间为 0.01 ~ 0.03 s，但是如果电源电压下降 15% 以上，电磁铁吸力就会明显缩小，所以在实际使用中交流电磁铁允许的切换频率一般为 10 次/min。直流电磁铁工作较可靠，吸合、释放动作时间为 0.05 ~ 0.08 s，允许的切换频率一般为 120 次/min，且体积小、冲击小、寿命长，但需配专用直流电源，成本高。

电磁换向阀使用方便，易于实现自动化，在机床自动化等方面被广泛应用。但是，换向时间短，换向冲击大，一般只用于小流量、平稳性要求不高的液压系统。

4. 液动换向阀

液动换向阀是利用控制油路的压力油来改变阀芯位置的换向阀。液动换向阀结构简单，动作可靠、平稳，换向速度易于控制，由于其液压驱动力大，适用于大流量的液压系统。

图 2-5-8 为三位四通液动换向阀的结构和职能符号。阀芯由两端密封腔中油液的压差来移动，当控制油从阀右边的控制油口 K_2 进入滑阀右腔时，K_1 接通回油，阀芯向左移动，使压力油口 P 与 B 相通，A 与 T 相通；当 K_1 接通压力油、K_2 接通回油时，阀芯向右移动，使得 P 与 A 相通，B 与 T 相通；当 K_1、K_2 都相通回油时，阀芯在两端弹簧和定位套的作用下回到中间位置。

液动换向阀

（a）

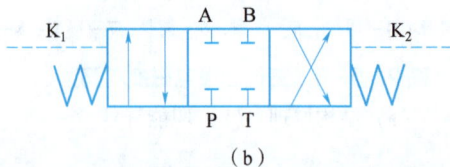

（b）

图 2-5-8　三位四通液动换向阀

（a）结构；（b）职能符号

5. 电液换向阀

电液换向阀是由电磁换向阀和液动换向阀组合而成。电磁换向阀（又称先导阀）起先导控制作用，通过它可以改变控制油路的油液方向，从而控制液动换向阀阀芯的位置，实现其换向要求；液动换向阀作为主阀，控制液压系统中的执行元件。

因为液动力很大，所以电液换向阀主阀芯的尺寸可以做得很大，允许有较大的油液流量通过，这样用较小的电磁铁就能控制较大的液流，特别适用于高压大流量换向精度要求较高的液压系统中。

图2-5-9为三位四通电液换向阀的结构和职能符号。当先导阀左边的电磁铁通电后使其阀芯向右移动，来自主阀油口P的控制压力油可经先导阀和左单向阀进入主阀左端容腔，并推动主阀阀芯向右移动，使主阀P与A、B与T的油路相通；反之，当先导阀右边的电磁铁通电后，可使P与B、A与T的油路相通。经如此动作，电液换向阀便实现了液流的换向。

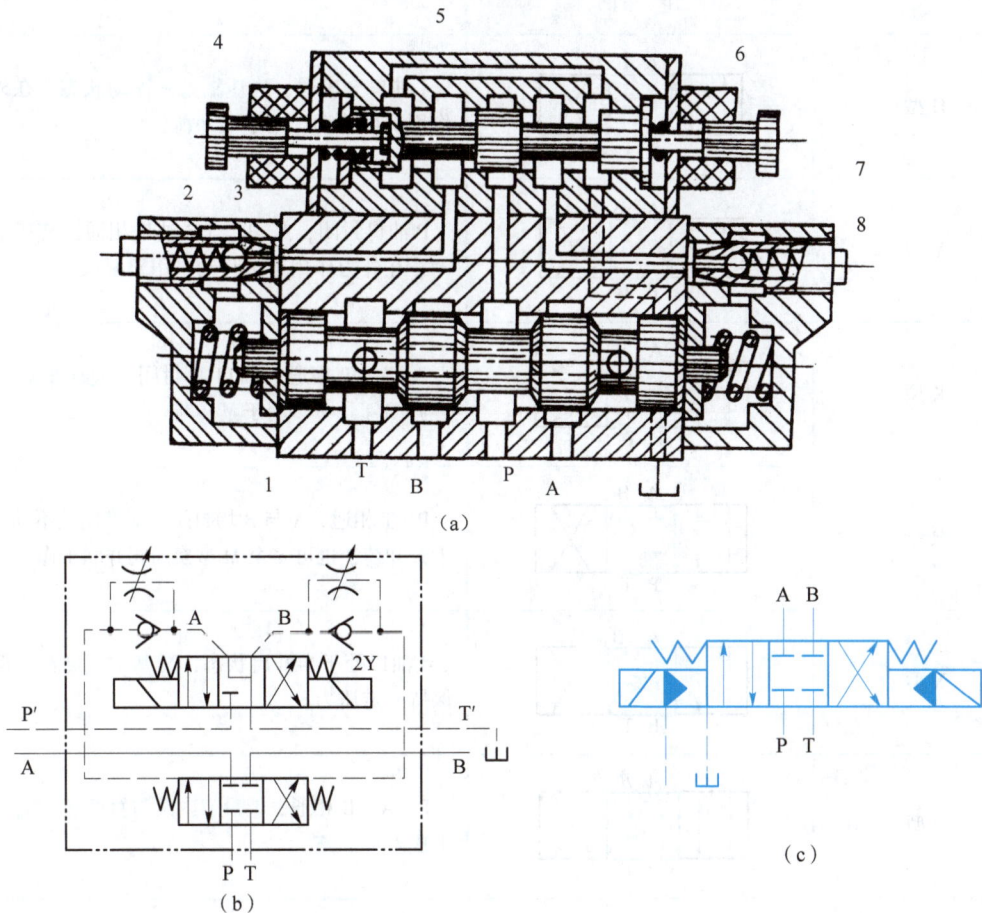

1—液动换向阀阀芯；2，8—单向阀；3，7—节流阀；4，6—电磁铁；5—电磁换向阀阀芯

图2-5-9　三位四通电液换向阀

（a）结构图；（b）职能符号；（c）简化的职能符号

2.5.3　三位四通换向阀的中位滑阀机能

三位换向阀的左位和右位通常用来向液压缸左右两腔供油，中位时（即常态位）因阀芯台肩结构、尺寸及内部通孔的不同，各油口具有不同的连通关系，液压系统具有不同的控制性能，如液压缸是否锁紧，液压泵是否卸荷，这就是中位机能。

表2-5-2列出了常见三位四通换向阀的职能符号及中位机能。

表2-5-2　三位四通换向阀的中位机能

滑阀类型	职能符号	中位油口状况、特点及应用
O型		P、A、B、T 4油口全封闭，液压泵保压，液压缸闭锁，可用于多个换向阀的并联工作
H型		4油口全串通，液压缸处于浮动状态，在外力作用下可移动，用于泵卸荷
Y型		P油口封闭，A、B、T 3油口相通，液压缸浮动，在外力作用下可移动，用于泵保压
K型		P、A、T相通，油口B封闭，液压缸处于单方向闭锁状态，用于泵卸荷
M型		P、T相通，A与B均封闭，活塞闭锁不动，用于泵卸荷，也可多个M型换向阀并联工作
X型		4油口处于半开启状态，泵基本上卸荷，但仍保持一定压力
P型		P、A、B相通，T封闭，泵与缸两腔相通，可组成差动回路
J型		P与A封闭，B与T相通，液压缸停止，但在外力作用下可向右移动，泵仍保压

中位机能的选用应考虑换向平稳性、换向精度、启动平稳性、系统卸荷和保压等方面。
（1）系统保压。当油口P被堵塞，系统保压，如Y、O、J型。

（2）系统卸荷。油口 P 通畅地与油口 T 接通时，系统卸荷，如 H、K、M 型。

（3）启动平稳性。阀在中位时，液压缸某腔如通油箱，则启动时该腔内因无油液起缓冲作用，启动不太平稳。启动平稳性要求较高的如 O、M 型。

（4）换向平稳性。当液压缸的 A、B 两腔都堵塞时，换向过程容易产生液压冲击，换向不平稳，但换向精度高。换向平稳性要求较高时，选用中位时油口 A、B 与 T 相互连通的形式，如 H、Y、X 型。

（5）换向精度。换向精度要求较高时，应选用中位油口 A 与 B 被封闭的形式，如 O、M 型。

任务2.6 实训：组装简化的磨床工作台液压系统

学习目标

1. 掌握换向阀的工作原理及符号含义。
2. 根据液压原理图，会组装换向回路并会分析故障。

学习过程

组装换向回路，注意实习安全和 7S 管理。

在液压系统中，利用方向控制阀控制油液的通断和换向，使执行元件启动、停止或变换运动方向的回路，称为方向控制回路，应用较多的是换向回路和锁紧回路。

1. 实训目的

（1）熟悉换向阀典型的内部结构、工作原理及职能符号。

（2）了解换向阀的工业应用领域。

（3）培养学生学习液压传动课程的兴趣，以及进行实际工程设计的积极性，为学生进行创新设计、拓展知识面，打好一定的知识基础。

2. 实训器材

（1）YZ – 01 液压实验工作台，1 台。

（2）泵站，1 套。

（3）三位四通电磁换向阀及手动换向阀，各 1 只。

（4）液压缸，1 只。

（5）溢流阀，1 只。

（6）接近开关及其支架，3 套。

（7）四通油路过渡底板，1 块。

（8）油管及导线，若干。

3. 实训原理

简化的磨床工作台液压系统如图 2 – 0 – 1。用手动换向阀可以调节工作台运动的方向，用节流阀可以调节工作台运动的速度，用溢流阀调节系统压力。同时可以用电磁换向阀代替手动换向阀，液压回路原理如图 2 - 6 - 1 所示。通过换向阀 3 的左位和右位工作可以实现液压缸的左右运动，溢流阀 2 起到溢流稳压的目的。

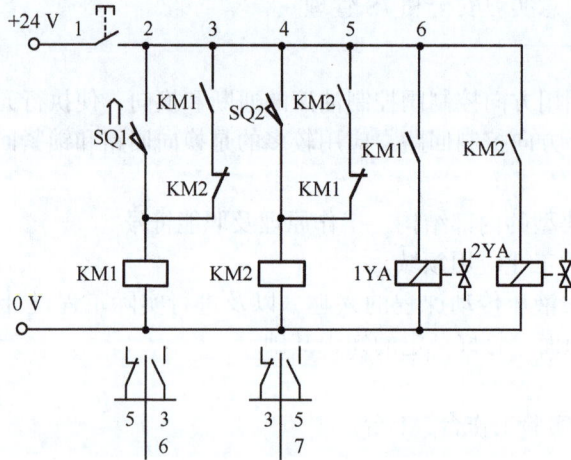

1—液压泵；2—溢流阀；3—换向阀；4—液压缸

图 2 - 6 - 1　液压回路原理

电气控制图如图 2 - 6 - 2 所示。

换向回路动画

图 2 - 6 - 2　换向回路电气控制图

4. 实训步骤

（1）根据图 2 - 6 - 1 正确连接各液压元件。

（2）对照图 2 - 6 - 1，检查连接是否正确。

（3）先松开溢流阀，启动油泵，让泵空转 1 ~ 2 min；慢慢调节溢流阀，将泵的出口压力调至适当值。

（4）给 1YA 通电，活塞杆向右移动；给 2YA 通电，活塞杆向左移动。

（5）接好接近开关，分别用继电器控制单元和 PLC 控制单元让回路实现自动换向。

（6）实训完毕后，打开溢流阀，停止油泵电动机，待系统压力为0后，拆卸油管及液压阀，并把它们放回规定的位置，整理好实验台。并保持系统的清洁。

5. 技术评价

组装换向回路技术评价项目见表2－6－1。

表2－6－1　组装换向回路技术评价项目

序号	评价项目	配分	得分	备注
1	是否能分析实训原理并能正确选择实训元件	5		
2	液压管路布局是否合理	10		
3	液压管路连接是否正确	15		
4	电气控制线连接是否正确	5		
5	能否用 PLC 或组态王*实现动作要求	15		
6	是否能根据实训要求分析换向阀的通断情况	15		
7	能否正确接通电源和启动电动机	5		
8	能否正确停止电动机和断开电源	5		
9	能否正确拆卸各实训元件	5		
10	实训元件是否归类放置，摆放整齐	5		
11	实训工具摆放是否符合要求	5		
12	文明生产	10		
合计		100		

注：组态王为一个液压设计软件。

6. 练习

组装机动换向回路；设计其他换向回路并组装回路。需组装的回路如图2－6－3所示。

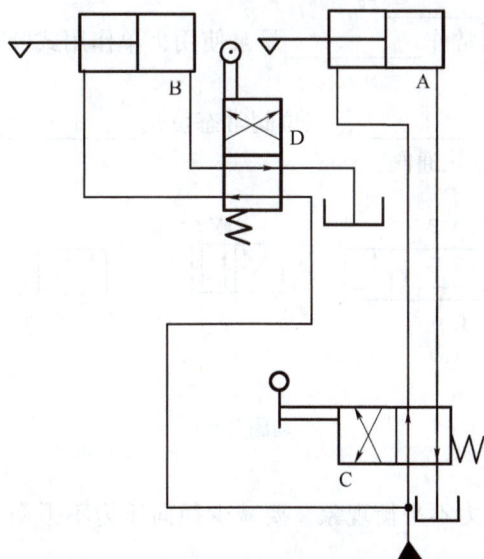

图2－6－3　采用机动换向阀的换向回路

任务总结与评价

1. 组织小组讨论，各小组推选代表做工作总结，并用 PPT 进行成果展示。
2. 各小组对成果展示做评价。

任务考核习题

一、填空题

1. 齿轮泵存在径向力不平衡，减小它的措施为缩小_____直径。

2. 外啮合齿轮泵位于轮齿逐渐脱开啮合的一侧是_____腔，位于轮齿逐渐进入啮合的一侧是_____腔。

3. 外啮合齿轮泵的_____、_____、_____是影响齿轮泵性能和寿命的三大问题。

4. 为减小困油现象的危害，常在两侧盖板上开_____。

5. 齿轮泵产生泄漏的间隙为_____间隙和_____间隙，此外还存在_____间隙，其中_____泄漏占总泄漏量的75% ~80%。

6. 单作用叶片泵的特点是改变_____就可以改变输油量，改变_____就可以改变输油方向。

7. 双作用式叶片泵的转子每转1转，吸、压油各_____次，单作用式叶片泵的转子每转1转，吸、压油各_____次。

8. 双作用式叶片泵的定子曲线由2段_____、2段_____及4段_____组成，吸、压油窗口位于_____段。

9. 双作用式叶片泵通常作_____量泵使用，单作用式叶片泵通常作_____量泵使用。

10. 二位阀常态位是_____，三位阀常态位是_____。

11. 判断以下阀是几位几通阀？

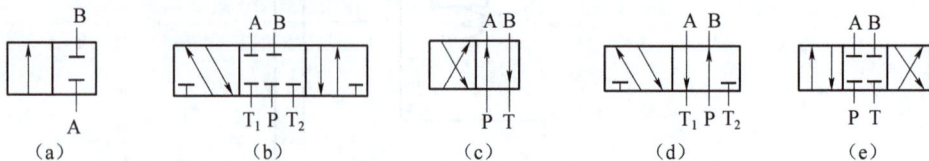

题图2-1

二、选择题

1. 齿轮泵存在径向压力不平衡现象。要减少径向压力不平衡力的影响，目前应用广泛的解决办法有（　　）。

A. 减小工作压力   B. 缩小压油口

C. 扩大泵体内腔高压区径向间隙   D. 使用滚针轴承

2. CB—B 型齿轮泵中，泄漏途径有三条，其中（   ）对容积效率的影响最大。

A. 轴向间隙   B. 径向间隙   C. 啮合处间隙

3. 为了消除齿轮泵困油现象造成的危害，通常采用的措施是（   ）。

A. 增大齿轮两侧面与两端面之间的轴向间隙

B. 在两端泵盖上开卸荷槽

C. 增大齿轮啮合线处的间隙

D. 使齿轮啮合处的重叠系数小于 1

4. 对三位换向阀的中位机能，缸闭锁，泵不卸荷的是（   ）；缸闭锁，泵卸荷的是
（   ）；缸浮动，泵卸荷的是（   ）；缸浮动，泵不卸荷的是（   ）；可实现液压缸差
动回路的是（   ）。

A. O 型   B. H 型   C. Y 型

D. M 型   E. P 型

5. 用液控单向阀缩紧回路，三位四通换向阀中位用（   ）机能效果好。

A. H 型   B. O 型   C. M 型   D. P 型

6. 中位机能是（   ）型的换向阀在中位时可实现系统卸荷。

A. M   B. P   C. O   D. Y

7. 三位四通阀（   ）中位机能既能实现液压泵卸荷，又能使液压缸锁紧。

A. O 型   B. H 型   C. M 型   D. P 型

8. 双作用式单活塞杆液压缸（   ）。

A. 活塞两个方向的作用力相等

B. 往复运动的范围约为有效行程的 3 倍

C. 活塞有效作用面积为活塞杆面积的 2 倍时，工作台往复运动速度相等

D. 常用于实现机床的工进和快退

9. 作差动连接的单活塞杆液压缸，欲使活塞往复运动速度相同，必须满足（   ）。

A. 活塞直径为活塞杆直径的 2 倍

B. 活塞直径为活塞杆直径的 $\sqrt{2}$ 倍

C. 活塞有效作用面积为活塞杆面积的 $\sqrt{2}$ 倍

D. 活塞有效作用面积比活塞杆面积大 2 倍

10. 当工作行程较长时，采用（   ）缸较合适。

A. 单活塞杆   B. 双活塞杆   C. 柱塞

11. 差动液压缸，若使其往返速度相等，则活塞面积应为活塞杆面积的（   ）。

A. 1 倍   B. 2 倍   C. 3 倍

12. 双作用杆活塞液压缸，当活塞杆固定时，运动所占的运动空间为缸筒有效行程的倍
数（   ）。

A. 1 倍   B. 2 倍   C. $\sqrt{2}$ 倍

13. 液压缸有效面积一定时，液压缸的运动速度取决于（   ）。

A. 压力和流量   B. 流量   C. 压力

三、判断题

1. 双活塞杆液压缸的活塞杆是固定不动的，其工作台往复运动的范围约为有效行程

的 3 倍。 （　　）

2. 双作用式单活塞杆液压缸的活塞，两个方向所获得的推力不相等：工作台慢速运动时，活塞获得的推力小；工作台作快速运动时，活塞获得的推力大。 （　　）

3. 液压缸差动连接时，能比其他连接方式产生更大的推力。 （　　）

4. 活塞缸可实现执行元件的直线运动。 （　　）

5. 液压缸的差动连接可提高执行元件的运动速度。 （　　）

6. 作用于活塞上的推力越大，活塞运动速度越快。 （　　）

7. 与活塞缸相比，柱塞缸特别适合于行程较长的场合。 （　　）

8. 齿轮泵都是定量泵。 （　　）

9. 在齿轮泵中，为了消除困油现象，在泵的端盖上开卸荷槽。 （　　）

10. 单柱塞缸靠液压油能实现 2 个方向的运动。 （　　）

四、计算题（每题 5 分，共 20 分）

1. 某液压系统，泵的排量 $V = 10\ \text{mL/r}$，电动机转速 $n = 1\,200\ \text{r/min}$，泵的输出压力 p 为 3 MPa，液压泵容积效率 $\eta_v = 0.92$，总效率 $\eta = 0.84$，求：

（1）泵的理论流量。

（2）泵的实际流量。

（3）泵的输出功率。

（4）驱动电动机功率。

2. 某一差动液压缸，求：在（1）$v_{\text{快进}} = v_{\text{快退}}$，（2）$v_{\text{快进}} = 2v_{\text{快退}}$ 两种条件下，活塞面积 A_1 和活塞杆面积 A_2 之比。

3. 如题图 2 - 2，已知 D、活塞杆直径 d、进油压力 p、进油流量 q，各缸上负载 F 相同，试求活塞 1 和 2 的运动速度 v_1、v_2 和负载 F。

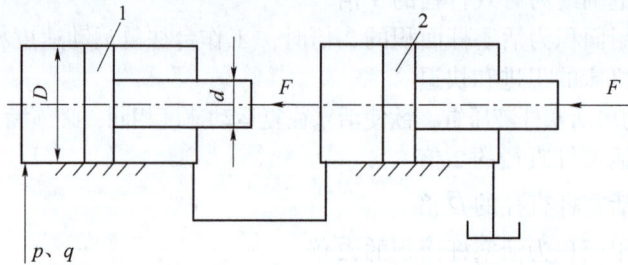

题图 2 - 2

4. 绘出下列名称的阀的职能符号。

（1）差动液压缸。

（2）二位二通常断型电磁换向阀。

（3）三位四通 H 型电磁换向阀。

项目3 液压夹紧装置

1. 能正确设计液压夹紧回路。
2. 能理解保压回路、锁紧回路、卸荷回路的工作原理与组成。
3. 能组装锁紧回路。
4. 能熟悉液压辅助元件。
5. 会对回路进行故障分析与排除。
6. 能对实训过程进行总结。
7. 培养严谨细致、吃苦耐劳的职业素养。
8. 增强文化传承和创新设计的使命感。

流体传动与控制
专家——路甬祥

工作情境描述

用液压缸对工件进行夹紧，为保证加工时工件不会发生移动，要求在加工期间，夹紧装置应保持足够的夹紧力，液压夹紧装置示意如图3-0-1所示。同时为避免液压泵频繁开关，泵应始终处于运转状态，为了节约能源，暂停加工期间（如测量工件或拆卸工件等），液压泵应处于卸荷运行状态，应构建保压回路和卸荷回路。要求学生掌握液压系统中的锁紧回路、保压回路、卸荷回路及选择相应的液压元件，要求对液压辅助元件有一定的了解，同时对整个实训过程进行总结。工作过程中遵循工作现场7S管理规范。

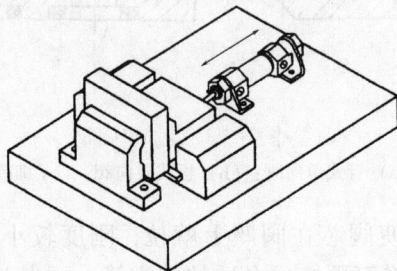

图3-0-1 液压夹紧装置示意

任务 3.1　锁紧回路

学习目标

1. 掌握单向阀、液控单向阀的工作原理。
2. 掌握锁紧回路的工作原理。

学习过程

用 PPT 演示单向阀、液控单向阀、锁紧回路的工作原理。

3.1.1　单向阀

1. 普通单向阀

普通单向阀通常简称单向阀，它是一种只允许油液单向流动，不允许反向倒流的阀，图 3-1-1 为管式和板式两种结构的单向阀。当液流从进油口 A 流入时，油液压力克服弹簧阻力及阀体 1 与阀芯 2 间的摩擦力，顶开锥阀芯（小规格直通式阀可用钢球作阀芯），从出油口 B 流出。当液流反向从 B 流入时，油液压力使阀芯紧密地压在阀座上，不能倒流。

单向阀—普通圆锥形

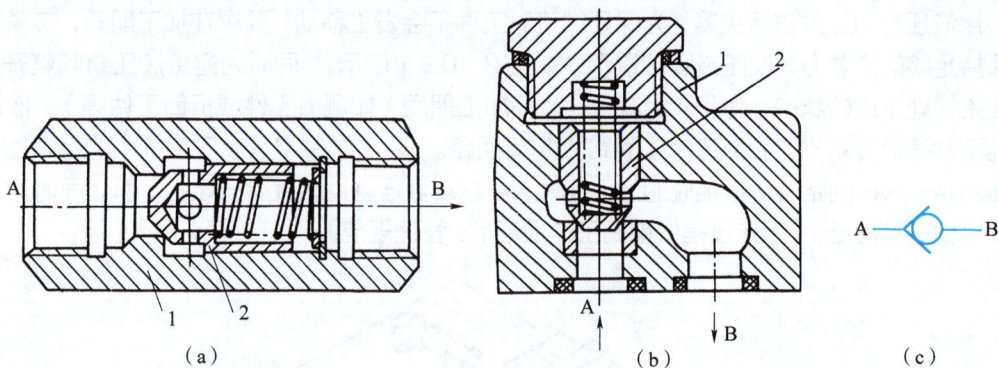

图 3-1-1　单向阀
（a）管式单向阀；（b）板式单向阀；（c）职能符号

单向阀中的弹簧仅用于使阀芯在阀座上就位，刚度较小，故开启压力很小（0.04～0.10 MPa）。若将单向阀内软弹簧更换成合适的硬弹簧，可当背压阀使用，其背压力可达到 0.2～0.6 MPa。

单向阀的常见故障诊断及排除方法见表 3-1-1。

表3-1-1　单向阀的常见故障诊断及排除方法

现象	原因	方法
发生异常声音	油的流量超过允许值	更换流量大的阀
	与其他阀共振	可略微改变阀的额定压力，也可调试弹簧的强弱
	在卸压单向阀中，用于立式大液压缸等的回路，没有卸压装置	补充卸压装置回路
阀与阀座有严重泄漏	阀座锥面密封不好	重新研配
	滑阀或阀座拉毛	重新研配
	阀座碎裂	更换并研配阀座
不起单向阀作用	阀体孔变形，使滑阀在阀体内咬住	修研阀体孔
	滑阀配合时有毛刺，使滑阀不能正常工作	修理，去毛刺
	滑阀变形胀大，使滑阀在阀体内咬住	修研滑阀外径
结合处渗漏	螺钉或管螺纹没拧紧	拧紧螺钉或管螺纹

2. 液控单向阀

液控单向阀是一种通入控制压力油打开阀芯实现液流反向流通的单向阀。它由单向阀和液控装置两部分组成，如图3-1-2所示。当控制口 X 未通压力油时，其作用与普通单向阀相同，正向流通，反向截止。当控制口通入控制压力油后，推动活塞 a 把单向阀的锥形阀芯顶离阀座，油液可反向流通。

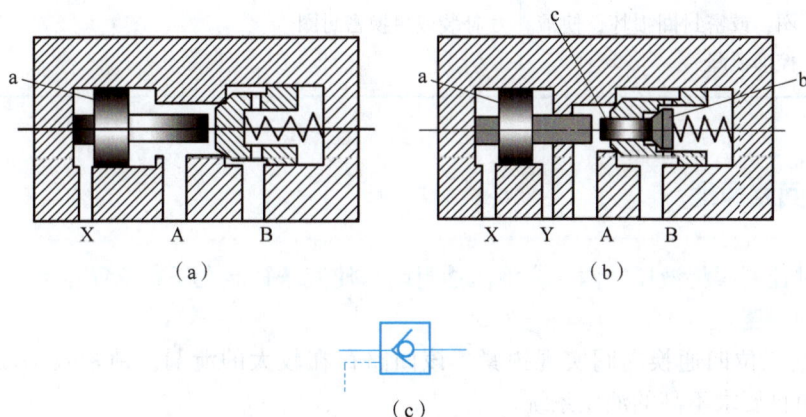

（a）　　　　　　　　　　（b）

液控单向阀
动画

（c）

图3-1-2　液控单向阀

（a）内泄式；（b）外泄式；（c）职能符号

油液由油口 B 进油反向流动时，进油压力相当于系统工作压力，通常很高，而来自油口 A 控制活塞 a 的背压也可能较大，控制油的开启压力必须很大才能顶开阀芯，这影响了液控单向阀的工作可靠性。为此提出以下解决方法。

若油口 B 进油压力很高，可采用先导阀预先卸压。图3-1-2（b）中，在单向阀的锥阀芯中装一更小的锥阀芯 b，称先导阀芯。因该阀芯承压面积小，只需较小推力便可将它先行顶开，A、B 两腔随即通过先导阀芯圆杆上的小缺口 C 相互沟通，使 B 腔逐渐卸压，直至控制活塞轻易地将主阀芯推离阀座，使单向阀的反向通道打开。

若口 A 压力较高造成控制活塞背压较大，可采用外泄口回油降低背压。图 3 - 1 - 2（b）中，背压作用在控制活塞上的面积很小，开启阀芯时阻力也就不大。外泄口 Y 可将 A 腔和 X 腔的泄漏油排回油箱。

液控单向阀的职能符号如图 3 - 1 - 2（c）所示。

液控单向阀未通控制油时具有良好的反向密封性能，常用于保压、锁紧和平衡回路。

液控单向阀的常见故障诊断及排除方法见表 3 - 1 - 2。

表 3 - 1 - 2　液控单向阀的常见故障诊断及排除方法

现象	原因	方法
不起单向控制作用	单向阀密封不良	若钢球精度差，则调换钢球；若阀芯与阀体孔座接触不良，则需配研，使其密封良好
	阀芯被卡住	阀芯与阀体孔配合间隙太小，则需研配控制配合间隙为 0.008 ~ 0.015 mm；若因阀芯被锈蚀拉毛或被污物堵塞，则需拆卸清洗，并用金相砂纸抛光阀芯外缘表面
	弹簧断裂	更换弹簧
液控单向阀不能反向导通	控制油压不足	适当提高油压
	弹簧太硬，打不开阀芯	更换弹簧
	液控口漏装 O 形密封圈，或密封圈损坏，使液控油泄漏	补装或更换密封圈

3.1.2　锁紧回路原理

锁紧回路是通过控制阀将液压缸两腔内液压油封闭，使液压缸能在任意位置停留，且外力作用时也不移动的回路。

（1）由 O、M 型三位四通换向阀实现锁紧，该回路存在较大的泄漏，锁紧效果较差，只用于锁紧时间短而且要求不高的液压系统。

（2）图 3 - 1 - 3 为使用液控单向阀（双向液压锁）的锁紧回路。当换向阀处于左位或右位工作时，液控单向阀 1 或 2 的控制口 K 通入压力油，缸的回油便可反向流过单向阀口，故此时活塞可向右或向左移动。到了该停留的位置时，只要令换向阀处于中位（因阀的中位机能为 H 型），液控单向阀 1、2 均被关闭，使活塞双向锁紧。由于液控单向阀阀座采用锥阀式结构，密封性好，极少泄漏，故有液压锁之称，其锁紧精度只受缸本身的泄漏影响。这种锁紧回路被广泛用于工程机械、起重运输机械等锁紧要求不高的场合。

1，2—液控单向阀

图 3-1-3　采用液控单向阀的锁紧回路

✖ 应用拓展：　汽车起重机支腿液压传动系统

图 3-1-4 为汽车起重机，由于汽车轮胎的支承能力有限，而且为弹性变形体，作业时很不安全，故作业前必须放下前后支腿，使汽车轮胎架空，用支腿承受重量。在行驶时又必须将支腿收起来，让轮胎着地。为确保支腿停放在任意位置都能可靠地锁定而不受外界影响而发生漂移或者窜动，需要采用锁紧回路来实现。

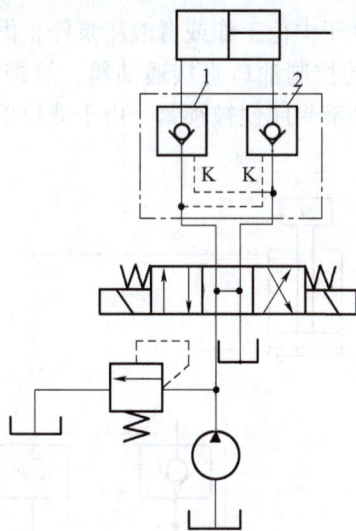

1—载重汽车；2—回转机构；3—支腿；4—吊臂变幅缸；5—吊臂伸缩缸；6—起升机构；7—基本臂

图 3-1-4　汽车起重机

图 3-1-5 中，当换向阀处于中位工作或者液压泵停止供油时，因为阀的中位机能为 H 型或者 Y 型，两个液控单向阀的控制油口直接通油箱，故控制压力立即消失，液控单向阀不再反向导通，液压缸因两腔油液封闭便被锁紧。由于液控单向阀的密封性能好，从而使执行元件长期锁紧。

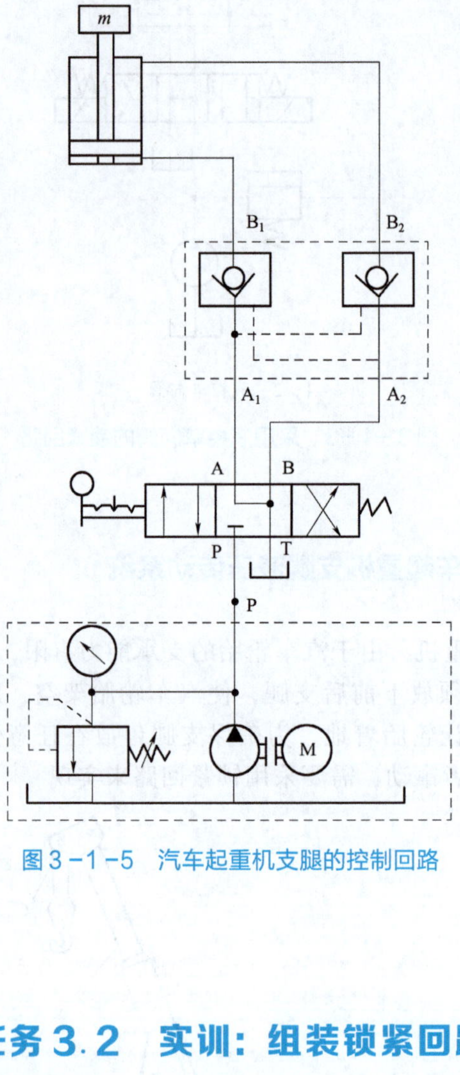

图 3-1-5 汽车起重机支腿的控制回路

任务 3.2 实训：组装锁紧回路

学习目标

1. 通过实训掌握液控单向阀及锁紧回路的工作原理。
2. 组装锁紧回路并进行故障分析。

学习过程

根据液压原理图进行锁紧回路的组装实习。

1．实训目的

（1）了解锁紧回路在工业中的作用，并举例说明。

（2）掌握典型的液压锁紧回路及其应用。

（3）掌握普通单向阀和液控单向阀的工作原理、标准图形符号及其运用。

2．实训器材

（1）YZ-01 液压实验工作台，1 台。

（2）泵站，1 套。

（3）三位四通电磁换向阀（阀芯机能"H"或"Y"），1 只。

（4）液压缸，1 只。

（5）溢流阀，1 只。

（6）液控单向阀，2 只。

（7）四通油路过渡底板，3 块。

（8）压力表，1 只。

（9）油管及导线，若干。

3．实训原理

锁紧回路原理如图 3-1-3 所示。图 3-2-1 为锁紧回路电气控制图。

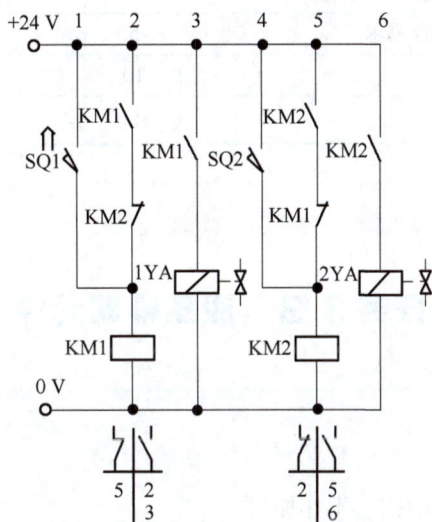

图 3-2-1　锁紧回路电气控制图

4．实训步骤

（1）根据图 3-1-3 正确连接各液压元件。

（2）按照回路要求，选择所需的液压元件，并且检查其性能。

（3）对照图 3-1-3，检查连接是否正确。

（4）根据动作要求设计电路，并依据设计好的电路进行实物连接。

（5）打开安全阀，通电，启动泵，调节溢流阀压力至 5 MPa。

（6）让液压缸左、右运动后，在任意位置停止运动，增大负载，看液压缸的动作情况。

（7）实训完毕后，使三位四通电磁换向阀卸荷，打开溢流阀，停止油泵电动机，待系统压力为0后，拆卸油管及液压阀，并把它们放回规定的位置，整理好实验台，并保持系统的清洁。

5. 技术评价

组装锁紧回路技术评价项目见表3-2-1。

表3-2-1　组装锁紧回路技术评价项目

序号	评价项目	配分	得分	备注
1	是否能分析实训原理并能正确选择实训元件	5		
2	液压管路布局是否合理	5		
3	液压管路连接是否正确	10		
4	电气控制线连接是否正确	5		
5	能否用压力继电器实现动作要求	15		
6	是否能根据实训要求分析换向阀、液控单向阀的通断情况	15		
7	独立设计类似回路并写出工作原理	10		
8	能否正确接通电源和启动电动机	5		
9	能否正确停止电动机和断开电源	5		
10	能否正确拆卸各实训元件	5		
11	实训元件是否归类放置，摆放整齐	5		
12	实训工具摆放是否符合要求	5		
13	文明生产	10		
	合计	100		

任务3.3　液压辅助元件

学习目标

1. 熟悉液压辅助元件的结构、工作原理。
2. 能理解液压辅助元件的应用。

学习过程

学习网络教学资源，用PPT演示液压辅助元件的结构、应用。

3.3.1　蓄能器

1. 蓄能器的功用

蓄能器是系统中的一种储存油液压力能的元件，它储存多余的压力油，并在需要时释放出来供给系统。它的功用主要有 4 个方面。

（1）短时间内大量供油。在液压系统工作循环的不同阶段需要的流量变化较大，在系统不需要大量油液时，可以把液压泵输出的多余压力油液储存在蓄能器内，当系统需要大流量时，能立即释放出所储存的压力油液。图 3-3-1 中的液压缸低速运动时，泵向蓄能器充液。当液压缸快进快退时，蓄能器和泵一起向缸供油。

（2）维持系统压力。图 3-3-2 中，当执行机构停止工作后，卸荷阀被打开，使泵卸荷，蓄能器补偿系统的泄漏，维持系统的压力。

（3）缓和压力冲击和吸收压力脉动。当液压泵突然启动或停止、液压阀突然关闭或开启、液压缸突然运动或停止时，系统会产生液压冲击，可在液压冲击处安装蓄能器起吸收作用，以缓和压力冲击。液压泵输出的压力油大多存在压力脉动现象，如在泵的出口处安装蓄能器，用以吸收泵的压力脉动，可以提高系统工作的平稳性。

（4）做应急动力源。有的系统（如静压轴承供油系统）当泵损坏或停电不能正常供油时，可能会发生事故；或有的液压系统要求供油突然中断时，执行元件应继续完成必要的动作（如液压缸活塞杆应缩回缸内）。因此，应该在系统中增设蓄能器作应急动力源，以便在短时间内维持一定压力。

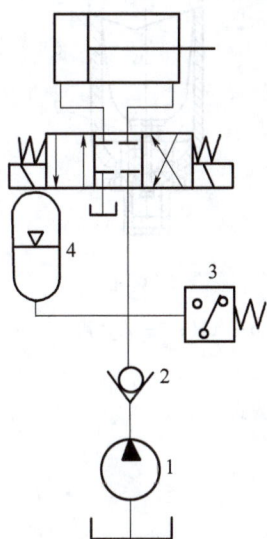

蓄能器辅助
动力回路

蓄能器的补漏
保压

1—液压泵；2—单向阀；
3—压力继电器；4—蓄能器

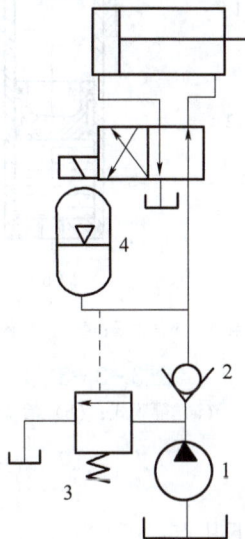

1—液压泵；2—单向阀；
3—卸荷阀（顺序阀）；4—蓄能器

图 3-3-1 蓄能器应用 1　　　图 3-3-2 蓄能器应用 2

2. 蓄能器的结构类型和选用

蓄能器的结构类型主要有充气式、弹簧式和重力式 3 种。常用的是充气式蓄能器，它利用气体的压缩和膨胀来储存或释放压力能，根据蓄能器中气体和油液隔离方式的不同，充气式蓄能器又分为隔膜式、活塞式和气囊式 3 种，如图 3-3-3 所示。下面主要介绍常用的活塞式和气囊式蓄能器。

（1）活塞式蓄能器

图 3-3-3（b）为活塞式蓄能器的结构图。该蓄能器用缸筒内的活塞 2 把气体和油液隔

离，活塞可在缸筒内浮动，气体（一般为氮气）从充气阀充入蓄能器上腔，蓄能器下腔油口和系统相连，充入压力油。活塞式蓄能器结构简单、工作可靠、安装和维修方便，寿命长；但由于活塞的惯性和密封件与缸筒的摩擦力的影响，反应不够灵敏，缸筒加工和活塞密封性要求较高，常用来储存能量或用于中高压系统吸收压力脉动。

（2）气囊式蓄能器

图3-3-3（c）为气囊式蓄能器的结构图。这种蓄能器是在壳体2内装入一个用耐油橡胶制成的气囊3，囊内通过充气阀1充进一定压力的惰性气体。囊外储油，其压力油经壳体底部的进油阀4通入，限位阀还保护气囊在油液全部排出时不被挤出容器之外。气囊与充气阀一起压制而成，充气阀在蓄能器工作前用来为气囊充气，蓄能器工作时则始终关闭。此种蓄能器可将油气完全隔离，气囊惯性小，反应灵敏，安装和维修方便，但气囊及壳体制造较困难，适用于储能和吸收压力冲击。气囊式蓄能器是液压系统中使用较多的一种蓄能器。

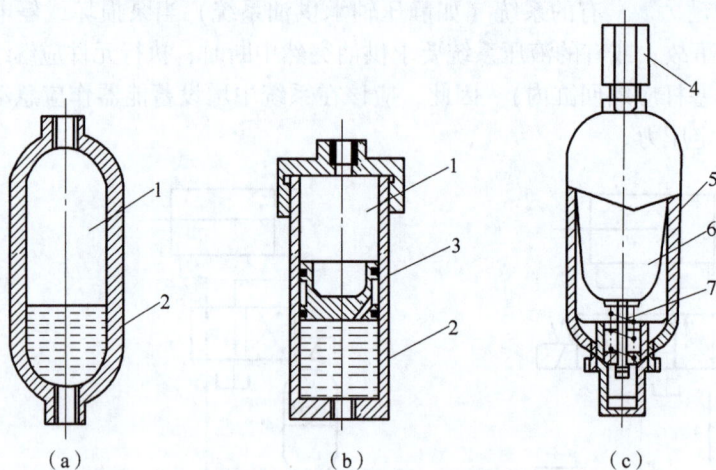

1—气体；2—油液；3—活塞；4—充气阀；5—壳体；6—气囊；7—进油阀

图3-3-3　充气式蓄能器

（a）隔膜式；（b）活塞式；（c）气囊式

3. 蓄能器的安装

蓄能器安装时应注意以下几点：

（1）蓄能器一般应垂直安装，油口向下。装在管路上的蓄能器承受着油压的作用，须用支架或支承板加以固定。

（2）蓄能器与液压泵之间应设置单向阀，以防止液压泵停车或卸荷时，蓄能器内的压力油倒流回液压泵。蓄能器与管路系统之间应设置截止阀，供充气和检修时使用，还可以用于调整蓄能器的排出量。

（3）吸收压力冲击或压力脉动时，蓄能器宜放在冲击源或脉动源旁；补油保压时，蓄能器宜尽可能放在接近执行元件装置处。

（4）装在管路上蓄能器，承受着油压作用，需用支架固定。

（5）充气式蓄能器中应使用惰性气体，允许的工作压力视蓄能器的结构形式而定。蓄能器是压力容器，使用时必须注意安全。搬动和装拆时应先将蓄能器内部的压缩气体排出。

3.3.2 油箱

1. 油箱的功用和要求

油箱在液压系统中的功用是储存油液，散发油液中的热量，分离油液中的气体和沉淀油液中的污物等。

油箱应满足下列要求。

（1）具有足够的容量，以满足系统对油量的要求。

（2）能分离出油液中的空气和其他污物，并能散发出油液在工作过程中所产生的热量，使油温不超过允许值。

（3）油箱的上部应有通气孔，以保证液压泵正常吸油。

（4）便于油箱中元件和附件的安装和更换，以及便于装油和排油。

2. 油箱容积的确定

油箱容积的确定主要是根据压力和散热要求，常用两种方法确定油箱容积：一种是估算法，另一种是近似法。

对于不要求准确计算油箱容积的液压系统，油箱的有效容积可用估算法确定：在低压系统中，取 $V=(2\sim4)q_v$；在中压系统中，取 $V=(5\sim7)q_v$；在高压系统中，取 $V=(5\sim12)q_v$。其中，V 为油箱的有效容积（L），液面高度占油箱高度80%时的油箱容积；q_v 为液压泵的额定流量（L/min）。

对于高压且长期连续工作的液压系统，油箱的有效容积可按液压系统的总发热量进行近似计算。

3. 油箱的结构与设计

液压系统中油箱有总体式和分离式两种。总体式油箱利用主机的内腔作为油箱。此种油箱结构紧凑，易于回收各处漏油，但增加了设计和制造的复杂性，检修不方便，散热性能差，易使主机发生热变形。分离式油箱是一个与主机分开的单独装置，它布置灵活，维修保养方便，减少了油箱发热和液压源振动对主机工作精度的影响，便于设计成通用化、系列化的产品，因此应用广泛。特别在精密机械、组合机床和自动线上，都采用分离式油箱。

分离式油箱的结构如图 3-3-4 所示，通常用 2.5~5 mm 钢板焊接而成。

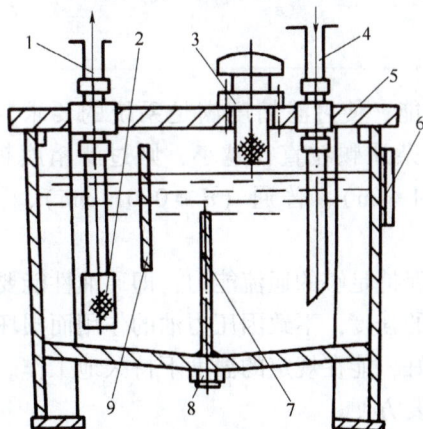

1—吸油管；2—网式过滤器；3—空气过滤器；4—回油管；5—顶盖；6—液位计；7，9—隔板；8—放油阀

图 3-3-4 分离式油箱

根据液压系统对油箱的要求，在设计油箱时应注意以下几点。

（1）油箱应有足够的容量。在液压系统工作时，油面应保持一定的高度，以防止液压泵吸空。为防止系统中的油液全部流回油箱时溢出油箱，油面高度一般不超过油箱高度的80%。

（2）吸油管和回油管应尽量相距远些，两管之间用隔板隔开，以增加油箱内油液的循环距离，使油液有足够的时间散发热量、分离气泡、沉淀污物。

（3）吸油管的底端要装过滤器以使泵吸入清洁油液。过滤器及回油管底端在油面最低时仍应没在油液中，以防止吸油时吸入空气，回油时混入空气。吸油管与回油管端部应制成45°管口，以增大通流截面，降低液流速度。此外，应使回油管斜切口面对箱壁，以利于油液散热。吸、回油管端部离箱底的距离应大于2倍管径，距箱壁应大于3倍管径。

（4）为了防止油液被污染，油箱上各盖板、管口处都要妥善密封；注油器上要加滤油网；通气孔上须装空气过滤器，其通气流量不小于泵额定流量的1.5倍；油箱内回油集中部分及清污口附近宜装设一些磁性块，以去除油液中的铁屑和带磁性的颗粒。

（5）为了排净存油和清洗油箱，油箱底板应有适当的坡度，并在最低部位设置放油口。

（6）油箱底部应设底脚，底脚高度一般为150～200 mm，以利于通风散热和排除箱内油液。

（7）在油箱侧壁安装液位计，以指示油位高低。为清洗方便，应在侧面设置清洗窗孔。箱内各处应便于清洗。

（8）大尺寸油箱要加焊角板、筋条，以增加刚度。当液压泵及其驱动电动机和其他液压元件都要装在油箱上时，油箱顶盖要相应地加厚，其厚度应比侧壁厚3～4倍。大中型油箱应设置起吊钩或孔。

（9）油温控制在15～65 ℃，必要时设置热交换器。

3.3.3 过滤器

1. 过滤器的功用和要求

过滤器的功用是滤去油液中的杂质和沉淀物，保持油液的清洁，保证液压系统正常工作。

过滤器的要求：

（1）具有较高的过滤性能，使过滤精度满足系统的要求。过滤精度是以滤除杂质颗粒的大小来衡量的，滤除的杂质颗粒直径越小，则过滤精度越高。一般过滤器的过滤精度可分为4级：粗（$d \geqslant 0.1$ mm）、普通（$d \geqslant 0.01$ mm）、精（$d \geqslant 0.005$ mm）、特精（$d \geqslant 0.001$ mm）。

（2）能在较长的时间内保持足够的通流能力，即通油性能要好。

（3）过滤衬料要有一定的强度，不致因压力油的作用而损坏。

（4）滤芯抗腐蚀性能要好，能在规定的温度下持久地工作。

（5）滤芯的清洗或更换要方便。

2. 过滤器的典型结构与选择

常用的过滤器有网式、线隙式、纸芯式、烧结式和磁性式等多种。

1）网式过滤器

图 3 - 3 - 5 为网式过滤器的结构图，它由上盖 1、下盖 4、细铜丝网 3 和筒形骨架 2 等组成。该过滤器是用细铜丝网作为过滤材料，包在周围开有很多窗孔的塑料或金属筒形骨架上制成的。过滤精度由网孔大小和层数决定，一般滤去杂质颗粒 $d \geq 0.08$ mm ～ 0.18 mm，压力损失不超过 0.01 MPa。网式过滤器结构简单、通流能力大、压力损失小、清洗方便，但过滤精度低，多在系统的吸油路上作粗滤用。

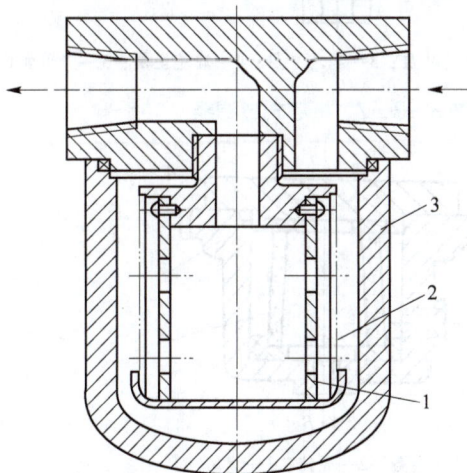

1—上盖；2—筒形骨架；3—细铜丝网；4—下盖

图 3 - 3 - 5　网式过滤器

2）线隙式过滤器

图 3 - 3 - 6 为线隙式过滤器的结构图。线隙式过滤器的滤芯是用铜线或铝线缠绕在筒形骨架的外圆上制成的，利用线间的微小缝隙进行过滤。一般滤去杂颗粒 $d \geq 0.03$ mm ～ 0.10 mm，压力损失为 0.03 ～ 0.06 MPa。线隙式过滤器结构简单、通流能力大，但滤芯材料强度低，不易清洗，常用在回油低压管路或液压泵的吸油口处。

过滤器（线隙式）

1—心架；2—线圈；3—壳体

图 3 - 3 - 6　线隙式过滤器

3）纸芯式过滤器

纸芯式过滤器的滤芯是由厚度为 0.35~0.75 mm 的平纹或波纹的酚醛树脂或木浆微孔滤纸构成的，滤芯构造如图 3-3-7 所示。为了增大过滤面积，纸芯常制成折叠形。油液从外进入纸芯后流出，它可滤去 $d \geqslant 0.01~0.02$ mm 的杂质颗粒，压力损失为 0.01~0.04 MPa。此种过滤器过滤效果好，但通流能力小，易堵塞且堵塞后难清洗，需要经常更换纸芯，适用于对油液要求较高的低压小流量系统精过滤用。

4）烧结式过滤器

烧结式过滤器的滤芯是用颗粒状的青铜粉压制后烧结而成的，可做成杯状、管状、碟状等，靠滤芯颗粒之间的间隙滤油。图 3-3-8 为烧结式过滤器的结构。油液从左侧油孔进入，经杯状滤芯过滤后，从下面油孔流出。这种过滤器能滤去 $d \geqslant 0.01$ mm~0.10 mm 的杂质颗粒，压力损失为 0.03~0.2 MPa。烧结式过滤器制造简单、强度高、耐腐蚀、耐高温，但烧结颗粒易脱落，堵塞后清洗困难，常用在排油或回油路上，是一种应用广泛的过滤器。

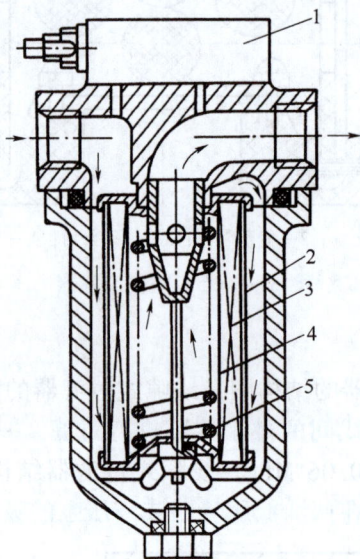

过滤器（纸芯式）

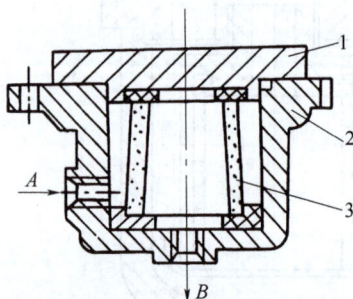

1—污染指示器；2—滤芯外层；3—滤芯中层；4—滤芯里层；5—支承弹簧

图 3-3-7 纸芯式过滤器

过滤器（烧结式）

1—端盖；2—壳体；3—滤芯

图 3-3-8 烧结式过滤器

5）磁性式过滤器

磁性式过滤器的滤芯是由永久磁性材料制成，用以吸附油液中的铁屑、铁粉或带磁性的磨料，常与其他形式的滤芯一起制成复合式过滤器，特别适用于加工钢铁件的机床液压系统。过滤器的职能符号如图 3 - 3 - 9 所示。

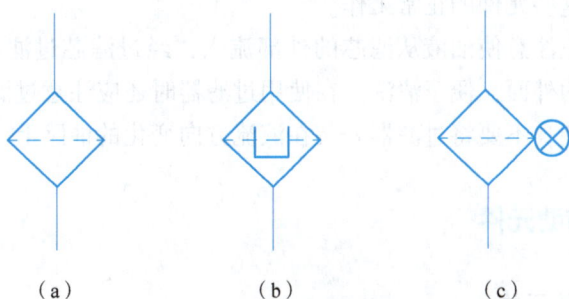

（a）　　　　　　　（b）　　　　　　　（c）

图 3 - 3 - 9　过滤器的职能符号

（a）过滤器（一般符号）；（b）磁性式过滤器；（c）污染指示过滤器

3. 过滤器的安装

过滤器在液压系统中的安装位置（图 3 - 3 - 10）主要有以下几种。

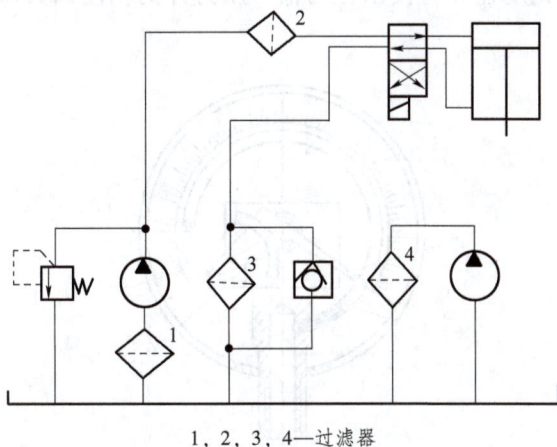

1, 2, 3, 4—过滤器

图 3 - 3 - 10　过滤器的安装位置

（1）安装在液压泵的吸油管道上，如图 3 - 3 - 10 中过滤器 1。此种安装方式要求过滤器有较大的通流能力和较小的压力损失，并能防止大颗粒杂质进入泵内，以保护液压泵。一般安装网式过滤器。

（2）安装在液压泵的输油管道上，如图 3 - 3 - 10 中过滤器 2。此种安装方式可以保护泵以外的其他液压元件，但过滤器应能承受油路上的工作压力和冲击压力，压力损失一般应小于 0.35 MPa。为了防止过滤器堵塞，一般并联安全阀或安装堵塞指示装置。

（3）安装在系统的回油路上，如图 3 - 3 - 10 中过滤器 3。过滤器安装在回油路上，可以滤去油液回油箱前侵入系统或系统生成的杂质。为防备过滤器堵塞，应并联一个安全阀。由于回油压力低，可采用滤芯强度较低的过滤器。

（4）**安装在独立的过滤系统中**，如图 3 - 3 - 10 中过滤器 4。在大型液压系统中，可专设由液压泵和过滤器组成的独立过滤系统，不间断地清除系统中的杂质，以保证油液的清洁度。

（5）**安装在重要元件之前**。在重要元件的前面，根据需要可以安装单独的、过滤精度高的过滤器，以确保这些元件的正常工作。

安装过滤器时，应注意使油液从滤芯的外部流入，经过滤芯过滤后，从滤芯里面流出，以使杂质积存在滤芯的外面，便于清洗。在使用过滤器时还应注意过滤器只能单向使用，即按规定的液流方向安装，不要将过滤器安装在液流方向变化的油路上。

3.3.4 其他辅助元件

1. 压力计和压力计开关

压力计的功用是检测系统中各工作点的压力，以便控制和调整系统压力。压力计品种很多，最常用的是图 3 - 3 - 11 的弹簧弯管式压力计。其工作原理是利用弹簧弯管的弹性变形测量压力。压力油从下部油口进入弹簧弯管 1 后，弯管发生变形，弯曲半径增大，弯管端部的位移通过杠杆 4、扇形齿轮 5 与中心小齿轮 6，放大成为指针 2 的转角。指针偏转的角度越大，压力也越大，从刻度盘 3 可读出压力值。压力计的精度以其误差占量程的百分数来表示。

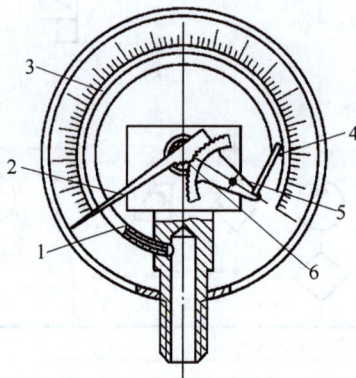

1—弹簧弯管；2—指针；3—刻度盘；4—杠杆；5—扇形齿轮；6—小齿轮

图 3 - 3 - 11 弹簧弯管式压力计

压力计开关的功用是切断或接通压力计和油路的通道。通常其通道很小，有阻尼作用，测量压力时可减少压力计的急剧跳动，防止压力计损坏。在不需测量时，可切断油路，保护压力计。压力计开关按其所测点数目分为一点和多点（以三点、六点为主）两大类。图 3 - 3 - 12 为板式连接的多点压力计开关的结构原理，其结构相当于一个手动换向转阀。图 3 - 3 - 12 为非测量位置，此时压力计和油箱连通。若将手柄推进去，阀芯上的凹槽将测量点与压力计接通，并将压力计与油箱的通道隔断，就可测出一个点的压力。若将手柄转到另一位置，便可测出另一点的压力。

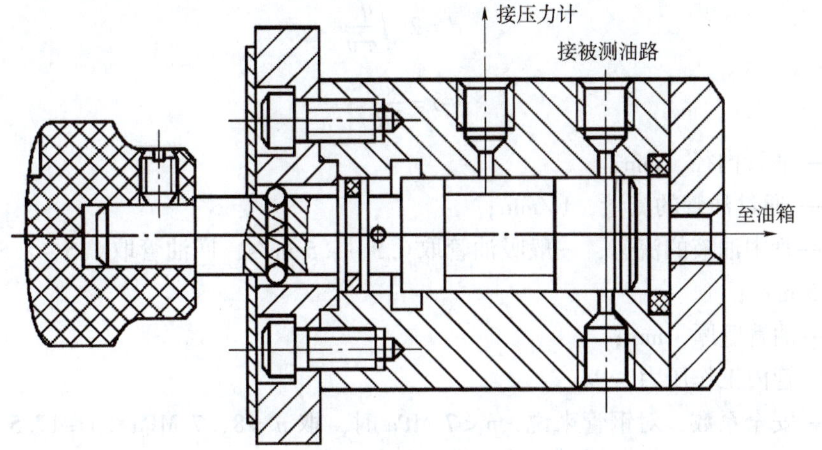

图 3 - 3 - 12　压力计开关的结构原理

2. 油管和管接头

油管和管接头用来连接液压元件，保证液压油的循环和能量传递。因此，应具有足够的强度、良好的密封性能，无泄漏，压力损失小，装拆方便等。管路选择不当，往往会引发系统振动发热或压力损失过大等不良现象。因此，要正确地设计和选用油管和管接头。

1）油管

（1）油管的类型特点。

液压系统中使用的油管种类很多，常用的有钢管、紫铜管、塑料管、尼龙管、橡胶软管等，应该根据液压装置工作条件和压力大小来选择油管。

①钢管分为焊接钢管和无缝钢管。压力小于 2.5 MPa 的场合可用焊接钢管；压力大于 2.5 MPa 的场合常用 10 号或 15 号冷拔无缝钢管。需要防腐蚀、防锈的场合可选用不锈钢管；超高压系统可选用合金钢管。钢管的优点是能承受高压、抗腐蚀性能较好、不易老化、变形小、价格低廉；缺点是弯曲和装配均较困难。因此，钢管多用于装配部位限制少、装配位置定型及大功率的液压系统中。

②紫铜管，承压为 6.5 ~ 10 MPa，柔软便于弯曲，可根据需要弯成任意形状，适用于内部装配不方便的地方。但强度低、易使油液氧化、抗振能力较弱、价格高，一般中、小型机床的液压系统中用得较多，其他设备的液压系统用得较少并应尽量少用。

③橡胶软管，用于有相对运动部件间的连接，分高压和低压两种。高压软管是钢丝编织的橡胶管，层次越多，承受的压力越高，其最高承受压力可达 42 MPa；低压软管是麻线或棉线编织的橡胶管，承受压力可达 10 MPa。橡胶软管能吸收系统的冲击和振动，不怕振动，装配方便，但制造困难、成本高。

④塑料管，价格便宜，不耐压，适宜作回油管或泄油管。

⑤尼龙管，乳白色半透明的新型油管，其承压为 2.5 MPa，目前多用于中、低压系统或作回油管。尼龙管有软管和硬管两种。其可塑性大，硬管加热后可随意弯曲和扩口，使用方便，价格也比较便宜。

（2）油管的选用。

油管的内径和壁厚可由下面的公式计算：

$$d = 2\sqrt{\frac{q_v}{\pi v}} \quad\quad (3-1)$$

$$\delta = \frac{pdn}{2R_m} \quad\quad (3-2)$$

式中　d——油管内径，mm；

　　　q_v——通过油管的流量，L/min；

　　　v——管中油液的流速，一般吸油管取 0.5～1.5 m/s，回油管取 1.5～2.5 m/s，压油管取 2.5～5 m/s；

　　　δ——油管壁厚，mm；

　　　p——管内工作压力，Pa；

　　　n——安全系数，对钢管来说，$p < 7$ MPa 时，取 $n = 8$，7 MPa $\leq p \leq$ 17.5 MPa 时，取 $n = 6$；$p > 17.5$ MPa 时，取 $n = 4$；

　　　R_m——管道材料的抗拉强度，Pa。

计算出油管内径和壁厚后，一般根据标准，查手册确定 d 和 δ。

安装油管时应避免过多弯曲，布置位置要适当，必要时将油管加以固定，以免产生不必要的振动。另外，油管尽可能短而直，弯曲角度尽量小。

2）管接头

管接头是油管与油管、油管与液压元件间的可拆卸的连接件。管接头的种类很多，具体规格品种可查阅有关手册。管接头与其他元件的连接螺纹采用国家标准米制锥螺纹和细牙普通螺纹。

液压系统中油管与管接头的常见连接方式如下：

（1）卡套式管接头，如图 3-3-13 所示，由管接头、卡套、压紧螺母等组成。旋紧螺母 3 时，卡套 4 被推进锥孔并使之变形，使卡套与接头体内锥面形成球面接触密封；同时，卡套的内刃口嵌入钢管 2 的外壁，在外壁压出一个环形凹槽而密封。这种管接头密封性好、结构简单、体积小、质量轻，工作压力为 6～40 MPa，应用较多。这种管接头不用焊接，不用另外的密封件，且尺寸小、轴向尺寸要求不严、装拆方便，在高压系统中被广泛采用。但要求管道表面径向有较高的尺寸精度，为此应采用冷拔无缝钢管，而不宜采用热轧管。

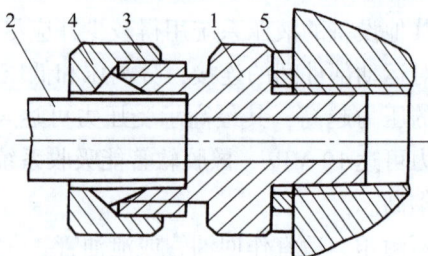

1—接头体；2—钢管；3—螺母；4—卡套；5—组合密封垫圈

图 3-3-13　卡套式管接头

（2）扩口式管接头，用于连接外径32 mm 以下的铜管铝管和薄壁钢管，如图 3-3-14 所示。接管端部扩口 70°～80°，用螺母 2 把导套 3 连同接管 4 压紧在接头体 1 上形成密封，它适用的工作压力在 8 MPa 以下。

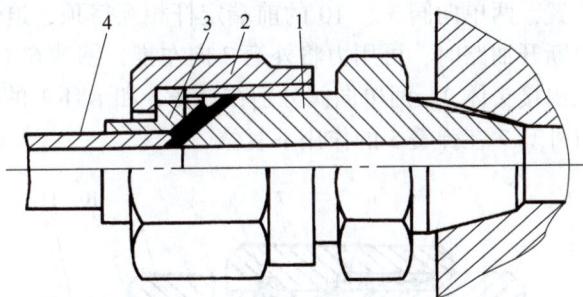

1—接头体；2—螺母；3—导套；4—接管

图 3-3-14 扩口式管接头

（3）焊接式管接头。焊接式管接头是将油管的一端与管接头上的接管 1 焊接起来后，再通过管接头上的螺母 2、接头体 3 等与其他管子或元件连接起来的一类管接头。接管接头体采用球面接触，利用螺母拧紧使两球面贴近实现密封。这种管接头制造简单、工作可靠、拆装方便，工作压力可达 32 MPa，如图 3-3-15 所示。

1—接管；2—螺母；3—接头体

图 3-3-15 焊接式管接头

（4）扣压式管接头。图 3-3-16 为扣压式管接头，用来连接橡胶软管，装配时先剥去胶管一段外层胶，将外套套装在胶管上再将接头体拧入，然后在专门设备上挤压收缩，使外套变形后紧紧地与胶管和接头连成一体。这种管接头结构紧凑、外径尺寸小、密封可靠。随管径不同，该管接头可用于工作压力为 6~40 MPa 的液压系统。

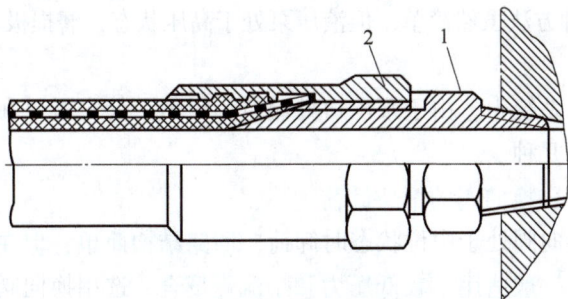

1—接头体；2—接头螺母

图 3-3-16 扣压式管接头

（5）快换接头。快换接头的装拆无需工具，适用于需经常装拆处。图 3-3-17 为两个接头体连接时的工作位置，两单向阀 3、10 的前端定杆相互挤顶，迫使阀芯后退并压缩弹簧，使油路接通。需要断开油路时，可用力将外套 7 向左推，钢球 6（5～12 颗）即从接头体 9 的槽中退出，再拉出接头体 9，两单向阀分别在弹簧 2 和卡环 1 的作用下将两个阀口关闭，油路即断开。同时外套 7 在弹簧 5 的作用下复位。

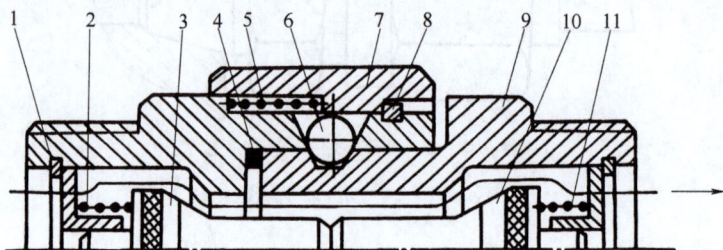

1，8—卡环；2，5，11—弹簧；3，10—单向阀；4—密封圈；6—钢球；7—外套；9—接头体

图 3-3-17　快换接头

液压系统的泄漏问题大部分出现在管路的接头上，所以对接头形式、管材、管路的设计及管路的安装等都要认真对待，以免影响整个液压系统的使用质量。

任务 3.4　卸荷回路

3.4.1　卸荷回路工作原理

液压系统中执行元件短时间停止工作时，在不关闭电动机的前提下，为减少液压泵的功率消耗、减小油液发热，应使液压泵卸荷运转，即液压泵出口处功率消耗尽可能小。由液压系统功率表达式 $P = p_泵 q_泵$（$p_泵$ 为液压泵的压力，$q_泵$ 为液压泵的实际流量）可知，卸荷有两种：一种是定量泵系统的压力卸荷，一种是变量泵系统的流量卸荷。

1. 流量卸荷

在应用变量泵的液压系统中，当液压泵出口处压力达到截止压力时，变量泵输出流量为 0，实现流量卸荷。这种方法虽然简单，但液压泵处于高压状态，磨损极为严重。

2. 压力卸荷

压力卸荷是定量泵系统中，由于泵出口处流量为定值，使定量泵在接近零压下工作。压力卸荷常用方法有以下几种。

1）M、K、H 型三位换向阀的中位卸荷

图 3-4-1 中，换向阀处于中位状态时卸荷，回路结构简单，但在系统压力较高、流量大时易产生换向冲击，一般适用于较低压力和小流量场合。选用换向阀的通径应与泵的额定流量相适应。若将换向阀改为图 3-4-2 中的装有换向时间调节器的电液换向阀，则可用于流量较大的系统，并且卸荷效果较好。但此时应注意泵的出口或换向阀的回油口应设置背压

阀，以便系统能重新启动。

换向阀中位卸荷
回路动画

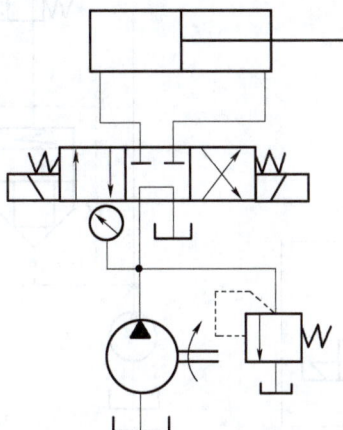

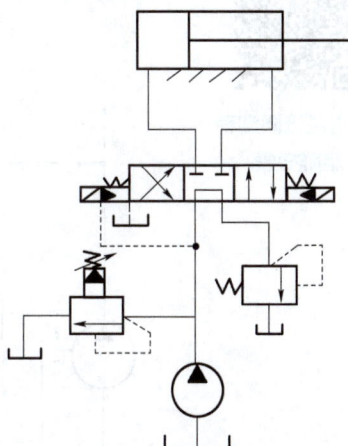

图 3 - 4 - 1　卸荷回路　　　　　图 3 - 4 - 2　电液卸荷回路

2）二位二通阀卸荷

图 3 - 4 - 3 中，二位二通常闭电磁换向阀 3YA 通电时液压泵卸荷，二位二通常闭电磁阀的通径应与泵的额定流量相适应。

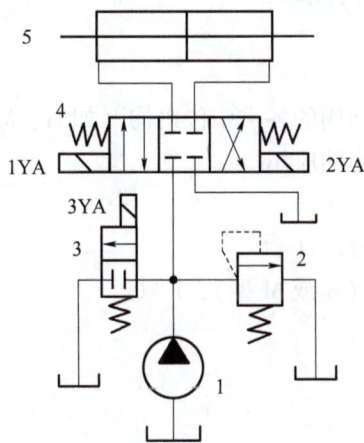

二位二通常闭
电磁阀卸荷
回路动画

图 3 - 4 - 3　二位二通常闭电磁阀卸荷回路

3）电磁溢流阀卸荷

图 3 - 4 - 4 的卸荷回路采用先导型溢流阀和流量规格较小的二位二通电磁换向阀组成一个电磁溢流阀。当电磁换向阀断电时，先导型溢流阀的遥控口接油箱，其主阀口全开，液压泵实现卸荷。这种卸荷回路卸荷压力小，切换时冲击也小。

4）二通插装阀卸荷回路

图 3 - 4 - 5 为二通插装阀卸荷回路。由于插装阀通流能力大，因此这种卸荷回路适用于大流量的液压系统。当电磁换向阀 2 断电时，泵压力由阀 1 调节；通电后，主阀上腔接通油箱，主阀口完全打开，泵即卸荷。

电磁溢流阀卸荷
回路动画

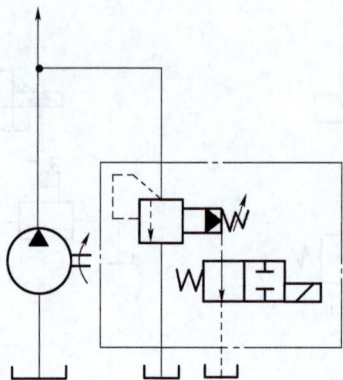

图 3 - 4 - 4　电磁溢流阀卸荷回路

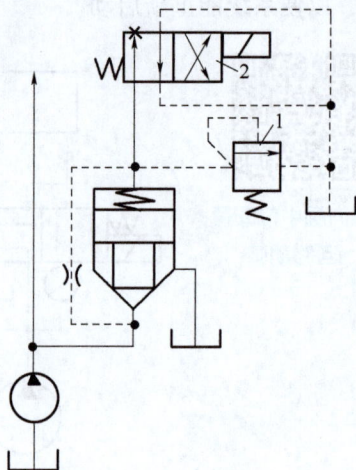

1—阀；2—电磁换向阀

图 3 - 4 - 5　二通插装阀卸荷回路

3.4.2　实训：组装卸荷回路

1. 实训目的

（1）了解三位四通电磁换向阀的各类中位机构（如 H、M 型）的结构、工作原理。

（2）了解卸荷回路在工业中的应用。

2. 实训器材

（1）YZ - 01 液压实验工作台，1 台。

（2）三位四通电磁换向阀（H 或 M 型），1 只。

（3）油缸，1 只。

（4）安全阀，1 只。

（5）压力表，1 只。

（6）油管，若干。

3. 液压原理

卸荷回路液压原理如图 3 - 4 - 1 所示。

图 3 - 4 - 6 为卸荷回路电气控制图。

4. 实训步骤

（1）依据图 3 - 4 - 1 准备好液压元器件。

（2）准确无误地连接液压回路，并把溢流阀全部松开。

（3）启动泵站电动机，让电磁换向阀左位工作（或右位工作）。调节溢流阀使系统压力至 6 MPa。

（4）使油缸的左右运行正常，在活塞杆运行到恰当的位置时，让电磁阀置于中位卸荷，观察压力表的数值。

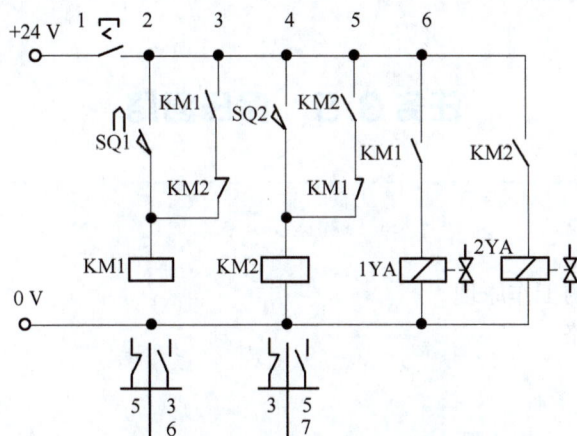

图 3-4-6 卸荷回路电气控制图

（5）实训完毕后，应先旋松溢流阀手柄，然后停止油泵工作。经确认回路中压力为 0 后，取下连接油管和元件，归类放置，清理卫生。

5. 技术评价

卸荷回路实训技术评价项目见表 3-4-1。

表 3-4-1 卸荷回路技术评价项目

序号	评价项目	配分	得分	备注
1	能否分析实训原理并能正确选择实训元件	5		
2	液压管路布局是否合理	5		
3	液压管路连接是否正确	5		
4	电气控制线连接是否正确	5		
5	能否用继电器控制实现实训动作要求	15		
6	能否用 PLC 或组态王实现动作要求	15		
7	能否正确编写或叙述本实训步骤	5		
8	能否独立设计类似回路并写出工作原理	10		
9	能否正确接通电源和启动电动机	5		
10	能否正确停止电动机和断开电源	5		
11	能否正确拆卸各实训元件	5		
12	实训元件是否归类放置，摆放整齐	5		
13	实训工具摆放是否符合要求	5		
14	文明生产	10		
	合计	100		

任务 3.5   保压回路

3.5.1   压力继电器

1. 压力继电器的结构

压力继电器是一种将油液的压力信号转换成电信号的液—电控制元件。当控制油压达到压力继电器的调定值时，触动开关发出电信号，控制电磁铁、继电器等元件动作。压力继电器由压力—位移转换装置和微动开关两部分组成。按结构分，有柱塞式、弹簧管式、膜片式和波纹管式 4 类。

图 3-5-1 为常用单柱塞式压力继电器。当从油口 P 通入作用在柱塞 1 的底部的油液压力达到弹簧的调定压力时，柱塞上移，通过顶杆 2 触动微动开关 4 接通电路。压力继电器的职能符号如图 3-5-1（b）。

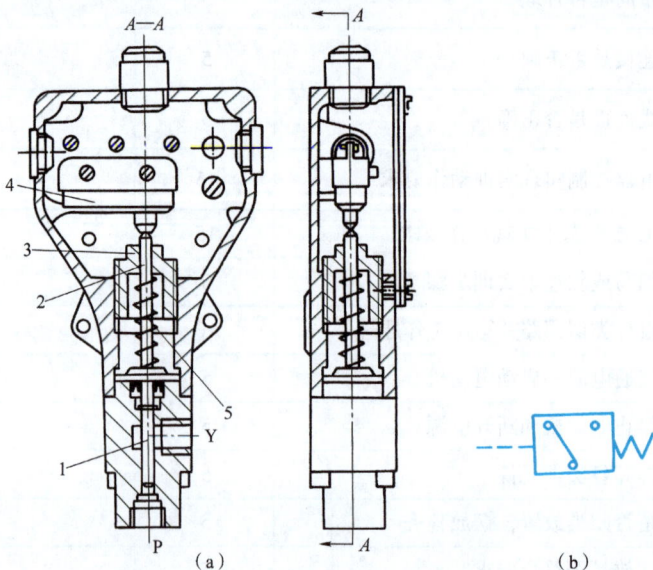

压力继电器
动画

1—柱塞；2—顶杆；3—调节螺钉；4—微动开关；5—弹簧

图 3-5-1   单柱塞式压力继电器

（a）结构原理；（b）职能符号

2. 压力继电器的工作性能

（1）调压范围，即发出电信号的最低和最高工作压力间的范围，由调压弹簧调定。

（2）通断调节区间。压力继电器发出电信号时的压力称为开启压力，切断电信号时的压力称为闭合压力。开启时，柱塞顶杆移动所受的摩擦力与压力方向相反，闭合时则相同。故开启压力比闭合压力大。两者之差称为通断调节区间。

通断调节区间要有足够的数值，若通断调节区间过小，系统压力脉动时，压力继电器发出的电信号会时断时续。因此，在结构上可人为调整摩擦力大小，使通断调节区间可调。

3.5.2　保压回路原理

在保压回路上设置有保压补漏作用的蓄能器。如图 3-5-2 中，当三位四通换向阀 5 左位工作时，液压缸前进压紧工件，将工件夹紧后，压力进一步升高至压力继电器的调定值时，压力继电器发出电信号，接通 3YA，液压泵开始卸荷，这时由于主油路压力降低，单向阀 4 关闭。蓄能器起补漏保压作用。液压缸压力不足时，压力继电器复位使泵重新工作。保压时间取决于蓄能器容量，调节压力继电器的通断调节区间即可调节液压缸压力的最大值和最小值。

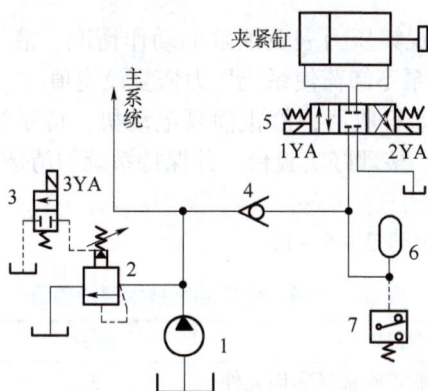

蓄能器保压回路动画

1—液压泵；2—溢流阀；3—二位二通换向阀；4—单向阀；5—三位四通换向阀；
6—蓄能器；7—压力继电器

图 3-5-2　蓄能器保压

3.5.3　组装保压回路

1. 实训目的

熟悉并掌握液压保压回路原理。

2. 实训器材

（1）YZ-01 液压实验工作台，1 台。

（2）三位四通电磁换向阀，1 只。

（3）二位二通电磁换向阀，1 只。

（4）单向阀，1 只。

（5）先导型溢流阀，1 只。

（6）油缸，1 只。

（7）压力表，2 只。

（8）四通油路过渡底板，2 块。

（9）安全阀，1 只。

（10）油管，若干。

（11）压力继电器，1 只。

（12）蓄能器，1 只。

3. 液压原理

保压回路液压原理如图 3 – 5 – 2 所示。

4. 实训步骤

（1）根据实训要求设计出合理的液压原理图。

（2）根据原理图选择恰当的液压元器件，并按图把实物连接起来。

（3）根据动作要求设计电路，并依据设计好的电路进行实物连接。

（4）打开安全阀，通电，启动泵，调整系统压力至 6 MPa。

（5）液压缸前进夹紧工件，压力升高到压力继电器的调定值 5 MPa，压力继电器发出电信号，接通 3YA，泵卸荷。

（6）保压一段时间后，观察压力表及油缸的动作情况。液压缸压力不足时，压力继电器复位使电磁阀 3YA 断开，泵不卸荷使系统压力恢复设定值。

（7）实训完毕后，将活塞杆收回，停止油泵电动机，待系统压力为 0 后，拆卸油管及液压阀，并放回规定的位置，整理好实验台。并保持系统的清洁。

5. 技术评价

保压回路技术评价项目见表 3 – 5 – 1。

表 3 – 5 – 1   保压回路技术评价项目

序号	评价项目	配分	得分	备注
1	能否分析实训原理并能正确选择实训元件	5		
2	液压管路布局是否合理	5		
3	液压管路连接是否正确	5		
4	电气控制线连接是否正确	5		
5	能否用继电器控制实现实训动作要求	15		
6	能否正确编写或叙述本实训步骤	15		
7	能否独立设计类似回路并写出工作原理	15		
8	能否正确接通电源和启动电动机	5		
9	能否正确停止电动机和断开电源	5		
10	能否正确拆卸各实训元件	5		
11	实训元件是否归类放置，摆放整齐	5		
12	实训工具摆放是否符合要求	5		
13	文明生产	10		
	合计	100		

拓展实习：夹紧装置液压系统设计

夹紧装置液压传动系统采用了三种方案进行保压（图 3-0-2）。方案 1 是利用中位截止的换向阀，实现夹紧压力的保持，该回路换向阀泄漏较大，无法保持长时间稳定的工作压力。方案 2 是利用液控单向阀关闭时良好的密封性来实现保压，其保压效果较好。方案 3 采用蓄能器来进行保压补漏，效果较好。

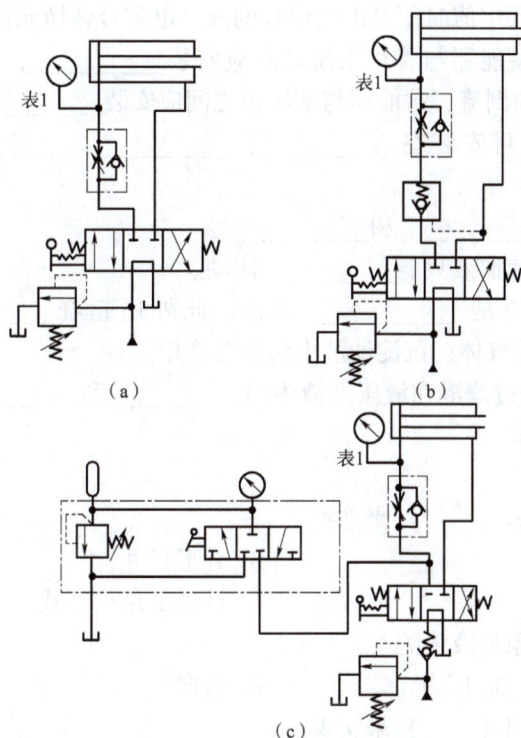

液控单向阀保压

图 3-0-2 夹紧装置液压传动系统
(a) 方案 1；(b) 方案 2；(c) 方案 3

对于夹紧装置来说，还应考虑到要避免因夹紧速度过快，造成工件的损坏。因此，回路中采用了一个单向节流阀，对液压缸的伸出进行节流控制，降低夹紧速度，减小夹具对工件的损伤。当换向阀处于中位进行保压时，泵应卸荷，采用中位为 M 或 H 型换向阀。

任务总结与评价

1. 组织小组讨论，各小组推选代表做工作总结，并用 PPT 进行成果展示。
2. 各小组对成果展示做评价。
3. 教师评价与总结。

任务考核习题

一、填空题

1. 压力继电器是将油液的_____信号转变为_____信号的液—电控制元件。

2. _____单向阀可以使油液反向流通。

3. 单向阀符号为_____，液控单向阀符号为_____。

4. 用液控单向阀的锁紧回路，换向阀的中位应该选_____。

5. 当油液压力达到预定值时便发出电信号的液—电信号转换元件是_____。

6. 为了便于检修，蓄能器与管路系统之间应安装_____；为了防止液压泵停车或卸荷时蓄能器内的压力油倒流，蓄能器与液压泵之间应安装_____。

7. 过滤器在系统中可安装在_____、_____、_____和单独的过滤系统中。

8. 方向控制阀包括_____和_____等。

9. 单向阀的作用是使油液只能_____流动。

10. 油箱的功用主要是_____油液，此外还起着_____油液中热量、_____混在油液中的气体、沉淀油液中污物等作用。

11. 过滤器的功用是过滤混在液压油液中的_____和_____，保持油液的清洁度，保证系统正常地工作。

二、选择题

1. 过滤器主要应根据（　　）来选择。

A. 通油能力
B. 外形尺寸
C. 滤芯材料
D. 滤芯的结构形式

2. 单向阀的控制对象是液体的（　　）。

A. 流量
B. 压力
C. 流向

3. 顺序动作回路可用（　　）来实现。

A. 单向阀
B. 溢流阀
C. 压力继电器

4. 为保证锁紧迅速、准确，采用了双向液压锁的汽车起重机支腿油路的换向阀应选用（　　）中位机能。

A. H 型
B. M 型
C. Y 型
D. D 型

5. 下图中，（　　）是过滤器的职能符号；（　　）是压力继电器的职能符号。

A.
B.
C.
D.

6. 液控单向阀的闭锁回路比用 O、H 型的换向阀闭锁回路的锁紧效果好，其原因是（　　）。

A. 液控单向阀结构简单

B. 液控单向阀具有良好的密封性

C. 换向阀闭锁回路结构复杂

D. 液控单向阀闭锁回路锁紧时，液压泵可以卸荷

7. 强度高、耐高温、抗腐蚀性强、过滤精度高的精过滤器是（　　　）。

A. 网式过滤器　　　B. 线隙式过滤器　　　C. 烧结式过滤器　　　D. 纸芯式过滤器

8. 过滤器的作用是（　　　）。

A. 储油、散热　　　　　　　　　B. 连接液压管路

C. 过滤油中杂质，保护液压元件　　D. 指示系统压力

9. 下图中，（　　　）是单向阀的职能符号。

A. ⊶　　　　B. ⊞　　　　C. ⊕　　　　D. ⊠

10. 液压系统中的执行元件在短时间停止运行，可采用（　　　）以达到节省功率损耗、减少油液发热、延长泵的使用寿命的目的。

A. 调压回路　　　B. 减压回路　　　C. 卸荷回路　　　D. 增压回路

三、判断题

1. 单向阀作背压阀用时，应将其弹簧更换成软弹簧。（　　　）
2. 液控单向阀控制油口不通压力油时，其作用与单向阀相同。（　　　）
3. 液压传动系统中常用的压力控制阀是单向阀。（　　　）
4. 因液控单向阀未通控制油时具有良好的反向密封性能，故常用在保压回路和锁紧回路中。（　　　）
5. 单向阀可以用作背压阀。（　　　）
6. 在液压系统中，油箱唯一的作用是储油。（　　　）
7. 过滤器的作用是清除油液中的杂质和沉淀物。（　　　）
8. 过滤器只能单向使用，即按规定的液流方向安装。（　　　）
9. 常见的蓄能器有重力式、弹簧式和充气式 3 类。（　　　）
10. 气囊式蓄能器应垂直安装，油口向下。（　　　）

项目4 黏压机液压系统

学习目标

1. 能正确理解溢流阀工作原理。
2. 能理解调压回路工作原理。
3. 能组装调压回路。
4. 能对实训过程进行总结。
5. 会分析 YB32-200 压力机液压系统。
6. 激发开拓进取、守正创新的担当意识和民族自豪感。

世界工程机械
之王——盾构机

工作情境描述

黏压机、压力机、塑料注射机等液压系统在工作过程中的不同阶段需要不同的工作压力。图4-0-1为黏压机,通过液压缸伸出,将材料黏贴在黏贴板上,根据材料的不同需要调整压紧力,当一个动作完成后,返回准备下一个动作。这就需要液压系统提供3种不同的稳定的工作压力。为了有效地控制压力,需要采用溢流阀和调压回路,通过调整溢流阀实现其压力的变化。学生接受组装调压回路任务,制订工作计划,掌握溢流阀工作原理及组成,熟练使用溢流阀,掌握调压回路的基本原理,同时对整个实训过程进行总结。工作过程中遵循工作现场7S管理规范。

图4-0-1 黏压机

任务 4.1　溢流阀和调压回路

控制油液压力高低或利用压力变化控制其他元件动作的阀，统称为压力控制阀。常见的压力控制阀按功用分为溢流阀、减压阀、顺序阀、压力继电器等。压力阀的共同特点是利用作用在阀芯上的液压力与弹簧力相平衡来控制阀口开度，调节压力或产生动作。

压力控制回路是利用压力控制阀控制油液系统整体或某一部分的压力，以达到稳压、调压、减压、增压、多级压力的控制，满足执行元件对力或转矩的要求；或利用压力作为信号控制气压元件动作，以实现某些动作要求。按照使用目的不同，压力控制回路可分为调压、卸荷、减压、保压、增压、释压和平衡等基本回路。

4.1.1　溢流阀

1. 直动型溢流阀

图 4-1-1 为锥阀式（还有球阀式和滑阀式）直动型溢流阀。当进油口 P 接入油液压力不高时，锥阀芯 2 被弹簧 3 紧压在阀体 1 上，阀口关闭。当进口油压升高到能克服弹簧阻力时，推开锥阀芯，使阀口打开，油液就由进油口 P 流入，再从回油口 T 流回油箱（溢流），进油压力也就不会继续升高。在弹簧压缩量变化甚小的情况下，可以认为阀芯在液压力和弹簧力作用下保持平衡，溢流阀进口处的压力基本保持为定值。转动调压螺钉可以得到不同的调定压力。

这种溢流阀因压力油直接作用于阀芯，称为直动型溢流阀。直动型溢流阀在控制较高压力或较大流量时，需要装刚度较大的硬弹簧，这样不但手动调节困难，而且阀口开度（弹簧压缩量）略有变化便引起较大的压力波动，因此一般只用于低压小流量场合。系统压力较高时常采用先导型溢流阀。

2. 先导型溢流阀的工作原理

图 4-1-2 中，先导型溢流阀由先导阀和主阀两部分组成。先导阀就是一个小规格的直动型溢流阀，主阀阀芯是一个具有锥形端部、中心开有阻尼小孔的圆柱筒。

直动型溢流阀

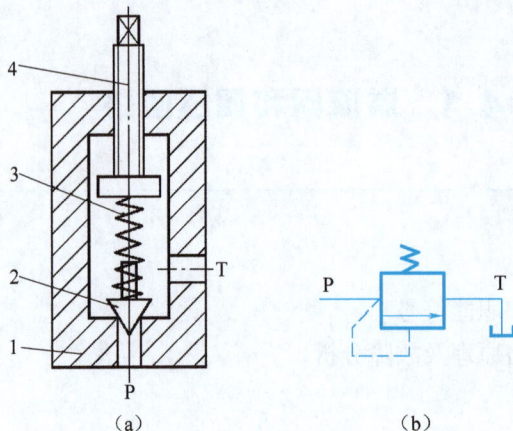

（a）　　　　　　　　　　（b）

1—阀体；2—锥阀芯；3—调压弹簧；4—调压螺钉

图 4-1-1　锥阀式直动型溢流阀

（a）结构图；（b）职能符号

先导型溢流阀
动画

图 4-1-2　先导型溢流阀

（a）结构；（b）职能符号

　　油液从进油口 P 进入，经阻尼孔 R 到达主阀弹簧腔，并作用在先导阀锥阀芯上。当进油压力不高时，不能克服先导阀的弹簧阻力，先导阀口关闭，阀内无油液流动。这时，主阀芯因前后腔油压相等，故被主阀弹簧压在阀座上，主阀口亦关闭，P 与 T 不通。当进油压力升高到先导阀弹簧的预调压力时，先导阀口打开，主阀弹簧腔的油液流过先导阀口并经阀体上的通道（内泄油口）和回油口 T 流回油箱。这时，油液流过阻尼孔 R，产生压力损失，在主阀芯两端形成压力差。主阀芯在此压差作用下克服主阀弹簧阻力右移，P 与 T 连通，实现溢流稳压。调节先导阀的调压螺钉，便能调整溢流压力。

　　根据液流连续性原理可知，流出先导阀的流量即为流经阻尼孔的流量，通常称泄油量。因阻尼孔很细，泄油量只占全溢流量的极小部分，绝大部分油液均经主阀口溢回油箱。在先导型溢流阀中，先导阀控制和调节溢流压力，主阀的功能则在于溢流。

　　先导阀因为只通过泄油，其阀口较小，即使在较高压力的情况下，锥阀芯上的液压推力也不大，因此调压弹簧的刚度不必很大，调压比较轻便。由于主阀芯开度由压差和主阀弹簧力的作用来调节，所以主阀弹簧刚度可以很小，当溢流量变化引起弹簧压缩量变化时，进油口的压力变化也不大，因此先导型溢流阀的稳压性能优于直动型溢流阀。但先导型溢流阀是二级阀，其灵敏度低于直动型溢流阀。先导型溢流阀宜用于系统溢流稳压，直动型溢流阀因灵敏度高宜用作安全阀。

若溢流阀出口 T 不是接油箱，而是接具有一定压力的油路，该压力油通过内泄油路作用在先导锥阀上，使溢流阀进口压力高于口 T 接油箱时的调定压力。

溢流阀的主要特点：常态下，阀口常闭；出口 T 接油箱，溢流时进口压力稳定；采用内泄油口，简化油路。

先导型溢流阀有一个远程控制口 X，它与主阀上腔相通，若将 X 口用管道与其他控制阀接通，就可以实现各种功能。当该孔口与远程调压阀接通时，可以实现液压系统的远程调压；当该孔口与油箱接通时，可以实现系统卸荷（详见卸荷回路）。

先导型溢流阀和直动式溢流阀的特点比较及其应用场合见表 4 − 1 − 1。

表 4 − 1 − 1　先导型溢流阀和直动型溢流阀的特点比较及其应用场合

溢流阀种类	直动型溢流阀	先导型溢流阀
结构	结构简单，无先导阀	由先导调压阀和溢流主阀组成
工作特性	动作灵敏，工作易产生振动和噪声	压力波动比直动型溢流阀小，压力较稳定，噪声小
最大调整压力	2.5 MPa	6.3 MPa
外控口	无外控口	有外控口，用于远程调压和卸荷
应用场合	压力较低或流量较小的场合	压力较高或流量较大的场合

3. 溢流阀的应用

根据溢流阀在液压系统中的功能不同，可作溢流阀、安全阀、背压阀等使用。

（1）作安全阀，与变量泵相连，对系统起过载保护作用。

（2）作溢流阀，与定量泵相连，使系统压力恒定。

（3）作背压阀，接在系统回油路上，造成一定的回油阻力，以改善执行元件的运动平稳性。

（4）远程调压或使系统卸荷。

4.1.2　调压回路

1. 单级调压回路

调压回路的作用是在定量泵系统中用来调定系统压力与负载相适应并保持恒定值，在变量泵系统中限定系统的最高压力，保护液压元件。调压回路的主要元件是溢流阀。

（1）溢流稳压。在定量泵液压系统中，溢流阀通常接在泵出口处，如图 4 − 1 − 3 所示。采用节流阀调节进入液压缸的流量，使活塞获得所需要的运动速度。定量泵输出的流量要大于进入液压缸的流量，泵的一部分油液经节流阀 3 进入液压缸 4，多余的油液从溢流阀 2 溢回油箱，在溢流阀开启溢流的同时稳定了泵的供油压力。

（2）过载保护。如图 4 − 1 − 4，系统采用变量泵供油，系统内无多余油液，不需溢流。泵的工作压力由负载决定，用溢流阀限制泵出口的最高压力。系统在正常工作时，溢流阀阀口关闭，当系统过载时才打开，以保证系统的安全，故称其为安全阀。

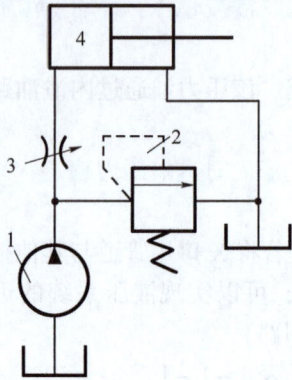

1—液压泵；2—溢流阀；3—节流阀；4—液压缸

图 4 - 1 - 3　溢流阀用于溢流稳压　　　图 4 - 1 - 4　溢流阀用于过载保护

2. 远程调压和二级调压回路

图 4 - 1 - 5 为远程调压回路。将远程调压阀 2 接在先导式主溢流阀 1 的远程控制口上，泵的出口压力即由远程调压阀 2 做远程调节。这里，远程调压阀 2 仅调节系统压力，相当于主溢流阀的先导阀，绝大部分油液仍从主溢流阀溢出。远程调压阀结构和工作压力与溢流阀中的先导阀基本相同。回路中远程调压阀调节的最高压力，应低于主溢流阀 1 的调定压力，否则远程调压阀不起作用。在进行远程调压时，主溢流阀 1 中的先导阀处于关闭状态。

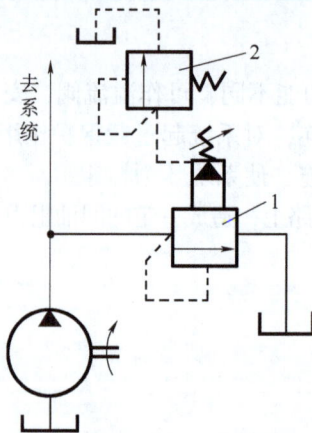

1—主溢流阀；2—远程调压阀

图 4 - 1 - 5　远程调压回路

许多液压系统中，液压缸活塞往返行程的工作压力差别很大，为了降低功率损耗，减少油液发热，可以采用图 4 - 1 - 6 的二级调压回路。当活塞右行时，负载大，由高压溢流阀 1 调定；而活塞左行时，负载小，由低压溢流阀 2 调定，当活塞左行到终点位置时，泵的流量全部经低压溢流阀流回油箱，这样就减少了回程的功率损耗。城市生活垃圾处理系统就是这

种基本回路的应用。

3. 多级调压回路

图 4-1-7 为黏压机多级调压设计方案，利用先导式主溢流阀 1 的远程控制口和远程调压阀实现多级调压。当电磁铁 1YA、2YA 处于图示位置时，系统压力由主溢流阀 1 调定；当 1YA 通电时，电磁换向阀 4 左位工作，系统压力由远程调压阀 2 调定；当 2YA 通电时，电磁换向阀 4 右位工作，系统压力由远程调压阀 3 调定，因此可以得到三级调定压力。但要注意远程调压阀 2 和 3 的调定压力一定要小于主溢流阀 1 的调定压力，而远程调压阀 2 和 3 的调定压力之间没有一定的关系。

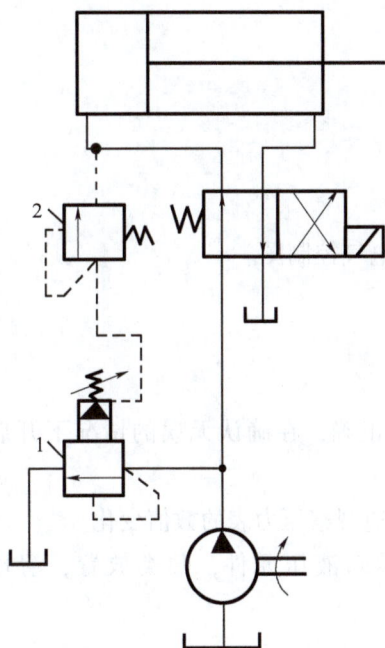

二级调压
回路动画

多级调压回路
动画

1—高压溢流阀；2—低压溢流阀
图 4-1-6 二级调压回路

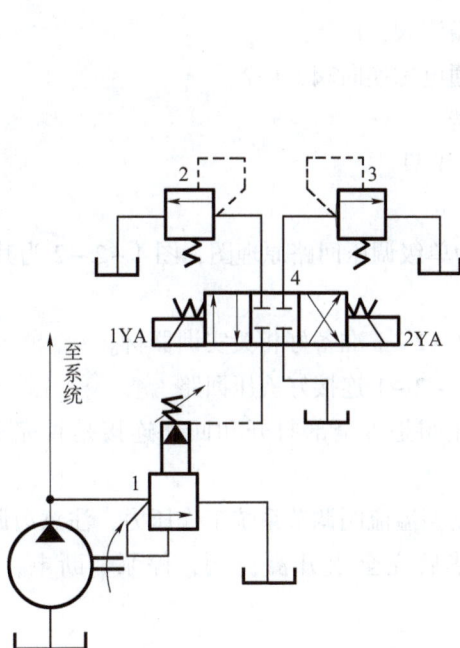

1—主溢流阀；2，3—远程调压阀；4—电磁换向阀
图 4-1-7 多级调压回路

任务 4.2 实训：组装调压回路

学习目标
1. 掌握溢流阀的工作原理、应用及职能符号。
2. 根据液压回路原理图正确组装调压回路，能进行故障分析。

学习过程
1. 用 PPT 演示溢流阀的工作原理。
2. 进行调压回路的组装。

4.2.1　组装单级调压回路

1. 实训目的

（1）了解直动型溢流阀的工作原理和内部结构。

（2）学习掌握直动型溢流阀的工业应用领域。

2. 实训器材

（1）YZ-01 液压实验工作台，1 台。

（2）直动型溢流阀，1 个。

（3）二位四通电磁换向阀，1 个。

（4）油管，若干。

（5）压力表，1 只。

3. 液压原理

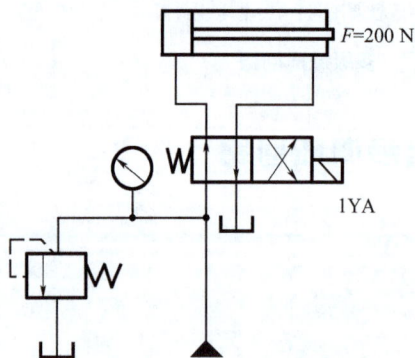

图 4-2-1 为单级调压回路原理图，图 4-2-2 为其电气控制图。

4. 实训步骤

（1）依据图 4-2-1 准备好相关实训器材。

（2）按照图 4-2-1 连接好液压回路。

（3）检查溢流阀是否全部打开和回路连接是否完全正确，在确认无误的情况下开启系统。

（4）调节直动型溢流阀调节系统工作压力，注意边调边观察压力表的数值变化。

（5）实训完毕后完全松开溢流阀，停泵，断电，拆卸液压元件，归类放置，清理卫生。

图 4-2-1　单级调压回路原理

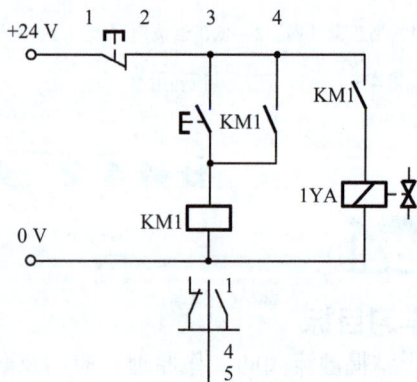

图 4-2-2　单级调压回路电气控制

5. 技术评价

溢流阀单级调压回路技术评价项目如表 4-2-1 所示。

表 4 -2 -1 溢流阀单级调压回路技术评价项目

序号	评价项目	配分	得分	备注
1	能否分析实训原理并正确选择实训元件	5		
2	液压管路布局是否合理	5		
3	液压管路连接是否正确	5		
4	电气控制线连接是否正确	5		
5	能否用继电器控制实现实训动作要求	15		
6	能否用 PLC 或组态王实现动作要求	15		
7	能否正确编写或叙述本实训步骤	15		
8	能否正确接通电源和启动电动机	5		
9	能否正确停止电动机和断开电源	5		
10	能否正确拆卸各实训元件	5		
11	实训元件是否归类放置，摆放整齐	5		
12	实训工具摆放是否符合要求	5		
13	文明生产	10		
合计		100		

4.2.2 组装二级调压回路

1. 实训目的

（1）进一步掌握先导型溢流阀、直动型溢流阀的结构及工作原理。

（2）掌握并应用溢流阀的二级调压及多级调压工作原理。

2. 实训器材设备

（1）YZ -01 液压实验工作台，1 台。

（2）先导型溢流阀，1 只。

（3）直动型溢流阀，2 只。

（4）二位二通电磁换向阀，1 只。

（5）压力表，2 只。

（6）高压油管，若干。

3. 液压原理图

二级调压回路液压原理如图 4 -2 -3 所示，电气控制如图 4 -2 -4 所示。

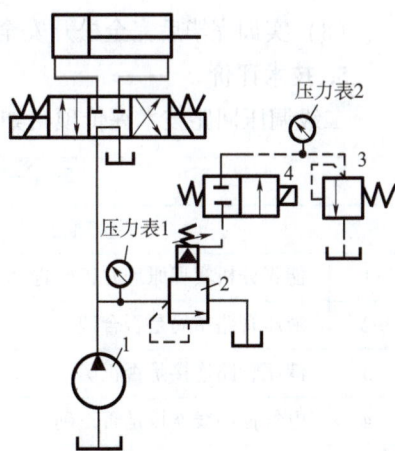

1—液压泵；2—先导型溢流阀；

3—直动型溢流阀；4—电磁换向阀

图 4 -2 -3 二级调压回路

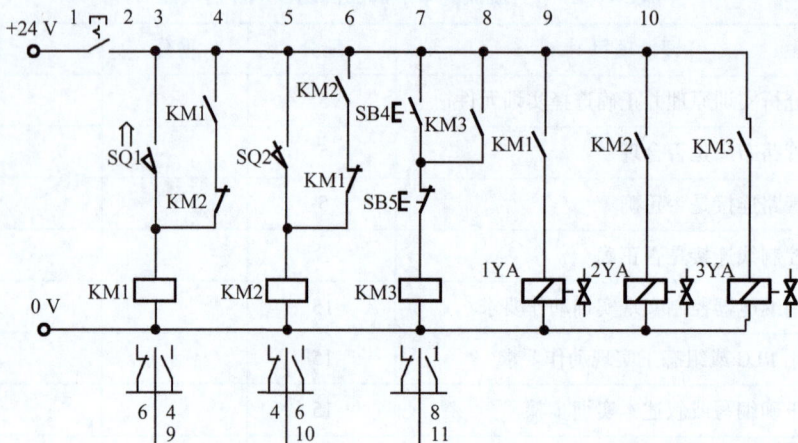

图 4 - 2 - 4　二级调压回路电气控制

4. 实训步骤

（1）依据图 4 - 2 - 3 准备好相关实训器材。

（2）按照图 4 - 2 - 3 连接好液压回路。

（3）检查溢流阀是否全部打开和回路连接是否完全正确。

（4）启动泵站前，先检查安全阀是否打开，并关闭先导型溢流阀和直动型溢流阀。

（5）通电，启动泵，调节安全阀使系统压力至 6 MPa，然后打开先导型溢流阀和直动型溢流阀。

（6）调节先导型溢流阀的压力至 5.5 ~ 6 MPa，压力值从压力表 1 直接读出，持续 1 ~ 3 min；接通二位二通电磁换向阀，观察压力表 1 和 2 的数值，再调节直动型溢流阀的压力值至 3 MPa（注：直动型溢流阀调节压力值要小于先导型溢流阀调节压力值）。

（7）反复接通和断开二位二通电磁换向阀，观察压力表 1 和 2 的数值变化。

（8）实训完毕后完全松开安全阀，停泵，断电，拆卸液压元件，归类放置，清理卫生。

5. 技术评价

二级调压回路技术评价项目如表 4 - 2 - 2 所示。

表 4 - 2 - 2　二级调压回路技术评价项目

序号	评价项目	配分	得分	备注
1	能否分析实训原理并正确选择实训元件	5		
2	液压管路布局是否合理	5		
3	液压管路连接是否正确	5		
4	电气控制线连接是否正确	5		
5	能否用继电器控制实现实训动作要求	15		
6	能否正确编写或叙述本实训步骤	15		
7	能否独立设计多级调压回路并写出工作原理	15		

续表

序号	评价项目	配分	得分	备注
8	能否正确接通电源和启动电动机	5		
9	能否正确停止电动机和断开电源	5		
10	能否正确拆卸各实训元件	5		
11	实训元件是否归类放置，摆放整齐	5		
12	实训工具摆放是否符合要求	5		
13	文明生产	10		
	合计	100		

4.2.3 拆装溢流阀

1. 拆装直动型溢流阀 （此拆装过程同样适用于顺序阀和减压阀）

（1）直动型溢流阀的拆卸顺序。先拆卸调压螺母，取出弹簧，分离阀芯和阀体。观察阀芯的结构和阀体上的油口尺寸。

（2）直动型溢流阀的装配训练。装配前清洗各零件，将阀芯与阀体等配合表面涂润滑油，然后按拆卸时的反向顺序装配。

（3）压力的检测。启动空压机，将压力阀接上软管接头，同时接入压力表。一边调节压力阀，一边观察压力表上压力值的变化。

2. 拆装先导型溢流阀

步骤同拆装直动型溢流阀，拆装先导型溢流阀时思考以下问题。

（1）观察其结构，并找出易发生故障的部位。

（2）主阀和锥阀各有什么功用？

（3）两个弹簧各起什么作用？其粗细依据什么决定？

（4）与直动型溢流阀比较有什么不同？为什么同一规格的溢流阀，先导型溢流阀的调压弹簧比直动型溢流阀的细？

（5）找出远程调压孔，分析其作用。如何使其发挥作用？如果误把它当作泄油孔接回油箱，会出现什么问题？

任务总结与评价

1. 组织小组讨论，各小组推选代表做工作总结，并用 PPT 进行成果展示。

2. 各小组对成果展示做评价。

3. 教师评价与总结。

✖ 任务考核习题

一、 填空题

1. 压力控制阀的基本工作原理是利用液体压力与_____力相平衡而实现压力控制。

2. 溢流阀用于_____泵的节流调速系统中，起_____作用；用于_____泵的供油系统中，起_____作用。

3. 根据结构不同，溢流阀可分为_____、_____两类。

4. 先导型溢流阀中，先导阀的作用是_____，主阀的作用是_____。

5. 远程调压时，远程调压值应比溢流阀自身先导阀的调压值_____。

6. 液压控制阀按用途分为_____、_____、_____3类。

7. 在液压系统中，控制_____或利用压力的变化来实现某种动作的阀称为压力控制阀，按用途不同，可分为_____、_____、_____和压力继电器等。

8. 根据溢流阀在液压系统中所起的作用，溢流阀可作_____、_____、_____和背压阀使用。

9. 溢流阀在液压系统中起调压溢流作用，当溢流阀进口压力低于调整压力时，阀口是_____的，溢流量为_____，当溢流阀进口压力等于调整压力时，溢流阀阀口是_____，溢流阀开始_____。

二、 判断题

1. 溢流阀用于定量液压泵的节流调速系统中，起安全保护作用；用于变量液压泵的供油系统中，起溢流稳压作用。 （ ）

2. 溢流阀阀口常态下常开，所以不能用其作背压阀。 （ ）

3. 背压阀的作用是使液压缸的回油腔具有一定的压力，保证运动部件工作平稳。 （ ）

4. 在工作过程中溢流阀是常开的，液压泵的工作压力取决于溢流阀的调整压力且基本保持恒定。 （ ）

5. 先导型溢流阀的调整压力由先导阀弹簧调定。 （ ）

6. 先导型溢流阀主阀弹簧刚度比先导阀弹簧刚度小。 （ ）

7. 溢流阀用作系统的限压保护、防止过载的安全阀的场合，在系统正常工作时，该阀处于常闭状态。 （ ）

三、 选择题

1. 液压系统中调节系统压力的是（ ）。

A. 溢流阀　　　　　B. 单向阀　　　　　C. 液压泵

2. 常态下阀口常闭的是（ ）。

A. 溢流阀　　　　　B. 减压阀

3. 溢流阀为（ ）压力控制。

A. 压力　　　　　B. 流量　　　　　C. 方向

4. 溢流阀阀口常（ ）。

A. 开　　　　　B. 闭

5. 定量泵节流调速系统中溢流阀的作用为 （　　　）。

A. 溢流稳压　　　　　B. 背压　　　　　　C. 安全保护

6. 溢流阀的作用是配合泵等，溢出系统中的多余油液，使系统保持一定的 （　　　）。

A. 压力　　　　　　B. 流量　　　　　　C. 流向　　　　　D. 清洁度

7. 液压传动系统中常用的压力控制阀是 （　　　）。

A. 换向阀　　　　　B. 溢流阀　　　　　C. 液控单向阀

8. 图示系统中的溢流阀在液压系统中的作用为 （　　　）。

A. 作卸荷阀　　　　B. 作背压阀　　　　C. 作安全阀　　　　D. 作溢流阀

9. 先导型溢流阀中，先导阀的作用是 （　　　），主阀的作用是 （　　　）。

A. 溢流　　　　　　B. 调压

10. 有两个调整压力分别为 5 MPa 和 10 MPa 的溢流阀并联在液压泵的出口，液压泵的出口压力为 （　　　）。

A. 5 MPa　　　　　B. 10 MPa　　　　　C. 15 MPa　　　　　D. 20 MPa

11. 远程调压阀的调定压力要比先导型溢流阀自身的调定压力 （　　　）。

A. 大　　　　　　　B. 小

12. 直动型溢流阀起溢流稳压作用时，进出油口反接了，会出现 （　　　）情况。

A. 不影响　　　　　B. 起不了溢流稳压作用

13. 溢流阀 （　　　）。

A. 常态下阀口是常开的

B. 压力达不到调定值，阀芯不动

C. 进、出油口均有压力

D. 一般连接在液压缸的回油油路上

14. 将先导型溢流阀的远程控制口接回油箱，将会发生 （　　　）问题。

A. 没有溢流量　　　　　　　　　B. 进口压力为无穷大

C. 进口压力随负载增加而增加　　　D. 进口压力调不上去

四、计算题

1. 题图 4 - 1 溢流阀的调定压力为 4 MPa，若阀芯阻尼小孔造成的损失不计，试判断下列情况下压力表读数各为多少？

（1）YA 断电，负载压力为无限大时。

（2）YA 断电，负载压力为 2 MPa 时。

（3）YA 通电，负载压力为 2 MPa 时。

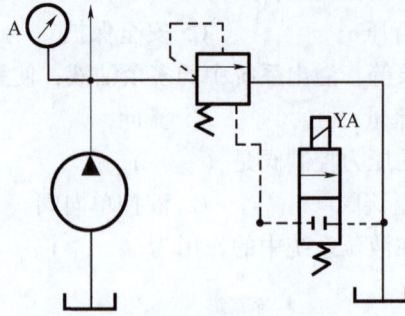

题图 4 - 1

2. 题图 4 - 2 的两组阀中，溢流阀的调定压力为 $p_A = 4$ MPa，$p_B = 3$ MPa，$p_C = 5$ MPa，试求压力表读数？

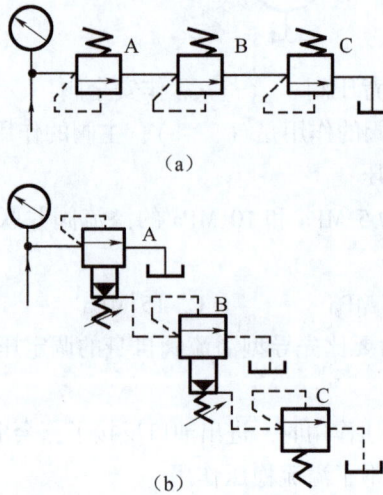

（a）

（b）

题图 4 - 2

3. 题图 4 - 3 阀组，各阀调定压力示于符号上方，若系统负载为无穷大，试按电磁铁不同的通断情况将压力表读数填在表中。

1YA	2YA	压力表读数
-	-	
+	-	
-	+	
+	+	

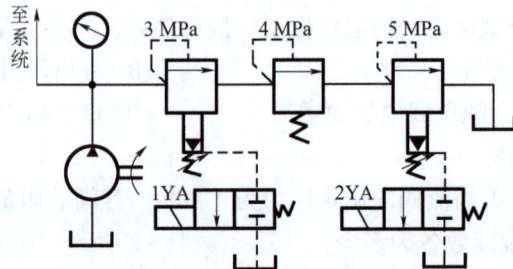

题图 4 - 3

4. 题图 4 - 4 回路中，若溢流阀的调定压力分别为 $p_{Y1} = 6$ MPa、$p_{Y2} = 4.5$ MPa。泵出口处负载无限大，不计管路损失和调压偏差。试问：

（1）二通阀在上位接入回路时，泵的工作压力是多少？

（2）二通阀在下位接入回路时，泵的工作压力及 A 点、B 点压力各为多少？

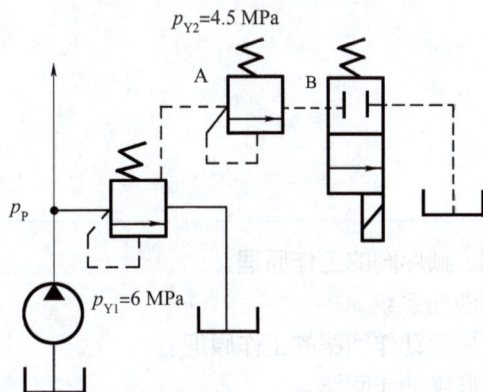

题图 4 -4

项目5　钻床液压系统

学习目标

1. 能正确掌握减压阀、顺序阀的工作原理。
2. 能设计液压钻床的液压系统。
3. 能掌握减压回路、顺序动作回路的工作原理。
4. 能组装减压回路、顺序动作回路。
5. 能排除实习中的故障。
6. 能对实习过程进行总结。
7. 弘扬精益求精、追求卓越的工匠精神。

蛟龙号"上的"两丝"
钳工顾秋亮

工作情境描述

使用液压钻床（图5-0-1）对不同材料的工件进行钻孔加工。 工件的夹紧和钻头的升降由两个双作用液压缸驱动，两个液压缸都由一个液压泵来供油。 因为工件材料不同，加工所需要的夹紧力也不同，所以工作时夹紧缸的夹紧力必须能调节并稳定在不同的压力值。 为了避免夹紧力太大导致工件被夹坏，要求夹紧缸的工作压力要低于进给缸的工作压力，需要对夹紧支路进行减压。 同时为了保证安全，进给缸必须在夹紧缸的夹紧力达到规定值时才能推动钻头进给，需要采用减压回路和顺序动作回路来完成。 学生接受任务，制订工作计划，熟练掌握减压阀、顺序阀的工作原理，正确组装减压回路、顺序动作回路，能排除实训中的各种故障，同时对整个实训过程进行总结。 工作过程中遵循工作现场7S管理规范。

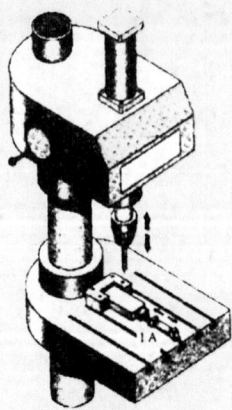

图5-0-1　液压钻床

任务 5.1　减压阀和减压回路

学习目标

1. 掌握减压阀的工作原理、应用及职能符号。
2. 掌握减压回路工作原理。

学习过程

用 PPT 演示减压阀、减压回路的工作原理。

5.1.1　减压阀

1. 减压阀的工作原理

减压阀主要用于降低系统某一分支油路的油液压力，使其获得一个比主系统低的稳定工作压力。减压阀的特点是出口压力维持恒定，不受入口压力、通过流量大小等的影响。减压阀应用于液压系统要求获得稳定、低压的回路中，在系统的夹紧、控制、润滑等油路中应用较多，用于提供稳定的控制压力油、限制工作机构的作用力、减少压力波动带来的影响、改善系统的控制性能等。

减压阀按结构型式可分为直动型和先导型，直动型减压阀在系统中较少单独采用，一般常用先导型减压阀，如图 5-1-1 所示。按工作原理的不同可分为定值输出减压阀、定差减压阀和定比减压阀。其中，定值输出减压阀应用最广泛，简称减压阀。本任务只介绍定值输出减压阀。

压力油由阀口 A 流入，经阀口 f 由出油口 B 流出。出口压力油经主阀芯内的径向孔和轴向孔 e 引入到主阀芯的左腔和右腔，并以出口压力作用在先导阀锥上。当出口压力未达到先导阀的调定值时先导阀关闭，主阀芯左右两腔压力相等，主阀芯被弹簧压在最左端，减压口开度 x 为最大值，减压阀处于非工作状态。当进口压力升高，出口压力也升高并超过先导阀的调定值时，先导阀被打开，主阀弹簧腔的液压油便由泄油口 Y 流回油箱。由于主阀芯的轴向孔 e 是阻尼孔，油在孔内流动，在主阀芯两端产生压力差，此压力差克服弹簧阻力推动主阀芯右移，阀口 f 开度 x 值减少，出口压力降低，直到等于先导阀调定值。反之，如出口压力减小，主阀芯左移，阀口开大，出口压力回升到调定值。

在减压阀出口油路的油液不再流动的情况下（如夹紧油路夹紧工件后），由于先导阀仍在泄油，减压口 f 仍有油液流动，阀仍然处于工作状态，出口压力也就保持调定的数值不变。减压阀的最高调定值比系统主油路溢流阀调定值低 0.5～1 MPa。

减压阀的主要特点是：

（1）常态位，阀口常开。
（2）从出口引压力油控制阀口开度。

(3) 出口压力小于调定值时，不起减压作用。

(4) 出口压力高于调定值时，起减压作用，保持出口稳定低压。

(5) 泄油口单独接油箱。

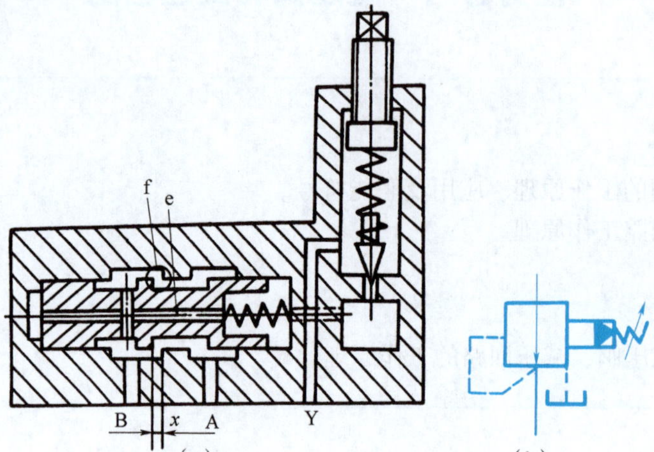

图5-1-1　先导型减压阀

(a) 工作原理图；(b) 职能符号

先导型减压阀
动画

2. 减压阀常见故障及排除方法

减压阀常见故障及排除方法，见表5-1-1。

表5-1-1　减压阀常见故障及排除方法

故障现象	产生原因	排除方法
不起减压作用	顶盖方向装错，使输出油孔与回油孔接通	重新装配顶盖，将顶盖上的回油孔与阀体上的回油孔对准
	滑阀与阀体孔的制造精度差，滑阀被卡住	研配滑阀与阀体孔，使之移动灵活无阻滞
	滑阀上的阻尼小孔被堵塞	清洗并疏通滑阀阻尼孔
	调压弹簧太硬或发生弯曲被卡住	更换软硬、长度合适的弹簧
	钢球或锥阀与阀座孔配合不良	更换钢球或修磨锥阀并研配阀座孔
压力不稳定	滑阀与阀体配合间隙过小，滑阀移动不灵活	修磨滑阀并研磨滑阀孔，使配合间隙符合要求
	滑阀弹簧太软，产生变形或在滑阀中被卡住，使滑阀移动困难	更换软硬合适的弹簧
	滑阀阻尼孔时通时堵	更换液压油，清洗并疏通滑阀阻尼孔
	锥阀与锥阀座接触不良，如锥阀磨损有伤痕，阀座孔不圆	修磨锥阀，并研磨阀座孔，使之配合良好
	锥阀调压弹簧变形	更换调压弹簧
	液压系统内进入空气	排除油液中的空气

故障现象	产生原因	排除方法
泄漏严重	滑阀磨损后与阀体孔配合间隙太大	重制滑阀，与阀体孔配磨，使其间隙至规定值
	密封件老化或磨损	更换密封件
	锥阀与阀座孔接触不良或磨损严重	修磨锥阀，研磨阀体孔，使其配合紧密
	各连接处螺钉松动或拧紧力不均匀	紧固各连接处螺钉

5.1.2　减压回路

液压系统中常有多个执行元件，其中主油路的工作压力由溢流阀调定。当某一分支油路（如夹紧油路、控制油路、润滑油路等）所需的工作压力低于溢流阀的调定压力时，常用减压回路。图 5-1-2 中，减压回路的主要元件是减压阀，通常在减压阀后串联一个单向阀，起保压作用，防止在减压阀处于非工作状态（即减压阀口常通，不起减压作用）时，该支路的油压降低。利用先导型减压阀远程控制口可以实现二级减压，如图 5-1-3 所示。

二级减压回路

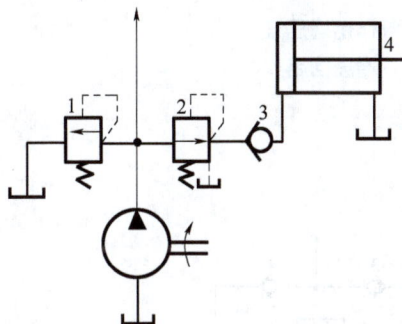

1—溢流阀；2—直动型减压阀；3—节流阀；4—液压缸

图 5-1-2　单级减压回路

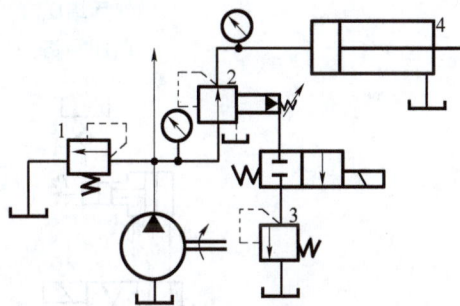

1，3—溢流阀；2—先导型减压阀；4—液压缸

图 5-1-3　二级减压回路

当液压系统中某一分支油路所需的压力高于主油路压力时，在不采用高压泵的前提下，可以采用增压回路。

5.1.3　增压回路

1. 增压缸的增压原理

图 5-1-4（a）中，增压缸由大缸和小缸组成，大、小活塞由一活塞杆连接，当增压缸左腔进入一定压力（p_1）的液压油，在右腔输出较高压力（p_2）的液压油。原理如下：

设大、小活塞直径分别为 D、d，忽略摩擦损失和泄漏，则作用在大、小活塞上的力平

衡方程为

$$p_1 \frac{\pi D^2}{4} = p_2 \frac{\pi d^2}{4} \qquad (5-1)$$

整理得：

$$p_2 = \frac{D^2}{d^2} p_1 \qquad (5-2)$$

令 $\dfrac{D^2}{d^2} = K$，称为增压比，显然 $K > 1$，$p_2 > p_1$。

2. 增压回路

图 5-1-4 为增压回路，单作用增压回路如图 5-1-4（a）。图 5-1-4（b）为双作用增压缸的增压回路，它能连续输出高压油，适用于增压行程要求较长的场合。在图 5-1-4（b）位置，液压泵压力油进入增压缸左端大、小活塞腔，右端大活塞腔接油箱，右端小活塞腔输出的高压油经单向阀 4 输出，此时单向阀 1、3 被封闭。当增压缸活塞移到右端时，换向阀的电磁铁通电，换向阀在右位工作，增压缸活塞向左移动，左端小活塞腔输出的高压油经单向阀 3 输出。这样，增压缸的活塞不断往复运动，其两端便交替输出高压油，从而实现了连续增压。

单作用增压缸
增压回路

双作用增压缸
增压回路

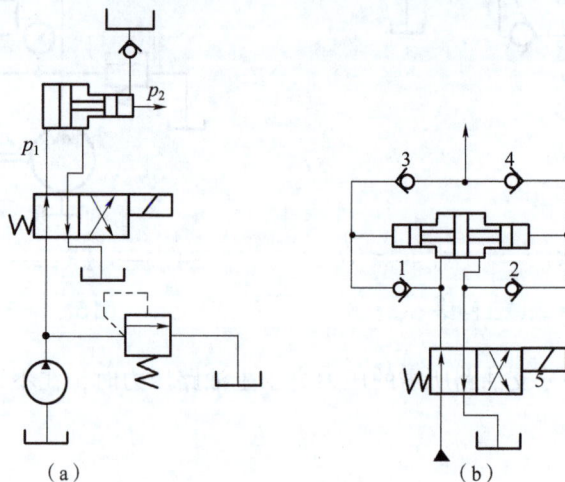

1，2，3，4—单向阀；5—二位四通电磁换向阀

图 5-1-4　增压回路
（a）单作用增压缸；（b）双作用增压缸

任务5.2 实训：组装减压回路

学习目标

1. 掌握减压阀的工作原理、应用及职能符号。
2. 看懂减压回路原理图。
3. 根据液压回路原理图正确组装减压回路，并能进行故障分析。

学习过程

进行二级减压回路的组装。

1. 实训目的

（1）了解减压阀的内部结构，掌握其工作原理。
（2）掌握并应用减压阀的二级减压及多级减压回路。
（3）了解减压回路在实际生产中的应用范围。

2. 实训器材

（1）YZ–01液压实验工作台，1台。
（2）先导型减压阀，1只。
（3）直动型溢流阀，2只。
（4）二位二通阀，1只。
（5）压力表，2只。
（6）油管，若干。

3. 液压原理

减压回路液压原理如图5–2–1所示。

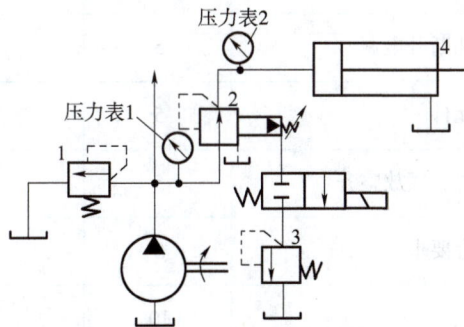

1，3—溢流阀；2—减压阀；4—液压缸

图5–2–1 减压回路

4. 实训步骤

（1）依据图 5 – 2 – 1 准备好液压元（器）件。

（2）按照液压回路准确无误地连接液压回路，并把溢流阀全部松开，关闭减压阀。

（3）启动泵站电动机，调节溢流阀的开口，调定系统压力至 6 MPa。

（4）调节先导型减压阀至一级压力 5 MPa，观察压力表2。

（5）接通二位二通电磁换向阀，调节溢流阀至二级压力 2.5 MPa，观察压力表1。注意：二级压力不能比一级压力大。

（6）反复接通和断开二位二通电磁换向阀，观察压力表1和压力表2的数值。

（7）实训完毕后，应先旋松溢流阀手柄，然后停止油泵工作。经确认回路中压力为 0 后，取下连接油管和元件，归类放置并清理卫生。

5. 技术评价

二级减压回路技术评价项目见表 5 – 2 – 1。

表 5 – 2 – 1　二级减压回路技术评价项目

序号	评价项目	配分	得分	备注
1	能否分析回路原理并正确选择实训元件	5		
2	液压管路布局是否合理	5		
3	液压管路连接是否正确	5		
4	电气控制线连接是否正确	5		
5	能否用继电器控制实现实训动作要求	15		
6	能否正确编写或叙述本实训步骤	15		
7	能否独立设计多级减压回路并写出工作原理	15		
8	能否正确接通电源和启动电动机	5		
9	能否正确停止电动机和断开电源	5		
10	能否正确拆卸各实训元件	5		
11	实训元件是否归类放置，摆放整齐	5		
12	实训工具摆放是否符合要求	5		
13	文明生产	10		
	合计	100		

任务 5.3 顺序阀和顺序动作回路

学习目标

1. 掌握顺序阀的工作原理、应用及职能符号。
2. 掌握顺序动作回路的工作原理及特点。
3. 设计不同的顺序动作回路，分析其使用特点及应用。

学习过程

1. 用 PPT 演示顺序阀、顺序动作回路的工作原理。
2. 进行顺序动作回路的设计。

5.3.1 顺序阀

1. 顺序阀

顺序阀的作用是利用液压系统中压力的变化来控制油路的通断，从而使多个执行元件按一定的顺序动作。顺序阀按结构分为直动型和先导型。

图 5-3-1 为直动型顺序阀。压力油由进口 A 经阀体 4 和下盖 7 的小孔流到控制活塞 6 的下方，使阀芯 5 受到一个向上的推力作用。当进油口压力较低时，阀芯在弹簧 2 的作用下落在阀体上，这时进、出油口 A、B 不通。当进口油压增大到预调值，便克服阀芯上部的弹簧力，阀芯上移，进、出油口连通，压力油经顺序阀出口进入后面的执行元件。此后，进出口压力可以随顺序阀后的执行元件负载的变化而变化。

顺序阀的开启压力可以用调压螺钉 1 来调节。图 5-3-1 中弹簧腔内油液需单独开泄油口流回油箱。

顺序阀中，当控制压力油直接引自进油口时称为内控；若控制压力油不是来自进油口，而是从外部油路引入，称为外控。当阀的泄油从单独开的泄油口流回油箱时，称为外泄；若阀出口接油箱，泄油可经内部通道并入阀的出油口，以简化管路连接，称为内泄。顺序阀不同控泄方式的职能符号如图 5-3-2 所示。实际应用中可通过变换阀的上盖或下盖的安装方位获得不同的控泄方式。

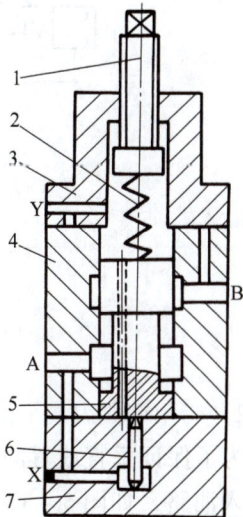

1—调压螺钉；2—弹簧；
3—上盖；4—阀体；
5—阀芯；6—控制活塞；7—下盖

图 5-3-1 直动型顺序阀

顺序阀动画

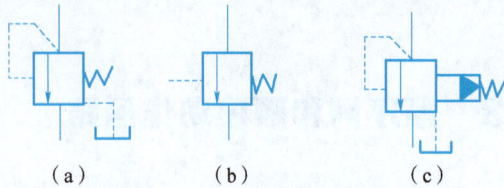

图 5-3-2　顺序阀职能符号

(a) 内控外泄式；(b) 外控内泄式；(c) 内控外泄先导式

顺序阀的主要特点是：

(1) 常态下，阀口常闭；控制油压力达调定值时，阀口开启。

(2) 出口接执行元件，泄油单独接油箱。

2. 顺序阀应用

1) 控制多个执行元件的顺序动作

图 5-3-3 (a) 中，通过顺序阀的控制可以实现缸 A 先动，缸 B 后动。顺序阀在缸 A 进行动作①时处于关闭状态，当缸 A 到位后，油液压力升高，达到顺序阀的调定压力后，打开通向缸 A 的油路，从而实现缸 B 的动作②。顺序阀的调定压力应低于主油路压力 0.5 ~ 1 MPa 且大于先动作液压缸最大工作压力的 0.5 ~ 1 MPa。

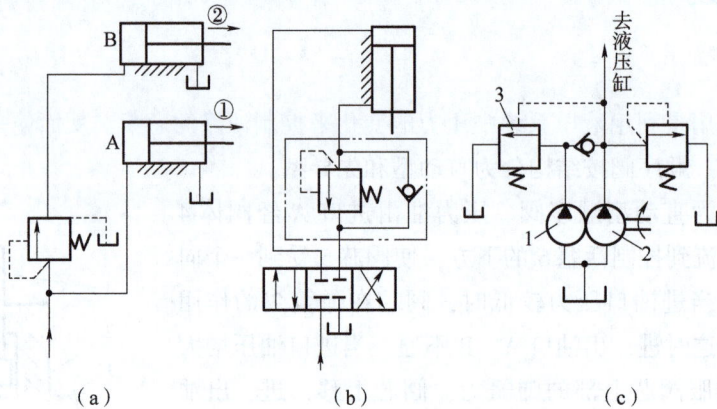

单向顺序阀用于平衡回路

1—大流量泵；2—小流量泵；3—外控式顺序阀

图 5-3-3　顺序阀的应用

(a) 顺序动作控制　(b) 用于平衡回路　(c) 双泵供油卸荷

顺序阀卸荷

2) 与单向阀组成平衡阀

为了保证垂直放置的液压缸不因自重而下落，可将单向阀与顺序阀并联构成单向顺序阀接入油路，如图 5-3-3 (b) 所示。此单向顺序阀又称为平衡阀。这种回路称为平衡回路。顺序阀的开启压力应足以支承运动部件的自重。当换向阀处于中位时，液压缸即可悬停。

3) 控制双泵系统中的大流量泵卸荷

图 5-3-3（c）的油路，大流量泵 1 与小流量泵 2 并联。在液压缸快速进退阶段，大流量泵 1 输出的油液流经单向阀后与小流量泵 2 输出的油液汇合在一起流往液压缸，使缸快进；当液压缸转为慢速工进时，进油路压力升高，外控式顺序阀 3 被打开，大流量泵 1 即卸荷，由小流量泵 2 单独向系统供油以满足工进的流量要求。顺序阀 3 因能使泵卸荷，故又称卸荷阀。

5.3.2 顺序动作回路

1. 压力继电器控制的顺序动作回路

图 5-3-4 是用压力继电器控制电磁换向阀来实现顺序动作的回路。按启动按钮，电磁铁 1YA 得电，电磁换向阀 3 的左位接入回路，液压缸 1 活塞前进到右端终点后，回路压力升高，压力继电器 1K 动作，使电磁铁 3YA 得电，电磁换向阀 4 的左位接入回路，液压缸 2 活塞向右运动；按返回按钮，1YA、3YA 同时失电，且 4YA 得电，使电磁换向阀 3 中位接入回路、电磁换向阀 4 右位接入回路，导致液压缸 1 锁定在右端终点位置、液压缸 2 活塞向左运动，当液压缸 2 活塞退回原位后，回路压力升高，压力继电器 2K 动作，使 2YA 得电，电磁换向阀 3 右位接入回路，液压缸 1 活塞后退直至起点。在压力控制的顺序动作回路中，顺序阀或压力继电器的调定压力应比先动作缸的最高压力高 0.3 ~ 0.5 MPa，同时要比溢流阀的调定压力低至少 0.3 ~ 0.5 MPa。否则管路中的压力冲击或波动会造成误动作，引起事故。这种回路只适用于系统中执行元件数目不多、负载变化不大的场合。

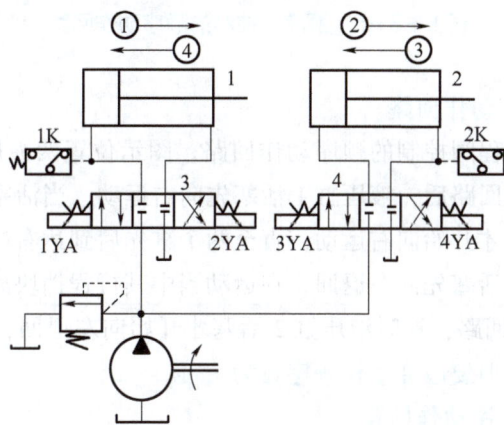

压力继电器控制顺序动作回路动画

1，2—液压缸；3，4—三位四通电磁换向阀

图 5-3-4 压力继电器控制顺序动作回路

2. 顺序阀控制的顺序动作回路

图 5-3-5 为顺序阀控制的顺序动作回路。假设机床工作时液压系统的动作顺序为：①夹具夹紧工件—②工作台进给—③工作台退出—④夹具松开工件。其控制回路的工作过程为：回路工作前，夹紧缸 1 和进给缸 2 均处于起点位置，当换向阀 5 左位接入回路时，夹紧

缸 1 的活塞向右运动使夹具夹紧工件，夹紧工件后会使回路压力升高到顺序阀 3 的调定压力，顺序阀 3 开启，此时进给缸 2 的活塞才能向右运动进行切削加工；加工完毕，通过手动或操纵装置使换向阀 5 右位接入回路，进给缸 2 活塞先退回到左端点后，引起回路压力升高，使顺序阀 4 开启，夹紧缸 1 活塞退回原位将夹具松开，这样就完成了一个多缸顺序动作循环。如果要改变动作的先后顺序，就要对两个顺序阀在油路中的安装位置进行相应的调整。

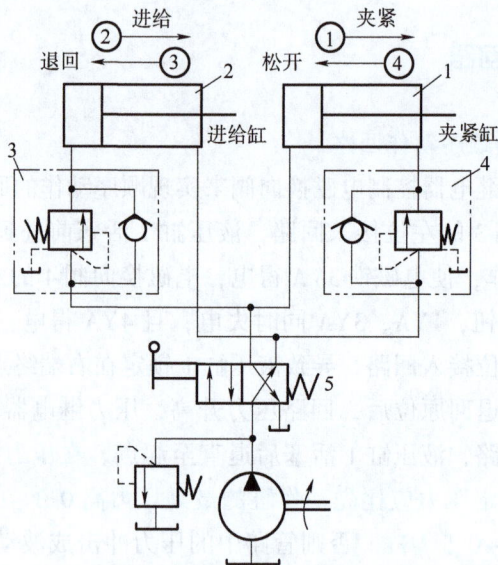

1，2—液压缸；3，4—单向顺序阀；5—手动换向阀

图 5-3-5 顺序阀控制的顺序动作回路

3. 行程阀控制的顺序动作回路

图 5-3-6 是采用行程阀控制的顺序动作回路。图示位置两液压缸活塞均退至左端点。当电磁换向阀 3 左位接入回路后，液压缸 1 活塞先向右运动，当活塞杆上的行程挡块压下行程阀 4 后，液压缸 2 活塞才开始向右运动，直至两个缸先后到达右端点；将电磁换向阀 3 右位接入回路，使液压缸 1 活塞先向左退回，在运动当中其行程挡块离开行程阀 4 后，行程阀 4 自动复位，其下位接入回路，这时液压缸 2 活塞才开始向左退回，直至两个缸都到达左端点。这种回路动作可靠，但要改变动作顺序较为困难。

4. 行程开关控制的顺序动作回路

图 5-3-7 是用行程开关控制的顺序动作回路，启动按钮使 1YA 通电时，压力油进入缸 A 左腔，其活塞右移，实现动作①，当到达预定位置时，挡块碰到行程开关 S_2，接通电磁铁 2YA，压力油进入缸 B 左腔，活塞右移，实现动作②，当缸 B 挡块碰到行程开关 S_4，使 1YA 断电复位，压力油进入缸 A 右腔，实现动作③，缸 A 退到原位后，碰到 S_1，使 2YA 断电复位，压力油进入缸 B 右腔，实现动作④，缸 B 退回原位其挡块碰到 S_3 后，又使 1YA 重新通电，开始下一循环。

该回路结构简单、调整方便、顺序动作可靠、易于实现自动控制，但各动作转换平稳性差。

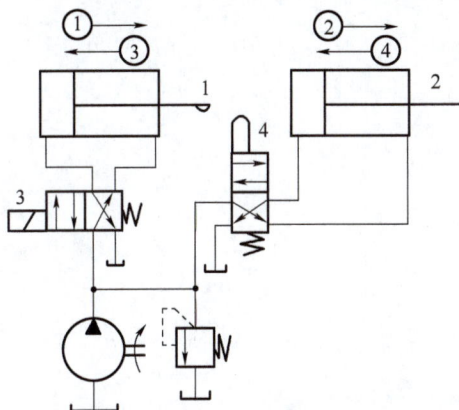

1，2—液压缸；3—电磁换向阀；4—行程阀

图 5-3-6　行程阀控制的顺序动作回路　　　图 5-3-7　行程开关控制的顺序动作回路

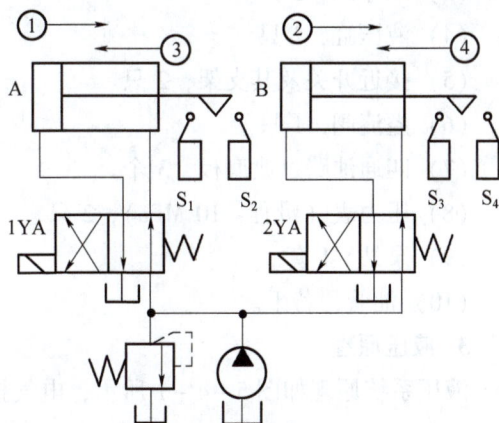

行程阀控制的
顺序动作回路

行程开关控制的
顺序动作回路

任务 5.4　实训：连接顺序动作回路

学习目标

1. 掌握顺序阀的工作原理、应用及职能符号。
2. 理解顺序动作回路工作原理。
3. 根据液压回路原理图正确组装顺序动作回路，能进行故障分析与排除。

学习过程

4 人一组进行顺序动作回路的组装。

1. 实训目的

（1）了解压力控制阀的特点。

（2）掌握顺序阀的工作原理、职能符号及其运用。

（3）会用顺序阀或行程开关实现顺序动作回路。

2. 实训器材

（1）液压实验台，1 台。

（2）换向阀（阀芯机能 "O"），1 只。

（3）顺序阀，2 只。

（4）液压缸，2 只。

（5）接近开关及其支架，2 只。

（6）溢流阀，1 只。

（7）四通油路过渡底板，3 个。

（8）压力表（量程：10 MPa），2 只。

（9）泵站，1 套。

（10）油管，若干。

3. 液压原理

液压系统原理如图 5-4-1 所示，电气控制如图 5-4-2 所示。

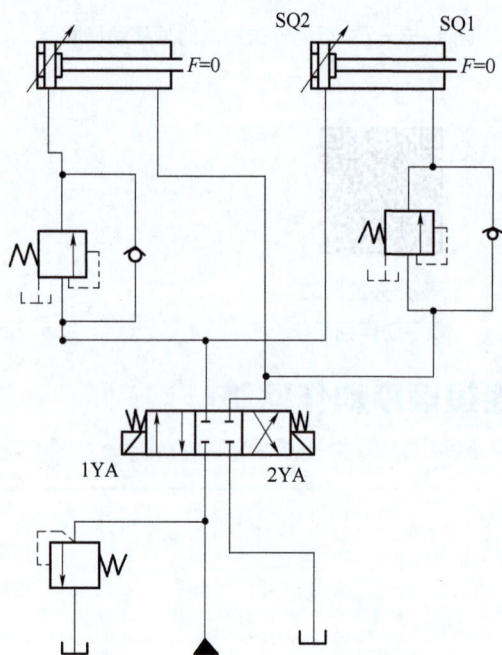

图 5-4-1 顺序阀控制的顺序
动作回路液压原理

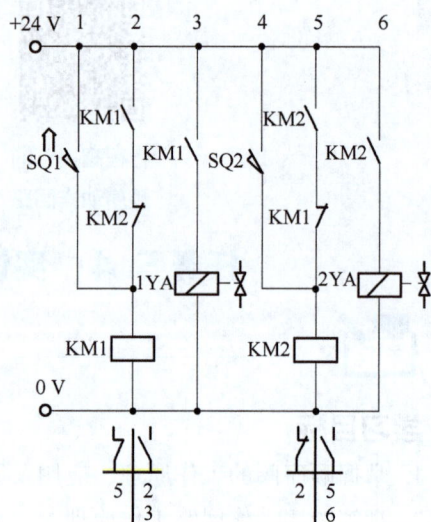

图 5-4-2 顺序阀控制的顺序
动作回路电气控制

4. 实训步骤

（1）根据实训内容，设计实训所需的回路，所设计的回路必须经过认真检查，确保正确无误。

（2）按照检查无误的回路要求，选择所需的液压元件。

（3）将检验好的液压元件安装在插件板的适当位置，通过快速接头和软管按照回路要求，把各个元件连接起来（包括压力表）（注：并联油路可用多孔油路板）。

（4）将电磁阀及行程开关与控制线连接。

（5）按照原理图，确认安装连接正确后，旋松泵出口自行安装的溢流阀。经过检查确认正确无误后，再启动油泵，按要求调压。

（6）系统溢流阀做安全阀使用，不得随意调整。

（7）根据回路要求，调节顺序阀，使液压油缸左右运动速度适中。

（8）实训完毕后，应先旋松溢流阀手柄，然后停止油泵工作。经确认回路中压力为 0 后，取下连接油管和元件，归类放入规定的抽屉中或规定地方。

5. 技术评价

顺序动作回路技术评价项目见表 5 - 4 - 1。

表 5 - 4 - 1　顺序动作回路技术评价项目

序号	评价项目	配分	得分	备注
1	能否分析实训原理并正确选择实训元件	5		
2	液压管路布局是否合理	5		
3	液压管路连接是否正确	5		
4	电气控制线连接是否正确	5		
5	能否用继电器控制实现实训动作要求	15		
6	能否用 PLC 或组态王实现动作要求	15		
7	能否正确编写或叙述本实训步骤	5		
8	能否独立设计类似回路并写出工作原理	10		
9	能否正确接通电源和启动电动机	5		
10	能否正确停止电动机和断开电源	5		
11	能否正确拆卸各实训元件	5		
12	实训元件是否归类放置，摆放整齐	5		
13	实训工具摆放是否符合要求	5		
14	文明生产	10		
合计		100		

6. 参考实训

参考图 5 - 4 - 3，同学们可以自行组装。

7. 顺序回路仿真

图 5 - 4 - 4 为顺序阀控制的顺序动作回路仿真截图，同学们可以自行练习。

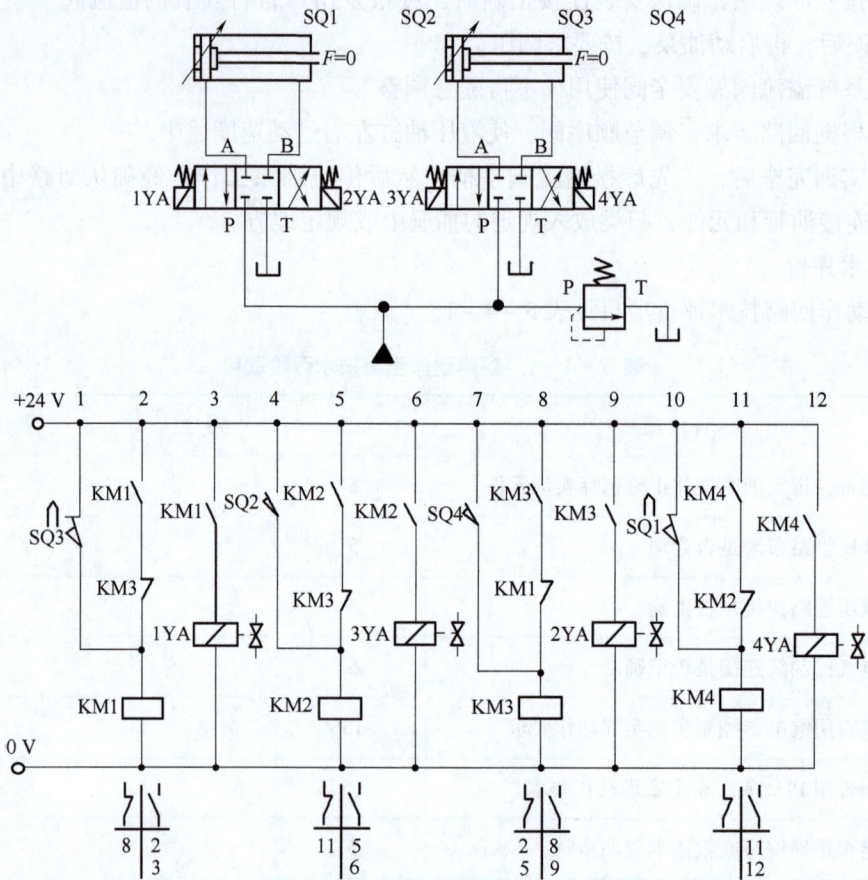

图 5-4-3　行程开关控制的顺序动作回路液压及电路原理

图 5-4-4　顺序阀控制的顺序动作回路仿真截图

任务5.5 同步及互不干扰动作回路

学习目标

1. 掌握几种同步回路的工作原理及特点应用。
2. 了解互不干扰回路的特点及应用。
3. 根据液压回路原理图正确组装同步回路,能进行故障分析与排除。

学习过程

学习网络教学资源,同步回路实习,PPT演示回路原理。

同步回路的功用是使系统中多个执行元件克服负载、摩擦阻力、泄漏、制造质量和结构变形上的差异,而保证在运动上的同步。同步运动分为速度同步和位置同步两类。速度同步是指各执行元件的运动速度相等,而位置同步是指各执行元件在运动中或停止时都保持相同的位移量。实现多缸同步动作的方式有多种,它们的控制精度和价格也相差很大,实际中要根据系统的具体要求,进行合理的设计。

5.5.1 用流量控制阀的同步回路

图5-5-1 (a) 的调速阀同步回路中,在两个并联液压缸的进 (回) 油路上分别串接一个单向调速阀,仔细调整两个调速阀的开口大小,控制进入两液压缸或自两液压缸流出的流量,可使它们在一个方向上实现速度同步。这种回路结构简单,但调整比较麻烦,同步精度不高,不宜用于偏载或负载变化频繁的场合。

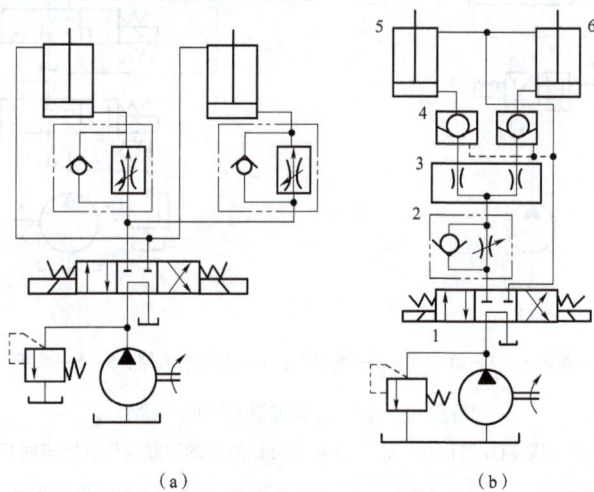

(a)　　　　　　　　　　　　　　　　(b)

1—三位四通电磁换向阀;2—单向节流阀;3—分流集流阀;4—液控单向阀

图5-5-1 用流量控制阀的同步回路

(a) 调速阀同步回路;(b) 分流集流阀同步回路

图 5-5-1（b）的分流集流阀同步回路中，采用分流集流阀 3（同步阀）代替调速阀来控制两液压缸的进入或流出的流量，分流集流阀具有良好的偏载承受能力，可使两液压缸在承受不同负载时仍能实现速度同步。回路中的单向节流阀 2 用来控制活塞的下降速度，液控单向阀 4 是防止活塞停止时因两缸负载不同而通过分流阀的内节流孔窜油。由于同步作用靠分流阀自动调整，使用较为方便，但效率低，压力损失大，不宜用于低压系统。

5.5.2 串联液压缸同步回路

图 5-5-2（a）中，将有效工作面积相等的两个液压缸串联起来实现两缸同步，这种回路允许较大偏载，因偏载造成的压差不影响流量的改变，只导致微量的压缩和泄漏，因此同步精度较高，回路效率也较高。这种情况下泵的供油压力至少是两缸工作压力之和。由于制造误差、内泄漏及混入空气等因素的影响，经多次行程后，将积累为两缸显著的位置差别。为此，回路中应具有位置补偿装置，如图 5-5-2（b）所示。当两缸活塞同时下行时，若液压缸 5 活塞先到达行程端点，则挡块压下行程开关 S1，电磁铁 3YA 得电，换向阀 3 左位接入回路，压力油经换向阀 3 和液控单向阀 4 进入液压缸 6 上腔，进行补油，使其活塞继续下行到达行程端点；如果液压缸 6 活塞先到达端点，行程开关 S2 使电磁铁 4YA 得电，换向阀 3 右位接入回路，压力油进入液控单向阀 4 的控制腔，打开液控单向阀 4，液压缸 5 下腔与油箱接通，使其活塞继续下行到达行程端点，从而消除积累误差。

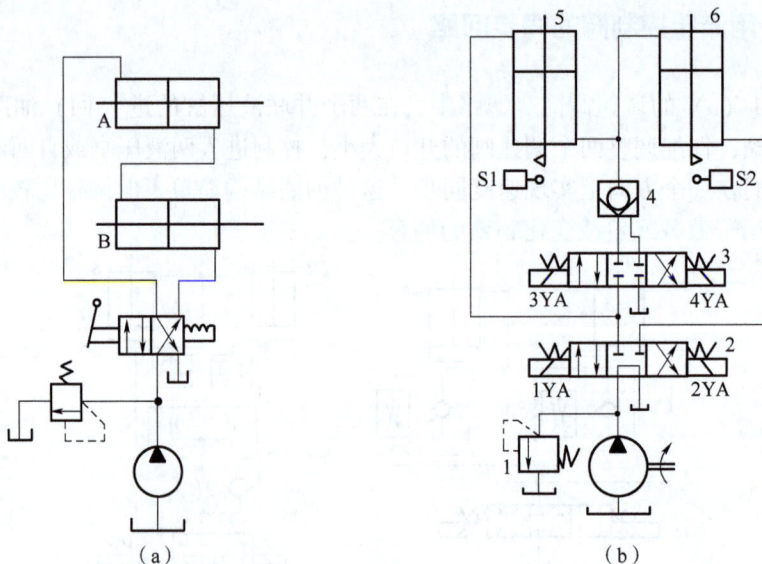

1—溢流阀；2—换向阀；3—换向阀；4—液控单向阀；5,6—液压缸

图 5-5-2　串联液压缸同步回路
（a）串联液压缸同步回路；（b）带补偿装置的串联液压缸同步回路

5.5.3 机械连接式同步回路

两液压缸可通过刚性构件、齿轮齿条副或连杆机构等机械连接实现同步运动。图 5 - 5 - 3 便是利用齿轮齿条副将两液压缸的活塞杆连接在一起，使两缸双向同步运动的。该回路工作可靠，结构简单，但如果两液压缸之间的负载差别较大，而连接刚性又较小时，则会因偏载而造成活塞杆的卡死，故只适用于同步缸距离近且偏载较小的场合。

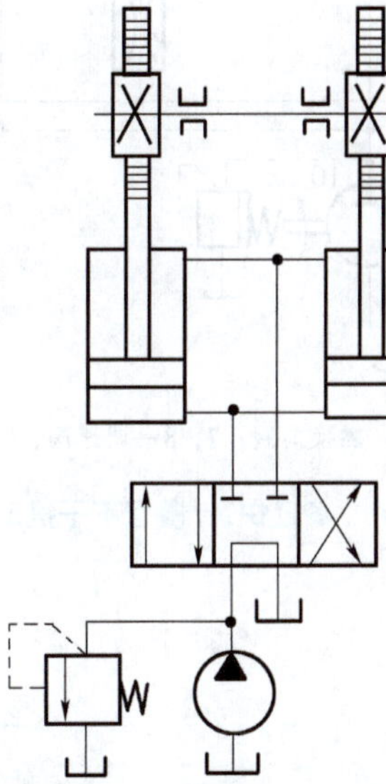

图 5 - 5 - 3 机械连接式同步回路

5.5.4 多执行元件互不干扰动作回路

多执行元件互不干扰动作回路的功用是使系统中几个执行元件在完成各自工作循环时彼此互不影响。图 5 - 5 - 4 为通过双泵供油来实现多缸快、慢速互不干扰的回路。液压缸 1 和 2 各自要完成"快进—工进—快退"的自动工作循环。当电磁铁 1YA、2YA 得电，两缸均由大流量泵 10 供油，并做差动连接实现快进。如果液压缸 1 先完成快进动作，挡块和行程开关使电磁铁 3YA 得电，1YA 失电，大泵进入液压缸 1 的油路被切断，而改为小流量泵 9 供油，由调速阀 7 获得慢速工进，不受液压缸 2 快进的影响。当两液压缸均转为工进、都由小流量泵 9 供油后，若液压缸 1 先完成了工进，挡块和行程开关使电磁铁 1YA、3YA 都得电，液压缸 1 改由大流量泵 10 供油，使活塞快速返回。

这时液压缸 2 仍由小流量泵 9 供油继续完成工进，不受液压缸 1 影响。当所有电磁铁都失电时，两液压缸都停止运动。此回路采用快、慢速运动由大、小流量泵分别供油，并由相应的电磁换向阀进行控制的方案来保证两缸快慢速运动互不干扰。

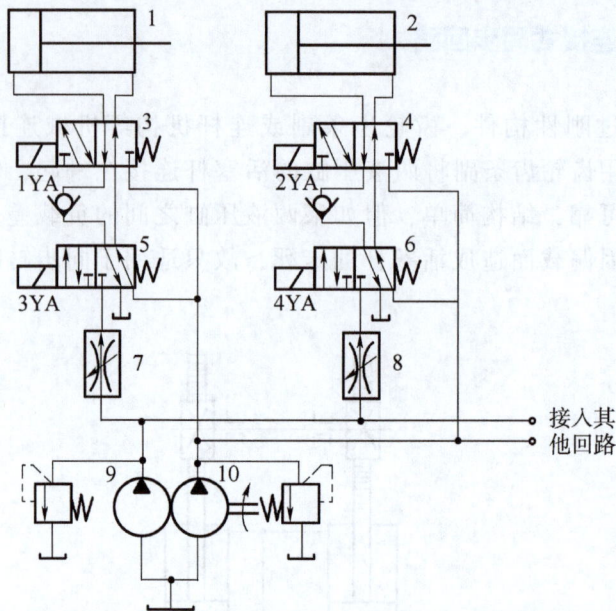

1，2—液压缸；3，4，5，6—电磁换向阀；7，8—调速阀；9—小流量泵；10—大流量泵

图 5-5-4　多缸快、慢互不干扰动作回路

任务总结与评价

1. 组织小组讨论，各小组推选代表做工作总结，并用 PPT 进行成果展示。

2. 各小组对成果展示做评价。

3. 教师评价与总结。

任务考核习题

一、填空题

1. 减压阀主要用来_____液压系统中某一分支油路的压力，使之获得一个比主系统低的稳定压力。

2. _____阀是利用系统压力变化来控制油路的通断，以实现各执行元件按先后顺序动作的压力阀。

3. 顺序阀的主要特点是：（1）常态下，阀口_____，控制油压力达调定值时，阀口_____；（2）出口接_____，泄油单独接油箱。

4. 将进口压力减至某一需要的出口压力，并依靠介质本身的能量，使出口压力自动保持稳定的是_____。

5. 减压阀和顺序阀都是_____控制阀。

二、选择题

1. 下列说法正确的是（　　）。

A. 减压阀阀口常开　　　　　　　B. 顺序阀阀口常开

C. 溢流阀阀口常开

2. 如某元件需得到比主系统油压高得多的压力时，可采用（　　）。

A. 压力调定回路　　　　　　　　B. 多级压力回路

C. 减压回路　　　　　　　　　　D. 增压回路

3. 在定量液压泵液压系统中，若溢流阀调定压力为 35×10^5 Pa，则系统中减压阀可调的压力范围为（　　）。

A. $0 \sim 35 \times 10^5$ Pa　　　　　　B. $5 \times 10^5 \sim 35 \times 10^5$ Pa

C. $0 \sim 30 \times 10^5$ Pa　　　　　　D. $5 \times 10^5 \sim 30 \times 10^5$ Pa

4. 当减压阀出口压力小于调定值时，（　　）起减压和稳压作用。

A. 仍能　　　　B. 不能　　　　C. 不一定能　　　　D. 不减压但稳压

5. 一级或多级调压回路的核心控制元件是（　　）。

A. 溢流阀　　　　B. 减压阀　　　　C. 压力继电器　　　　D. 顺序阀

6. 要降低液压系统中某一部分的压力时，一般系统中要配置（　　）。

A. 溢流阀　　　　B. 减压阀　　　　C. 节流阀　　　　D. 单向阀

三、判断题

1. 凡液压系统中有减压阀，则必定有减压回路。（　　）

2. 减压阀的主要作用是使阀的出口压力低于进口压力且保证进口压力稳定。（　　）

3. 压力控制阀都是利用油液压力和弹簧力相平衡的原理来进行工作的。（　　）

4. 串联了减压阀的支路，始终能获得低于系统压力调定值的稳定工作压力。（　　）

5. 内控顺序阀利用外部控制油的压力来控制阀芯的移动。（　　）

6. 外控顺序阀阀芯的启闭是利用进油口压力来控制的。（　　）

7. 在液压系统中，减压阀可作背压阀。（　　）

8. 凡液压系统中有顺序阀，则必定有顺序动作回路。（　　）

9. 增压回路的增压比取决于大、小液压缸面积之比。（　　）

10. 两个减压阀（调压值一大一小）串联后，出口压力取决于压力大减压阀。（　　）

四、综合题

1. 溢流阀、减压阀与顺序阀的主要区别有哪些？

2. 试画出溢流阀、减压阀与顺序阀、压力继电器的图形符号。

3. 如题图 5-1 回路，活塞运动时克服负载 $F = 1\,500$ N，活塞面积 $A = 15 \times 10^{-4}$ m²，溢流阀调定压力为 $p_y = 4.5$ MPa，两个减压阀的调定压力分别为 $p_{j1} = 3$ MPa，$p_{j2} = 2$ MPa。两个减压阀非工作状态时的压力损失均为 0.2 MPa。不计管路损失，试确定活塞运动或停止在终端位置时，A、B、C 3 点的压力（只写结果即可）。

题图 5-1

4. 题图 5-2 中溢流阀的调定压力为 5 MPa，减压阀的调定压力为 2.5 MPa，设缸的无杆腔面积为 $A = 50\ cm^2$，液流通过单向阀和非工作状态下的减压阀时，压力损失分别为 0.2 MPa 和 0.3 MPa。当负载分别为 0、7.5、30 kN 时，试问：（1）缸能否移动？（2）A、B 和 C 3 点压力数值各为多少？

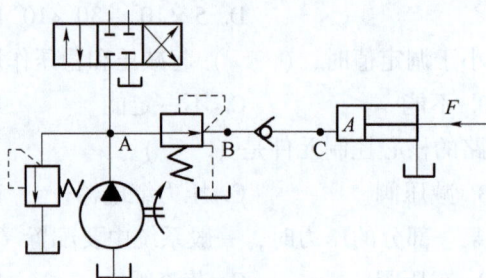

题图 5-2

项目6　YT4543 型动力滑台液压系统

学习目标

1. 能理解流量控制阀的工作原理，正确调整流量控制阀。
2. 能理解各种调速回路。
3. 能掌握速度换接回路的工作原理。
4. 掌握快速运动回路的原理。
5. 能组装差动回路和速度换接回路。
6. 能排除实训过程中的故障。
7. 能对实训过程进行总结。
8. 培养坚定信心、同心同德，埋头苦干、奋勇前进的实干精神。

大国重器——
"探索 4500"自主
水下机器人

工作情境描述

组合机床是一种高效专用机床，它由通用部件和部分专用部件组成，工艺范围广，自动化程度高，在成批大量生产中得到广泛的应用。 液压动力滑台是组合机床上用以实现进给运动的一种通用部件，其运动是靠液压系统驱动的。 根据加工要求，滑台台面上可设置动力箱、多轴箱或各种用途的切削头等工作部件，以完成钻、扩、铰、镗、刮、倒角、铣和攻螺纹等工序。 它对液压系统性能的主要要求是速度换接平稳、进给速度稳定、功率利用合理、发热小、效率高。

现以 YT4543 型动力滑台（图 6-0-1）为例分析其液压系统的工作原理和特点。 学生接受任务，制订工作计划，熟练掌握流量控制阀的工作原理，掌握各种调速回路及速度换接回路的原理，对速度换接回路进行组装，同时对整个实训过程进行总结。 工作过程中遵循工作现场 7S 管理规范。

图 6-0-1　YT4543 型动力滑台

任务6.1 流量控制阀

6.1.1 流量控制阀概述

（1）流量控制阀的作用：流量控制阀的功用是通过改变阀口通流面积的大小或通道长短来改变液阻，从而实现对执行元件（液压缸或液压马达）的运动速度（或转速）的调节和控制。简言之：调节流量，控制速度。

（2）流量控制阀是节流调速系统中的基本调节元件。在定量泵供油的节流调速系统中，必须将流量控制阀与溢流阀配合使用，以便将多余的流量流回油箱。

（3）流量控制阀的分类：常用的流量阀有节流阀和调速阀两种。

6.1.2 节流阀

节流阀是结构最简单应用最广泛的流量控制阀，经常与溢流阀配合组成定量泵供油的各种节流调速回路或系统。节流阀可以与单向阀等组成单向节流阀、单向行程节流阀等复合阀。

1. 节流阀的构造

节流阀结构如图6-1-1（a）所示。主要部件如下：

（1）调节手轮——改变阀芯轴向位置，从而改变流量。

（2）推杆——配合调节手轮改变阀芯轴向位置。

（3）阀芯——圆柱形，带轴向三角槽，三角槽起节流作用。

（4）弹簧——回位作用。

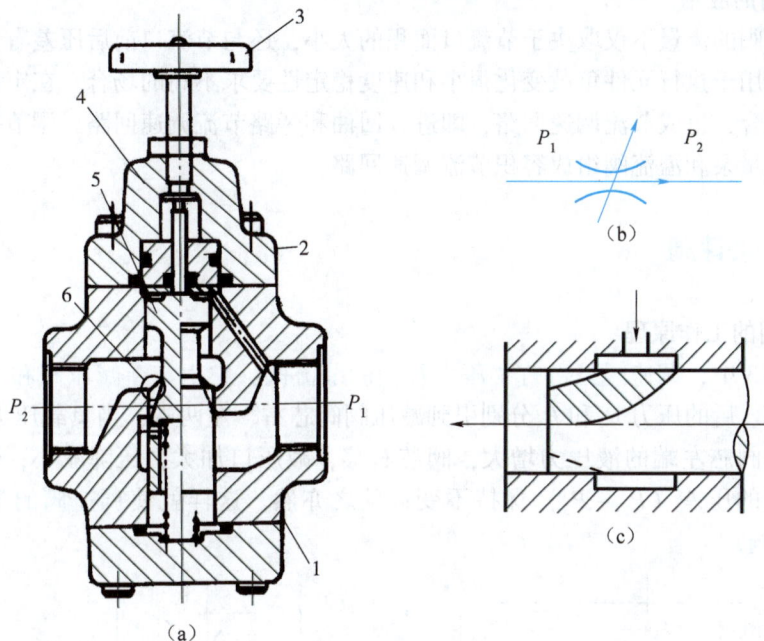

节流阀

1—阀体；2—导套；3—调节手轮；4—顶盖；5—阀芯；6—节流口

图6-1-1 节流阀

(a) 结构；(b) 职能符号；(c) 阀口结构

2. 节流阀的工作原理

节流阀的孔口形状为轴向三角槽式。油液从进油口进入，经阀芯上的三角槽节流口，从出油口流出。调节手柄可通过推杆使阀芯轴向移动，改变节流口的通流面积来调节流量。进口油液通过弹簧腔径向小孔和阀体上斜孔同时作用在阀芯的上、下端，使阀芯两端液压力平衡，即使在高压下工作，也能轻便地调节阀口开度。为保证流量稳定，节流口的理想形式是薄壁孔，但薄壁孔加工困难，实际中常用的节流口形式如图6-1-2所示。

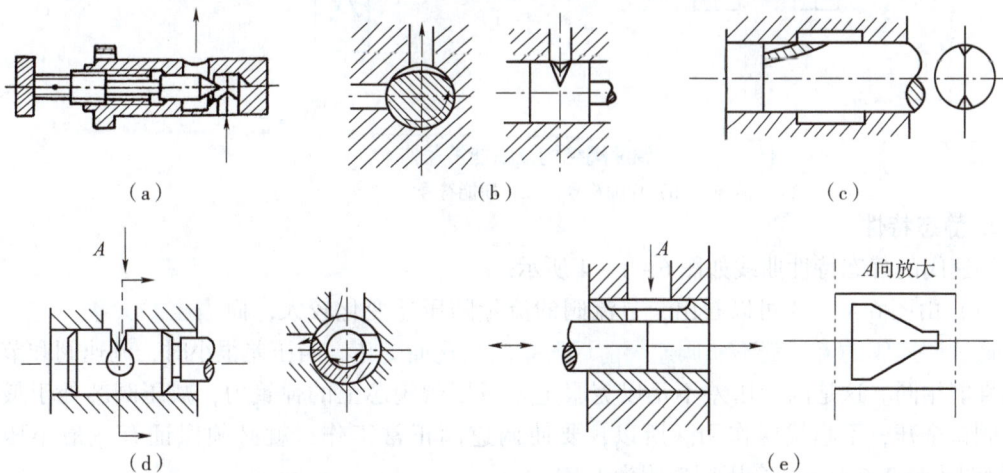

图6-1-2 节流口形式

(a) 针阀式；(b) 偏心式；(c) 轴向三角槽式；(d) 周向缝隙式；(e) 轴向缝隙式

3. 节流阀的应用

由于节流阀的流量不仅取决于节流口面积的大小，还与节流口前后压差有关，且阀的刚度小，故只适用于执行元件负载变化很小和速度稳定性要求不高的场合。在定量泵液压系统中与溢流阀配合，组成节流调速回路，即进、回油和旁路节流调速回路，调节执行元件的速度；或者与变量泵和溢流阀组成容积节流调速回路。

6.1.3 调速阀

1. 调速阀的工作原理

图 6-1-3 中，调速阀是进行了压力补偿的节流阀，它由定差减压阀和节流阀串联而成。节流阀前、后的压力 P_2 和 P_3 分别引到减压阀阀芯右、左两端，当负载压力 P_3 增大，于是作用在减压阀芯左端的液压力增大，阀芯右移，减压口加大，压降减小，使 P_2 也增大，从而使节流阀的压差（$P_2 - P_3$）保持不变；反之亦然。这样就使调速阀的流量恒定不变（不受负载影响）。

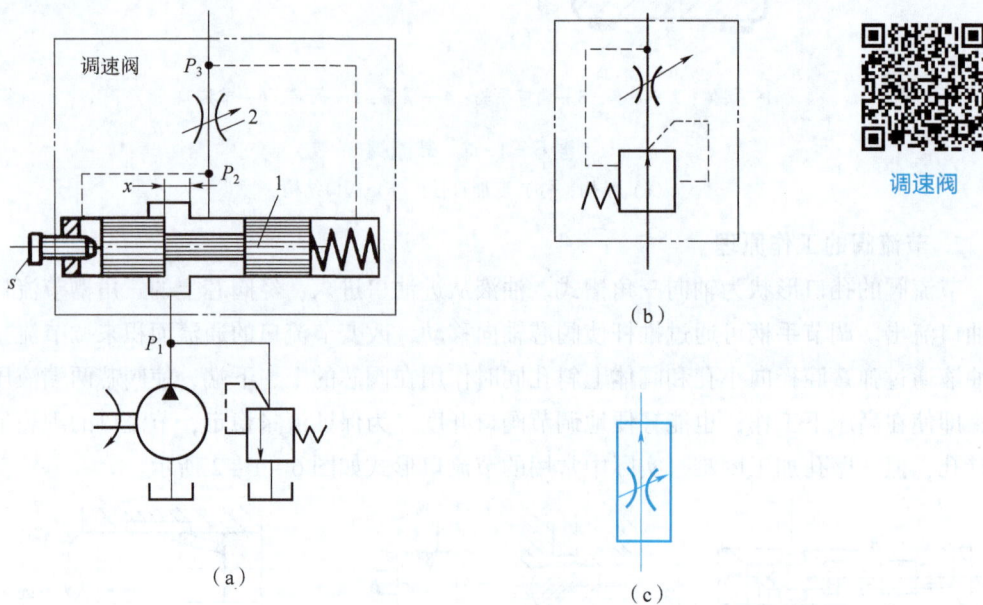

图 6-1-3　调速阀结构及职能符号
(a) 结构；(b) 详细符号；(c) 职能符号

2. 静态特性

调速阀的静态特性曲线如图 6-1-4 所示。

（1）由图 6-1-4 可以看出，节流阀的流量随压差变化较大，而当压差大于一定数值后，通过调速阀的流量就不随调速阀前后压差的变化而变化。当压差很小时，调速阀和节流阀的性能相同。这是因为压差不足以克服定差减压阀阀芯上的弹簧力，减压阀芯处于最右端，阀口全开，不起减压作用。所以，要使调速阀正常工作，就必须保证有一最小压差（一般调速阀 0.5 MPa，高压调速阀为 1 MPa）。

（2）节流阀的流量 q 随负载（ΔP）变化，故执行元件的速度不稳定。

（3）调速阀的流量 q 不随负载（ΔP）变化，故执行元件的速度基本维持稳定。

（4）调速阀装在进油路上，回油路上或旁油路上都可以达到改善速度负载特性使速度稳定性最高的目的。

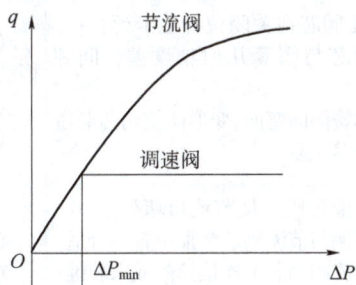

图6-1-4 调速阀的静态特性曲线

3. 温度补偿调速阀

为了使调速阀的流量控制精度更进一步提高，可在结构上采取温度补偿措施，这种阀称为温度补偿调速阀，它也是由减压阀和节流阀两部分组成。节流阀部分如图6-1-5所示，其特点是节流阀的推杆（即温度补偿杆）由热膨胀系数较大的材料（如聚氯乙烯塑料）制成，当油温升高时，推杆热膨胀使节流阀口关小，正好能抵消由于黏性降低时导致的流量增加的影响。

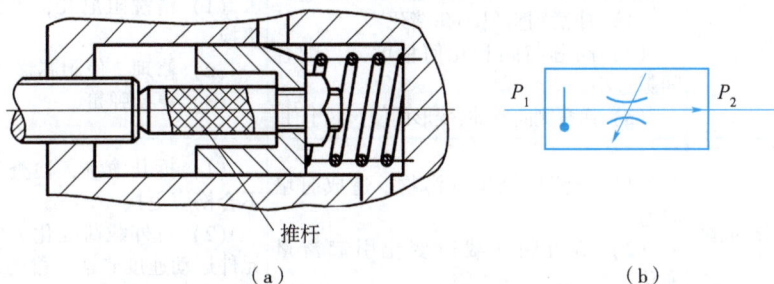

图6-1-5 温度补偿调速阀的节流阀
（a）结构；（b）职能符号

4. 调速阀的应用

调速阀的应用与普通节流阀相似，即与定量泵、溢流阀配合，组成节流调速回路；与变量泵配合，组成容积节流调速回路等。与普通节流阀不同的是：调速阀应用于负载变化大、速度稳定性要求较高的小功率场合。各种组合机床、车、铣床等设备的液压系统常用调速阀调速。

6.1.4 流量控制阀常见故障及排除方法

流量控制阀常见故障及排除方法见表6-1-1。

表6 -1 -1　流量控制阀常见故障及排除方法

故障现象	原因分析		排除方法
调整节流阀手柄无流量变化	压力补偿阀不动作	压力补偿阀芯在关闭位置上卡死： （1）阀芯与阀套几何精度差，间隙太小 （2）弹簧侧向弯曲、变形而使阀芯卡住 （3）弹簧太弱	（1）检查精度，修配间隙达到要求，移动灵活 （2）更换弹簧 （3）更换弹簧
	节流阀故障	（1）油液过脏，使节流口堵死 （2）手柄与节流阀芯装配位置不合适 （3）节流阀阀芯上连接掉落或未装键 （4）节流阀阀芯因配合间隙过小或变形而卡死 （5）调节杆螺纹被脏物堵住，造成调节不良	（1）检查油质，过滤油液 （2）检查原因，重新装配 （3）更换键或补装键 （4）清洗，修配间隙或更换零件 （5）拆开清洗
	系统未供油	换向阀阀芯未换向	检查原因并排除
执行元件运动速度不稳定（流量不稳定）	压力补偿阀故障	压力补偿阀阀芯工作不灵敏： （1）阀芯有卡死现象 （2）补偿阀的阻尼小孔时堵时通 （3）弹簧侧向弯曲、变形，或弹簧端面与弹簧轴线不垂直	（1）修配，使阀芯移动灵活 （2）清洗阻尼孔，若油液过脏应更换 （3）更换弹簧
		压力补偿阀阀芯在全开位置上卡死： （1）补偿阀阻尼小孔堵死 （2）阀芯与阀套几何精度差，配合间隙过小 （3）弹簧侧向弯曲、变形而使阀芯卡住	（1）清洗阻尼孔，若油液过脏，应更换 （2）修理，使阀芯移动灵活 （3）更换弹簧
	节流阀故障	（1）节流口处积有污物，造成时堵时通 （2）节流阀外载荷变化引起流量变化	（1）拆开清洗，检查油质，若油质不合格应更换 （2）对外载荷变化大的或要求执行元件运动速度非常平稳的系统，应改用调速阀
	油液品质劣化	（1）油温过高，造成通过节流口的流量变化 （2）带有温度补偿的流量控制阀的补偿杆敏感性差，已损坏 （3）油液过脏，堵死节流口或阻尼孔	（1）检查温升原因，降低油温，并控制油温在要求范围内 （2）选用对温度敏感性强的材料作补偿杆，坏的应更换 （3）清洗，检查油质，不合格的应更换
	单向阀故障	在带单向阀的流量控制阀中，单向阀的密封性不好	研磨单向阀，提高密封性
	管路振动	（1）系统中有空气 （2）由于管路振动使调定的位置发生变化	（1）应将空气排净 （2）调整后用锁紧装置锁住
	泄漏	内泄和外泄使流量不稳定，造成执行元件工作速度不均匀	消除泄漏，或更换元件

任务 6.2　液压马达

学习目标

1. 对比液压泵，理解液压马达工作原理。
2. 会画液压马达职能符号。
3. 对比液压泵，理解液压马达的性能参数。

学习过程

学习网络教学资源，用 PPT 演示液压马达的工作原理。

6.2.1　液压马达的特点及分类

液压马达是把液体的压力能转换为机械能的装置，从原理上讲，液压泵可以作液压马达用，液压马达也可作液压泵用。但事实上，同类型的液压泵和液压马达虽然在结构上相似，两者的工作情况却不同，使得两者在结构上也有某些差异。

（1）液压马达一般需要正、反转，所以在内部结构上应具有对称性，而液压泵一般是单方向旋转的，没有这一要求。

（2）为了减小吸油阻力及径向力，液压泵的吸油口一般比出油口的尺寸大；而液压马达低压腔的压力稍高于大气压力，所以没有上述要求。

（3）液压马达要求能在很宽的转速范围内正常工作，因此，应采用液动轴承或静压轴承。因为当马达速度很低时，若采用动压轴承，就不易形成润滑滑膜。

（4）叶片泵依靠叶片跟转子一起高速旋转而产生的离心力使叶片始终贴紧定子的内表面，起封油作用，形成工作容积。若将其当马达用，必须在液压马达的叶片根部装上弹簧，以保证叶片始终贴紧定子内表面，以便马达能正常启动。

（5）液压泵在结构上需保证具有自吸能力，而液压马达就没有这一要求。

（6）液压马达必须具有较大的启动扭矩。所谓启动扭矩，就是马达由静止状态启动时，马达轴上所能输出的扭矩，该扭矩通常大于在同一工作压差时处于运行状态下的扭矩，所以，为了使启动扭矩尽可能接近工作状态下的扭矩，要求马达扭矩的脉动小、内部摩擦小。

由于液压马达与液压泵具有上述不同的特点，使得很多类型的液压马达和液压泵不能互逆使用。

液压马达按其额定转速分为高速和低速两大类，额定转速高于 500 r/min 的属于高速液压马达，额定转速低于 500 r/min 的属于低速液压马达。高速液压马达的基本型式有齿轮式、螺杆式、叶片式和轴向柱塞式等。它们的主要特点是转速较高、转动惯量小，便于启动和制动，调速和换向的灵敏度高。通常高速液压马达的输出转矩不大（仅几十 N·m 到几百 N·m），所以又称为高速小转矩液压马达。

低速液压马达的基本型式是径向柱塞式，例如单作用曲轴连杆式、静压平衡式和多作用内曲线式等。低速液压马达的主要特点是排量大、体积大、转速低（有时可达每分种几转甚至零点几转），因此可直接与工作机构连接，不需要减速装置，使传动机构大为简化，通常低速液压马达输出转矩较大（可达几千 N·m 到几万 N·m），所以又称为低速大转矩液压马达。

液压马达也可按其结构类型分类，可以分为齿轮式、叶片式、柱塞式和其他型式。

6.2.2 液压马达的职能符号

液压马达的职能符号如图 6-2-1 所示。

图 6-2-1 液压马达的职能符号

（a）定量液压马达；（b）双向定量液压马达；（c）变量液压马达；（d）双向变量液压马达

6.2.3 液压马达的主要性能参数

在液压马达的各项性能参数中，压力、排量、流量等参数与液压泵同类参数有相似的含义，其差别在于：在液压泵中它们是输出参数，在液压马达中则是输入参数。

液压马达的主要参数是输出转矩和转速

转矩（N·m）: $$T = \Delta p V_m \eta_m / 2\pi \tag{6-1}$$

转速: $$n = q_v \eta_v / V_m \tag{6-2}$$

式中 Δp ——液压马达进出口压差，Pa；

$\quad\quad q_v$ ——液压马达实际流量，m^3/s；

$\quad\quad V_m$ ——液压马达的排量，m^3/r；

$\quad\quad \eta_m$ ——液压马达的机械效率；

$\quad\quad \eta_v$ ——液压马达的容积效率。

6.2.4　液压马达的工作原理

1. 齿轮式液压马达

图 6-2-2 中，齿轮式液压马达为了适应正、反转要求，进、出油口相等，在结构上具有对称性，有单独外泄油口将轴承部分的泄漏油引出壳体外；为了减少启动摩擦力矩，采用滚动轴承；为了减少转矩脉动，齿轮液压马达的齿数比泵的齿数要多。

齿轮式液压马达由于密封性差，容积效率较低，输入油压力不能过高，不能产生较大转矩，并且瞬间转速和转矩随着啮合点的位置变化而变化，因此齿轮式液压马达仅适合于高速小转矩的场合。一般用于工程机械、农业机械及对转矩均匀性要求不高的机械设备上。

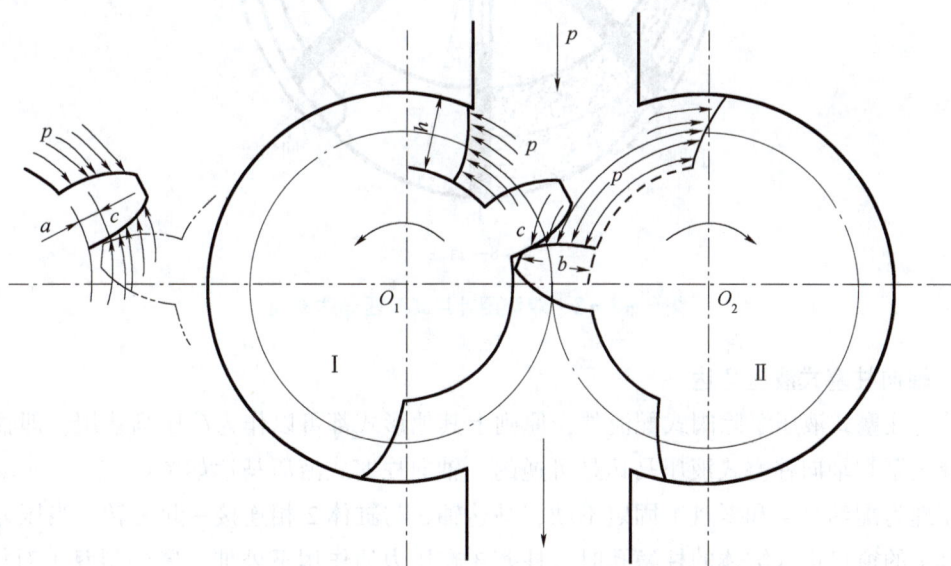

图 6-2-2　齿轮式液压马达工作原理

2. 叶片式液压马达

图 6-2-3 中，由于压力油作用，受力不平衡使转子产生转矩。叶片式液压马达的输出转矩与液压马达的排量和液压马达进出油口之间的压力差有关，其转速由输入液压马达的流量大小来决定。因为液压马达一般都要求能正、反转，所以叶片式液压马达的叶片要径向放置。为了使叶片根部始终通有高压油，在回、压油腔通入叶片根部的通路上应设置单向阀。为了确保叶片式液压马达在压力油通入后能正常启动，叶片底部通有高压油，必须使叶片顶部和定子内表面紧密接触，以保证良好的密封。在叶片根部应设置预紧弹簧，将叶片推出，保证启动时叶片顶部与定子的内表面紧密接触，以防高低压腔连通。

叶片式液压马达体积小、转动惯量小、动作敏捷，可适用于换向频率较高的场合，但泄漏量较大，低速工作时不稳定。因此，叶片式液压马达一般用于转速高、转矩小和动作要求敏捷的场合。

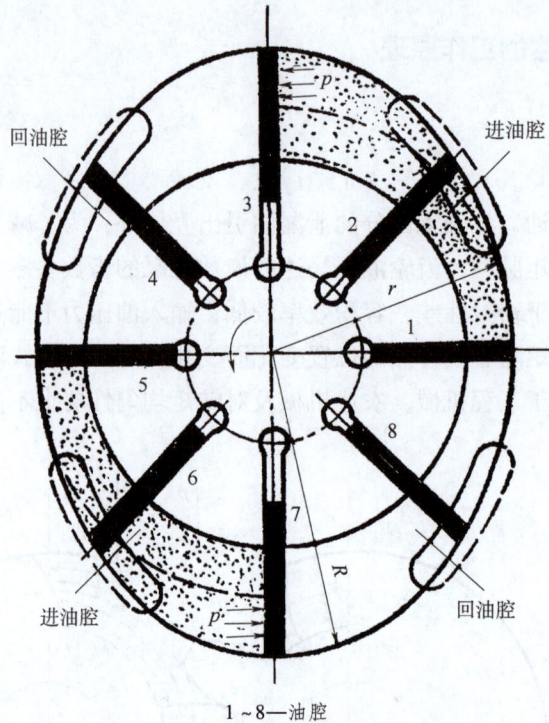

1~8—油腔

图6-2-3 双作用叶片式液压马达原理

3. 轴向柱塞式液压马达

轴向柱塞式液压泵除阀式配流外，原则上其他形式都可以作为液压马达用，即轴向柱塞式液压泵和轴向柱塞式液压马达是可逆的。轴向柱塞式液压马达如图6-2-4所示。其工作原理为配油盘4和斜盘1固定不动，马达轴5与缸体2相连接一起旋转。当压力油经配油盘4的窗口进入缸体的柱塞孔时，柱塞3在压力油作用下外伸，紧贴斜盘1对柱塞3产生一个法向反力 F，此力可分解为轴向分力 F_x 和垂直分力 F_y。F_x 与柱塞上液压力相平衡，而 F_y 则使柱塞对缸体中心产生一个转矩，带动马达轴逆时针趋势旋转。轴向柱塞马达是变量马达，产生的瞬时总转矩是脉动的。若改变马达压力油输入趋势，则马达轴5按顺时针趋势旋转。斜盘倾角 α 的改变（即排量的变化），不仅影响马达的转矩，而且影响它的转速和转向。斜盘倾角越大，产生转矩越大，转速越低。

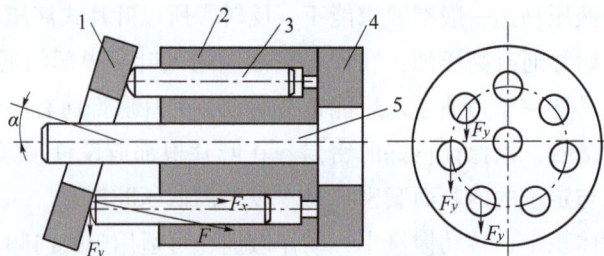

1—斜盘；2—缸体；3—柱塞；4—配油盘；5—马达轴

图6-2-4 轴向柱塞式液压马达工作原理

6.2.5 液压马达的常见故障与排除方法

液压马达的常见故障及排除方法见表 6-2-1。

表 6-2-1 液压马达的常见故障及排除方法

故障现象	产生原因	排除方法
转速低或输出功率不足	液压泵输出流量或压力不足	查明原因，采取相应措施
	液压马达内部泄漏严重	查明泄漏部位和原因，采取密封措施
	液压马达外部泄漏严重	加强密封
	液压马达磨损严重	更换磨损的零件
	液压油黏度不适当	按要求选用黏度适当的液压油
噪声大	进油口堵塞	排除污物
	进油口泄气	拧紧接头
	液压油不洁净，空气混入	加强过滤，排除气体
	液压马达安装不妥	重新安装
	液压马达零件磨损	更换磨损的零件
泄漏	管接头未拧紧	拧紧管接头
	接合面螺钉未拧紧	拧紧螺钉
	密封件损坏	更换密封件
	配油装置发生故障	检修配油装置
	运动件间的间隙过大	重新装配或调整间隙

任务6.3 调速回路

学习目标
1. 掌握各种调速回路的组成及原理。
2. 理解调速回路的优缺点，会选用各种调速回路。

学习过程
用 PPT 演示调速回路的工作原理。

速度控制回路中，调速回路是整个机床液压系统的核心部分，它直接影响能否完成机床对液压系统提出的工况要求。调速回路必须满足以下要求。

（1）能在工作部件所需的最大和最小的速度范围内灵敏地实现无级调速。

（2）运动部件的运动速度稳定，运动速度不随负载变化而变化，或在允许的范围内变化，速度刚性好。

（3）功率损失小，发热少，效率高。

在液压系统中液压执行元件的主要形式是液压缸和液压马达，它们的工作速度或转速与其输入的流量及其相应的几何参数有关。在不考虑管路变形、油液压缩性和回路各种泄漏因素的情况下液压缸的速度 v 和液压马达的转速 n 存在如下关系。

$$v = \frac{q_v}{A} \tag{6-3}$$

$$n = \frac{q_v}{V_M} \tag{6-4}$$

式中　q_v——输入液压缸或液压马达的流量；

　　　A——液压缸的有效作用面积；

　　　V_M——液压马达的排量。

由上面两式可知，要调节液压缸或液压马达的工作速度（转速），可以改变输入执行元件的流量，也可以改变执行元件的几何参数。对于几何尺寸已经确定的液压缸和定量液压马达来说，要想改变其有效作用面积或排量是困难的，因此，一般用改变输入液压缸或定量液压马达流量大小的办法来对其进行调速；对变量液压马达来说，既可采用改变输入流量的办法来调速，也可采用在输入流量不变的情况下改变马达排量的办法来调速。液压系统的调速方法有以下 3 种。

（1）节流调速，即采用定量液压泵供油，由流量阀调节进入执行元件的流量来调节速度。

（2）容积调速，即采用变量液压泵改变输出流量或改变液压马达的排量来实现调速。

（3）容积节流调速，即联合采用变量液压泵和流量阀来调节速度，又称为联合调速。

6.3.1　节流调速回路

当液压系统采用定量液压泵供油，且液压泵的转速基本不变时，液压泵输出的流量 q_p 基本不变，其与负载的变化和速度的调节无关。要想改变输入液压执行元件的流量 q_1，就必须在泵的出口处并接一条装有溢流阀的支路，将液压执行元件工作时的多余流量 $\Delta q = q_p - q_1$，经过溢流阀或流量控制阀流回油箱，这种调速方式称为节流调速回路。它主要由定量泵、执行元件、流量控制阀（节流阀、调速阀等）和溢流阀等组成，其中流量控制阀起流量调节作用，溢流阀起调定压力（溢流时）或过载安全保护（关闭时）作用。

定量泵节流调速回路根据流量控制阀在回路中安放位置的不同分为进油节流调速、回油节流调速、旁路节流调速 3 种基本形式；回路中的流量控制阀可以采用节流阀或调速阀进行控制，因此这种调速回路有多种形式。

1. 采用节流阀的进油节流调速回路

将节流阀串联在液压泵和液压缸之间，用它来控制进入液压缸的流量达到调速目的，为进油节流调速回路，如图 6-3-1 所示。因为溢流阀处在溢流状态，定量液压泵出口的压力 p_p 为溢流阀的调定压力，且基本保持定值，与液压缸负载的变化无关，所以这种调速回路也称为定压节流调速回路。

图 6 - 3 - 1　进油节流调速回路

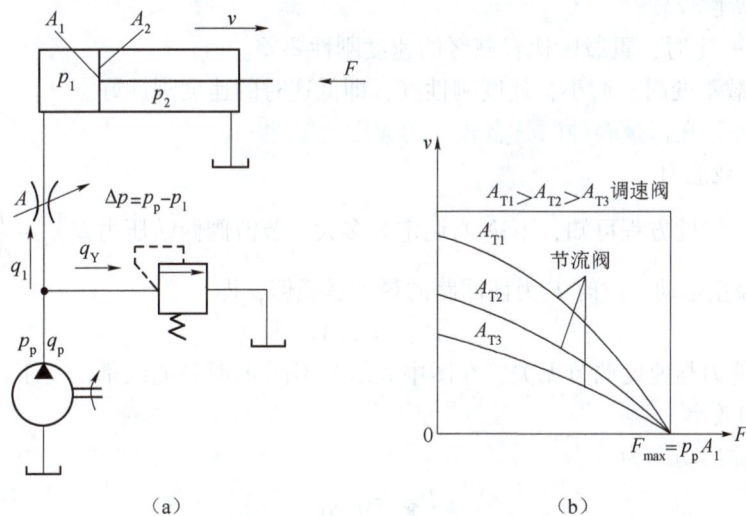

（a）示意图；（b）速度负载特性曲线

1）速度负载特性

在图 6 - 3 - 1 的进油节流调速回路中，q_p 为液压泵的输出流量，q_1 为流经节流阀进入液压缸的流量，q_Y 为流经溢流阀的流量，p_1 和 p_2 为液压缸无杆腔和有杆腔的工作压力，由于进油调速回路中，缸回油腔与油箱相通，$p_2 = 0$，p_p 为泵的出口压力即溢流阀调定压力，A_1 和 A_2 为液压缸两腔作用面积，A_T 为节流阀通流面积，C 为节流阀阀口的液阻系数，F 为负载力。于是可得到方程：

$$p_1 = \frac{F}{A_1} \tag{6-5}$$

当溢流阀有溢流时，节流阀前的压力由溢流阀调定为恒定值 p_p，节流阀前后的压力差为

$$\Delta p = p_p - p_1 = p_p - \frac{F}{A_1} \tag{6-6}$$

通过节流阀进入缸内的流量为

$$q_1 = CA_T \Delta p^\varphi = CA_T \left(p_p - \frac{F}{A_1} \right)^\varphi \tag{6-7}$$

式中　φ——由孔的长径比决定的指数，取 0.5。

则液压缸的速度为

$$v = \frac{q_1}{A} = C\frac{A_T}{A} \left(p_p - \frac{F}{A_1} \right)^\varphi \tag{6-8}$$

这就是进油节流调速回路的速度负载特性方程。由此可见，液压缸速度 v 与节流阀通流面积 A_T 成正比。调节 A_T 可以实现无级调速，调速范围较大。选择不同的 A_T 值作 v—F 坐标曲线，可得该回路的速度负载特性曲线，如图 6 - 3 - 1（b）所示。速度负载特性曲线表明速度随负载而变化的规律，曲线越陡，说明负载变化对速度的影响越大，即速度刚性越差。曲线越平缓，刚性越好。因此从速度负载特性曲线可知：

（1）当节流阀通流面积 A_T 不变时，缸的运动速度 v 随负载 F 增大而减小，因此这种回

路的速度负载特性较软。

（2）当 A_T 一定时，重载区比轻载区的速度刚性要差。

（3）当负载不变时，A_T 小，速度刚性好，即低速时的速度刚性好。

因此，该回路在低速轻载时具有较好的速度稳定性。

2）最大承载能力

由速度负载特性方程可知，不论 A_T 调定为多大，节流阀两端压力差 $p_p - \dfrac{F}{A_1} = 0$ 时，速度为 0，液压缸停止运动。此时 F 为该回路的最大承载值，即

$$F_{\max} = p_p A_1 \tag{6-9}$$

最大承载能力与速度调节无关，在图中表示为不同 A_T 时各曲线都汇交于一点。

3）功率和效率

液压泵的输出功率为

$$P_{泵} = p_p q_p \tag{6-10}$$

液压缸的输出功率为

$$P_{缸} = p_1 q_1 \tag{6-11}$$

回路的功率损失为

$$\Delta P = P_{泵} - P_{缸} = p_p q_p - p_1 q_1 = p_p(q_1 + q_Y) - (p_p - \Delta p)q_1 = p_p q_Y + \Delta p q_1 \tag{6-12}$$

即

$$\Delta P = p_p q_Y + \Delta p q_1 = \Delta P_{溢} + \Delta P_{节} \tag{6-13}$$

可见，该调速回路的功率损失由两部分组成，即溢流损失 $\Delta P_{溢}$ 和节流损失 $\Delta P_{节}$。

回路的效率为

$$\eta = \frac{P_{缸}}{P_{泵}} = \frac{p_1 q_1}{p_p q_p} = \frac{Fv}{p_p q_p} \tag{6-14}$$

由于存在两部分功率损失，工进时泵的大部分流量溢流，因此进油节流调速回路的效率较低，尤其在低速轻载时，效率更低。低效率导致温升和泄漏增加，进一步影响了速度的稳定性。

可见，进油节流调速回路适用于轻载、低速、负载变化不大和对速度稳定性要求不高的小功率液压系统。

2. 回油节流调速回路

在执行元件的回油路上设置一个流量阀，即构成回油节流调速回路。图 6-3-2 为采用节流阀的回油节流调速回路。用节流阀调节液压缸的回油流量，也就间接地控制了进入液压缸的流量，从而实现调速。定量液压泵多余油液通过溢流阀回油箱。回油节流调速回路为定压节流调速回路。

回油节流调速回路与进油节流调速回路在速度负载特性、最大承载能力、功率损失及效率方面有相似的特点，读者可以自行分析。

3. 进油与回油节流调速回路的比较

（1）承受负值负载的能力。负值负载是指外负载作用力的方向和执行元件运动方向相同的负载。回油节流调速回路中缸回油腔有一定的背压力，在有负值负载时，背压能阻止缸的前冲，即该回路能在负值负载下工作；而进油路节流调速回路由于回油腔没有背压，因而不能在负值负载下工作。

回油节流回路

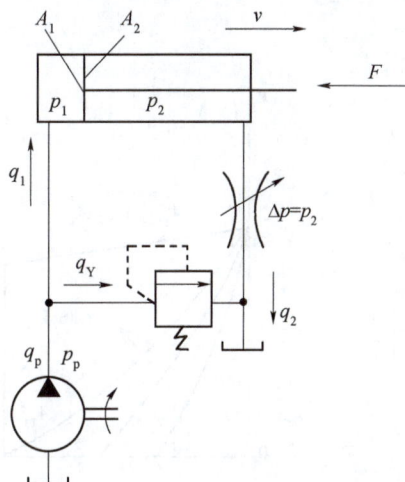

图6-3-2　回油节流调速回路

（2）**运动平稳性**。回油节流调速回路由于回油路上始终存在背压，可有效地防止空气从回油路吸入，因而低速时不易爬行，高速时不易颤振，即运动平稳性好。

（3）**油液发热对泄漏的影响**。进油节流调速回路中通过节流阀的热油液直接进入液压缸，会使缸的泄漏增加；而回油节流调速回路油液经节流阀温升后直接回油箱，经冷却后再进入系统，对系统泄漏影响相对较小。

（4）**压力信号的提取与程序控制的方法**。进油节流调速回路的进油腔压力随负载同步变化，当工作部件碰到死挡铁停止运动后，其压力将升至溢流阀调定压力，可直接利用系统工作压力升高提取压力信号作为控制顺序动作的指令信号。在回油节流调速回路中，回油腔压力随负载变化反向变化，工作部件碰上死挡铁后其压力将下降至0，只能利用压力降低提取信号。因此，在采用死挡铁定位的节流调速回路中，压力继电器应并联安装在流量控制阀与液压缸工作腔之间。

（5）**启动性能**。回油节流调速回路中若停车时间较长，液压缸回油腔的油液会泄漏回油箱，重新启动时因背压不能立即建立，将会引起启动瞬间工作机构的前冲现象。

为了提高节流调速回路的综合性能，实际中一般采用进油节流调速回路，并在其回油路上串接背压阀（溢流阀、顺序阀或装有硬弹簧的单向阀），使其兼具两种回路的优点。

综上所述，采用节流阀的进油、回油节流调速回路结构简单、价格低廉，但负载变化对速度的影响较大，低速、小负载时的回路效率较低，因此该调速回路适用于负载变化不大、低速、小功率的调速场合，如磨床的进给系统中。

4. 旁路节流调速回路

将流量阀安装在与液压泵并联的旁油路上，即构成旁路节流调速回路。图6-3-3为采用节流阀的旁路节流调速回路，用节流阀调节液压泵流回油箱的流量，从而控制了进入液压缸的流量，即可实现调速。回路中的溢流阀在正常情况下是关闭的，过载时才打开，其调定压力为回路最大工作压力的1.1~1.2倍。

液压泵的供油压力 p_p 将随负载压力变化，不是一个定值，因此这种调速回路也称为变压节流调速回路。

（a）　　　　　　　　　　　　　　　　（b）

q_T—流经节流阀的流量。

图6-3-3　旁路节流调速回路

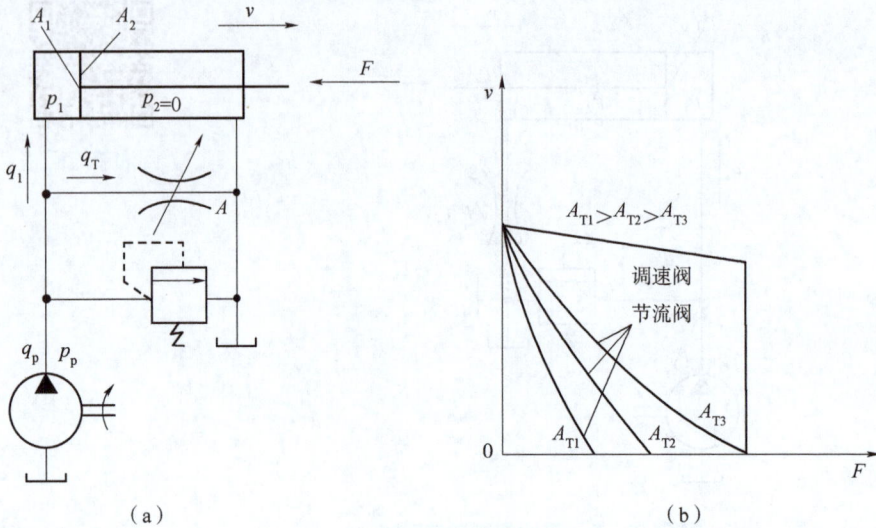

（a）示意图；（b）速度负载特性曲线

　　旁路节流调速回路只有节流损失，没有溢流损失，因而其功率损失比前两种调速回路小，效率高。这种调速回路一般用于速度较高、重载、调速范围不大、对速度稳定性要求不高的较大功率场合。如牛头刨床主运动系统、输送机械液压系统、大型拉床液压系统、龙门刨床液压系统等。

5. 改善节流调速回路速度负载特性的措施

　　采用节流阀的节流调速回路速度刚性差，主要是由于负载力的变化会造成节流阀前后压差的变化，即使节流阀通流面积 A_T 没有变化，也会引起通过节流阀的流量发生变化。在负载变化较大而又要求速度稳定时，这种调速回路无法满足要求。如果在节流调速回路中用调速阀代替节流阀，回路的负载特性将大为提高。

　　由于调速阀能在负载变化引起调速阀进、出口压力差变化的情况下，保证调速阀中节流阀节流口两端的压差基本不变，如果此刻不改变调速阀开度大小，负载的变化对通过调速阀的流量几乎没有影响，因而回路的速度刚性有较大提高。采用调速阀的进、回油和旁路节流调速回路的速度负载特性曲线如图6-3-1（b）和图6-3-3（b）所示。

　　在一定的负载变化范围内，当调速阀开口面积一定时，无论负载怎样变化，回路的速度都基本不变，即速度只与阀的开度有关；需要指出的是，该回路速度刚性的提高是通过降低回路效率而得到的，即通过牺牲一部分回路的效率来换取了回路速度刚性的提高。为了保证调速阀在回路最大负载下也能够正常工作，必须保证此时调速阀两端的最小压差大于一定数值（一般中、低压调速阀正常工作的最小压差为 0.5 MPa，高压调速阀正常工作的最小压差为 1 MPa），使调速阀中定差减压阀此时仍能起到压力补偿作用。在压差小于上述值时，调速阀调速回路和节流阀调速回路的负载特性相同。因为要保证调速阀正常工作的最小压差比节流阀的大，所以采用调速阀的节流调速回路的功率损失比采用节流阀的节流调速回路要大一些。

6.3.2　容积调速回路

容积调速回路是通过改变液压泵或液压马达排量，使液压泵的全部流量直接进入执行元件来调节执行元件的运动速度。由于容积调速回路中没有流量控制元件，回路工作时液压泵与执行元件（液压马达或液压缸）的流量完全匹配，这种回路没有溢流损失和节流损失，回路的效率高、发热少，适用于大功率液压系统。

容积调速回路按其油路循环的方式不同，分为开式循环回路和闭式循环回路两种形式。回路工作时，液压泵从油箱中吸油，经过回路工作以后的热油流回油箱，使热油在油箱中停留一段时间，达到降温、沉淀杂质、分离气泡之目的，这种油路循环的方式称为开式循环，开式循环回路结构简单、散热性能较好，但结构相对较松散、空气和脏物容易侵入系统，会影响系统的工作。回路工作时，管路中的绝大部分油液在系统中被循环使用，只有少量的液压油通过补油液压泵从油箱中吸油进入到系统中，实现系统油液的降温、补油，这种油路循环的方式称为闭式循环，闭式循环回路的结构紧凑、回路的封闭性能好，空气与脏物较难进入，但回路的散热性能较差，要配有专门的补油装置进行泄漏补偿，置换掉一些工作的热油，以维持回路的流量和温度平衡。

根据液压泵与液压马达（缸）的组合不同，容积调速回路分为变量液压泵—定量液压马达（液压缸）式调速回路、定量液压泵—变量液压马达式调速回路、变量液压泵—变量液压马达式调速回路 3 种形式。

1. 变量液压泵—液压缸式容积调速回路

图 6 - 3 - 4 中，回路正常工作时，溢流阀 2 不溢流，起限压保护作用，无溢流损失和节流损失，发热少，系统效率较高，溢流阀 6 为背压阀，提高系统在随负值负载时的稳定性。该回路适用于工程机械、矿山机械和大型机床等大功率液压系统，如推土机、插床、拉床等。

2. 变量液压泵—定量液压马达式容积调速回路

图 6 - 3 - 5 为变量泵定量马达容积调速回路。溢流阀 3 作为安全阀使用，防止回路过载；为了补充变量泵 1 和定量液压马达 2 的泄漏量，增加了补油泵 4 和溢流阀 5；溢流阀 5调节补油泵的补油压力，而且可置换部分发热油液，降低系统温升。该回路的调速方式又称恒转矩调速，通过调节变量液压泵的流量可以调节马达的转速。

液压马达的输出转矩 T 和输出转速 n 表达式为

$$T_马 = \frac{p_泵 V_马}{2\pi} \tag{6-15}$$

$$n_马 = \frac{q_泵}{V_马} \tag{6-16}$$

3. 定量液压泵—变量液压马达式容积调速

图 6 - 3 - 6 中，该回路中变量液压马达的调速可以通过改变自身的排量来实现，但是如果马达排量 $V_马$ 过小，输出转矩 T 会很小，将带不动负载，造成液压马达"自锁"，所以该调速回路的调速范围较小。一般很少单独使用。

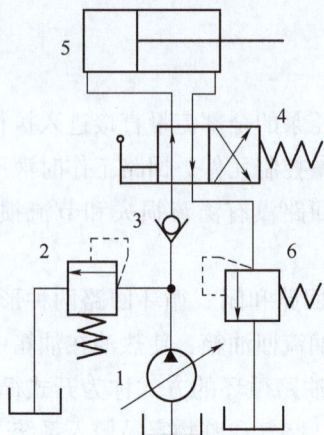

1—变量泵；2—溢流阀；3—单向阀；
4—手动换向阀；5—液压缸；6—背压阀

图6-3-4 变量液压泵—液压
缸式容积调速回路

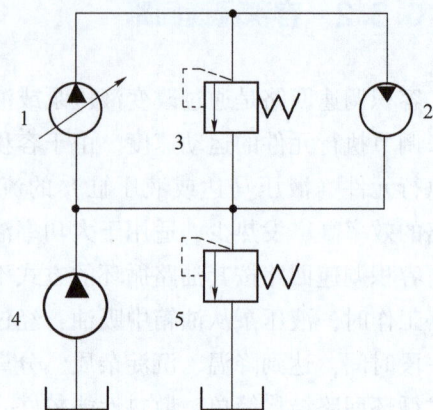

1—变量泵；2—定量液压马达；
3,5—溢流阀；4—补油泵

图6-3-5 变量液压泵—定量液压
马达式容积调速回路

4. 变量液压泵—变量液压马达式容积调速回路

图6-3-7中，双向变量液压泵和双向变量液压马达的容积节流调速回路。液压泵和液压马达排量均可调，既扩大了调速范围，又扩大了对马达转矩和功率输出特性的选择。如一般工作部件在低速时要求有较大的转矩，高速时能提供较大的输出功率，采用这种回路恰好可以达到这个要求。这时可分两步进行调速。

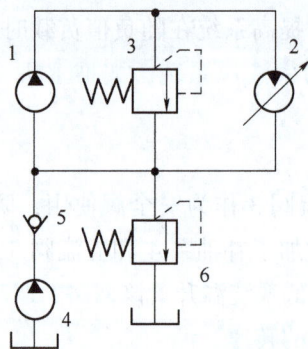

1—定量泵；2—变量马达；3,6—溢流阀；
4—补油泵；5—单向阀

图6-3-6 定量液压泵—变量液压
马达式容积调速回路

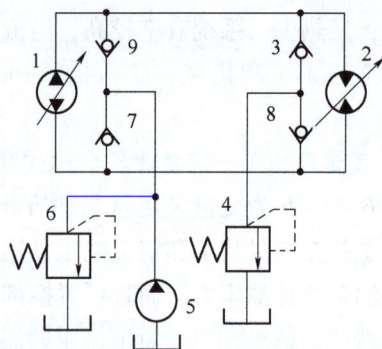

1—变量泵；2—变量马达；3,7,8,9—单向阀；
4,6—溢流阀；5—补油泵

图6-3-7 变量液压泵—变量液压
马达式容积调速回路

（1）固定液压马达排量为最大，从小到大调节液压泵的排量，升高液压马达转速。

（2）固定液压泵排量为最大，从大到小调节液压马达的排量，进一步提高液压马达转速。

回路的调速范围较大，是变量液压泵和变量液压马达调速范围的乘积，其传动比一般可以达到 100。这种调速回路常用于机床主运动、纺织机械、矿山机械和移动式工程机械中，以获得较大的调速范围。

6.3.3　容积节流调速回路

容积节流调速回路采用压力补偿型变量液压泵供油，用流量控制阀调节进入或流出液压缸的流量来调节其运动速度，并使变量泵的输油量自动与液压缸所需流量相适应，因此它同时具有节流调速和容积调速回路的共同优点。这种调速回路工作时只有节流损失，回路的效率较高；回路的调速性能取决于流量阀的调速性能，与变量泵泄漏无关，因此回路的低速稳定性比容积调速回路好。

1. 定压式变量叶片泵和调速阀的容积调速回路

图 6-3-8（a）中，快进时，变量泵以最大流量（变量泵处于最大排量）通过二位二通换向阀 4 的左位向执行元件液压缸供油，在调速特性曲线上工作在 AB 段。

工进时，缸内压力使压力继电器 5 发出电信号，接通电磁铁 1YA，换向阀 4 断开所在油路，压力油必须经过调速阀 3 进入液压缸。液压缸的运动速度由调速阀开口面积 A_T 控制。在调速阀口关小的瞬间，$q_泵 > q_1$，使液压泵出口处压力上升，由于压力反馈作用，定子与转子的偏心距 e 减小，自动处于新的平衡状态，液压泵的流量自动减小到调速阀的调定流量 q_1（进入缸的流量）；反之，开大调速阀口的瞬间，$q_泵 < q_1$，泵出口压力降低，定子与转子间偏心距 e 增大，泵流量自动增加。可见，调速阀不仅使进入液压缸内的流量保持恒定，而且还使液压泵的输出流量与进入液压缸的流量相适应，保持相对恒定。

图 6-3-8（b）表示出了液压泵的流量压力特性曲线和调速阀某一开口 A_T 下的流量压差关系曲线，两曲线的交点 D 对应的流量（既是液压泵出口流量，又是通过调速阀的流量）为工作流量，压力为泵的工作压力 $p_泵$。当负载变化时，调速阀出口处压力 p_1 变化，调速阀的流量压差关系曲线左右移动，只要 $\Delta p > \Delta p_{min}$，两曲线的交点 D 基本不变，所以此回路的速度稳定性很好。这种调速回路中的调速阀也可以装在回油路上，其调速性能与装在进油路上完全相同。

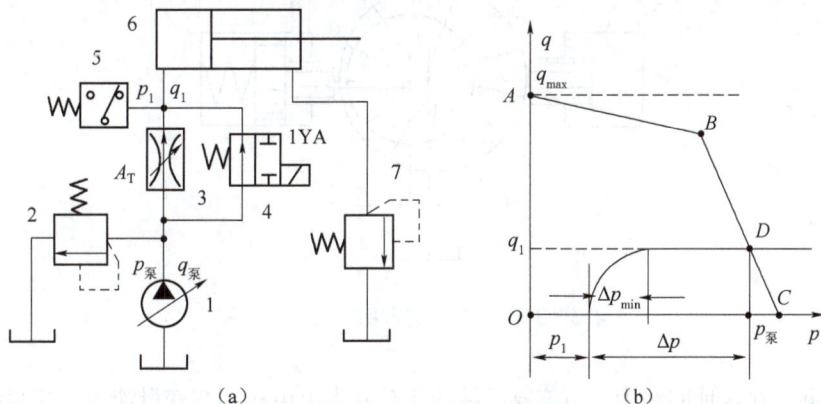

1—液压泵；2—溢流阀；3—调速阀；4—二位二通换向阀；5—压力继电器；6—液压缸；7—背压阀

图 6-3-8　定压式容积节流调速回路
（a）回路图；（b）调速特性

进一步分析，当负载较小时，p_1左移，调速阀前后压力差增大，有较大的节流损失；低速时，液压泵的出口流量减小但压力增大，泄漏相应增加。所以该回路在低速、轻载时其效率较低。

这种回路多用于机床进给系统。

2. 变压式容积节流调速回路

变压式容积节流调速回路采用差压式变量叶片泵供油，通过节流阀来确定进入液压缸或自液压缸流出的流量，不但使变量泵输出的流量与液压缸所需流量自相适应，而且液压泵出口的工作压力能自动跟随负载压力的增减而增减，因此这种回路也称为变压式容积节流调速回路。图6-3-9中，液压泵定子左右两侧各有一个控制缸，节流阀进油口与左、右控制缸腔A、B相通，节流阀出口与右控制缸的腔C相通。液压泵的输出流量经二通换向阀右位进入液压缸左腔，这时A、B、C三处压力相等，液压泵定子在弹簧作用下处于最左端，定子与转子的偏心距e最大，液压泵输出最大流量，实现快进。二通换向阀电磁铁1YA通电后，液压泵出口流量必须经过调定阀口的节流阀进入液压缸，开始时，$q_泵 > q_缸$，泵压升高，即腔A、B内油压升高，克服弹簧力使定子右移，偏心距e减小，$q_泵$下降，直到$q_泵 = q_缸$；若因泄漏使$q_泵 < q_缸$，泵出口压力减小，定子左移，偏心距e增大，泵出口流量增大。

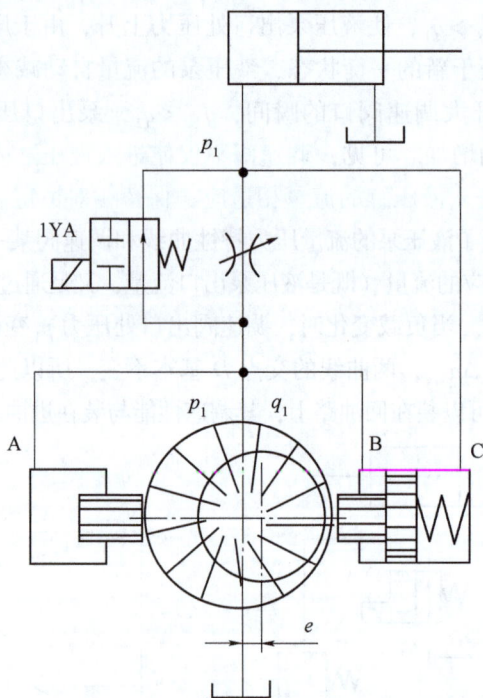

图6-3-9　变压式容积节流调速回路

由此可见，在这种回路中，节流阀两端的压差基本上由作用在变量液压泵控制活塞上的弹簧力和控制活塞面积A来确定，是一个常数，完全能够人为设计确定，与负载无关，这样可以确保节流阀前后的压力差是一个不变的值。因此输入液压缸流量不受负载变化的影响，只和节流阀的开度大小有关。回路能补偿负载变化引起泵的泄漏变化，具有良好的稳速特性。

该回路使用了节流阀，但具有调速阀的特点，节流阀口调定后，进入缸内的流量基本不变，不受负载变化的影响；将流量检测输出压力差信号，反馈作用控制泵的流量，具有补偿泄漏功能，系统效率较高。这种调速回路，特别适用于负载变化较大、对速度负载特性要求较高的场合。

6.3.4　三种调速方法的比较和选择

（1）节流调速回路会因负载变化导致速度变化，采用节流阀调速不但会因油温变化影响流量变化，而且节流口较小时还容易堵塞，影响低速稳定性，节流调速回路的缺点是功率损失大、效率低，只适用于功率较小的液压系统中。

（2）容积调速回路的共同特点是既没有节流损失，又没有溢流损失，回路效率较高；液压泵与液压马达的容积效率随负载压力增大而下降；速度也随负载变化而变化，但与节流调速速度随负载变化的意义不同，容积调速比节流调速的速度刚度要高得多，而且调速范围很大。

（3）容积节流调速回路存在节流损失，所以效率比容积调速回路低，比节流调速回路高；低速稳定性比容积调速回路好。

3种回路调速性能比较见表6-3-1。

表6-3-1　节流调速、容积调速、容积节流调速性能比较

调速方法	节流调速	容积调速	容积节流调速
调整范围	进油、出油节流调速范围（最大工作速度与最小工作速度之比）可达100，旁路节流调速范围较小	变量液压泵调速范围可达20~40；变量液压马达调速范围不超过4，同时用变量液压泵和变量液压马达调速范围可达100	调整范围大
效率	效率低，发热大，功率损失大	因无溢流损失和节流损失，效率高，发热小	效率高
速度负载特性	速度负载特性差	速度负载特性好，负载增加，泄漏增大，对速度也有影响，低速时更为明显	速度负载特性好

任务6.4　快速运动回路

学习目标

1. 掌握各种快速运动回路原理。
2. 能够根据要求正确设计快速运动回路。

学习过程

学习网络教学资源，用PPT演示快速运动回路的工作原理。

许多液压设备都有辅助运动功能，这种运动一般都是空载运动，空载运动的基本特点是速度很快，负载很小，使液压系统处于低压、大流量、小功率的状态。快速运动回路的功用在于：当泵的流量一定，使液压执行元件在获得尽可能大的工作速度同时，能够使液压系统的输出功率尽可能小，实现系统功率的合理匹配。快速运动回路一般采用差动缸、双泵供油、充液增速和蓄能器来实现。

6.4.1 液压缸差动连接快速运动回路

图 6-4-1 中，当三位四通电磁换向阀于左位工作时，二位三通电磁换向阀于左位工作，液压缸有杆腔的回油流量 Δq 和液压泵输出的流量 q_p 合在一起共同进入液压缸无杆腔，使活塞快速向右运动，形成差动。当接近开关感应到信号时，使二位三通电磁换向阀在右位工作，回油经过调速阀，调节调速阀即可控制活塞的前进速度，达到工作要求。

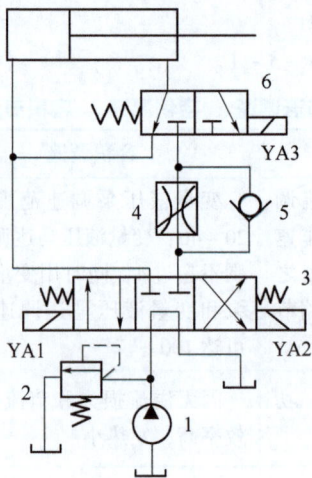

差动回路动画

1—液压泵；2—溢流阀；3—三位四通电磁换向阀；4—调速阀；5—单向阀；6—二位三通电磁换向阀

图 6-4-1 差动连接快速运动回路

这种回路结构简单，应用较多，但由于液压缸的结构限制，液压缸的速度加快有限，有时不能满足快速运动的要求，常常需要和其他方法联合使用。其特点是简单、经济，但快、慢速的转换不够平稳。

6.4.2 双泵供油快速运动回路

采用双泵供油快速运动回路在回路获得很高速度的同时，回路输出的功率较小，使液压系统功率匹配合理。如图 6-4-2，在回路中用低压大流量泵 1 和高压小流量泵 2 组成的双联泵作动力源；外控顺序阀 3（卸荷阀）和溢流阀 7 分别设定双泵供油和小流量泵 2 供油时系统的最高工作压力。换向阀 6 处于右位时，由于空载时负载很小、系统压力很低，如果系统压力低于卸荷阀 3 调定压力，卸荷阀 3 处于关闭状态，低压大流量泵 1 的输出流量顶开单向阀 8，与高压小流量泵 2 的流量汇合实现两个泵同时向系统供油，活塞快速向右运动，此时尽管回路的流量很大，但因为负载很小回路的压力很低，所以回路输出的功率并不大；当换向阀 6 处于图示位置，由于节流阀 5 的节流作用，造成系统压力达到或超过卸荷阀 3 的调定压力，使卸荷阀 3 打开，导致低压大流量泵 1 经过卸荷阀 3 卸荷，单向阀 8 自动关闭，将高压小流量泵 2 与低压大流量泵 1 隔离，只有高压小流量泵 2 向系统供油，活塞慢速向右运动，溢流阀 7 处于溢流状态，保持系统压力基本不变，此时只有高压小流量泵 2 在工作。低压大流量泵 1 卸荷，减少了动力消耗，回路效率较高。其特点是功率利用合理、效率较高，但回路较复杂、成本较高。

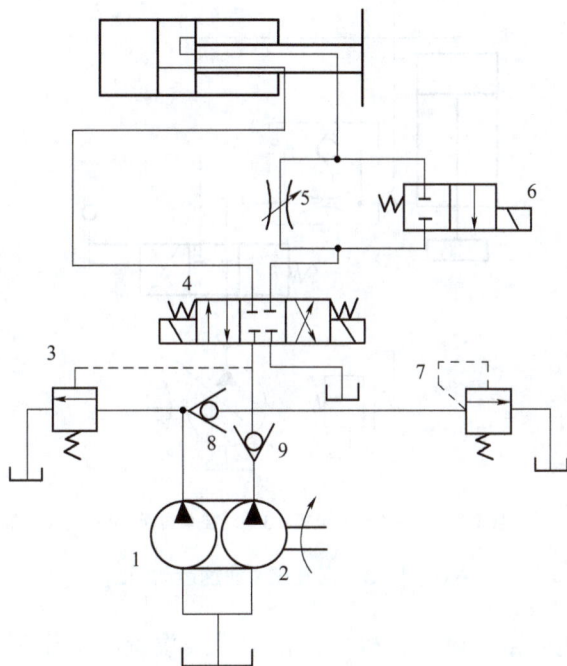

1—低压大流量泵；2—高压小流量泵；3—外控顺序阀；4—三位四通换向阀；5—节流阀；
6—二位二通换向阀；7—溢流阀；8，9—单向阀

图 6 - 4 - 2 双泵供油快速运动回路

6.4.3 充液增速回路

当回路快速运动需要的流量很大时，直接用液压泵供油不经济，这时往往采用从油箱中直接向回路充液补油的方法获得快速运动。

（1）自重充液快速运动回路。这种回路用于垂直运动部件质量较大的液压机系统。如图 6 - 4 - 3，当手动换向阀 1 右位接入回路时，由于运动部件的自重作用，使活塞快速下降，其下降速度由单向节流阀 2 控制。此时因液压泵供油不足，液压缸上腔将会出现负压，此时，安置在机器设备顶部的充液油箱 4 在油液自重和大气压力的作用下，通过液控单向阀（充液阀）3 向液压缸上腔补油；当运动部件接触到工件造成负载增加时，液压缸上腔压力

升高，充液阀 3 关闭，此时只靠液压泵供油，使活塞运动速度降低。回程时，换向阀 1 左位接入回路，压力油进入液压缸下腔，同时打开充液阀 3，液压缸上腔低压回油进入充液油箱 4。为防止活塞快速下降时液压缸上腔吸油不充分，充液油箱常被充压油箱代替，实现强制充液。

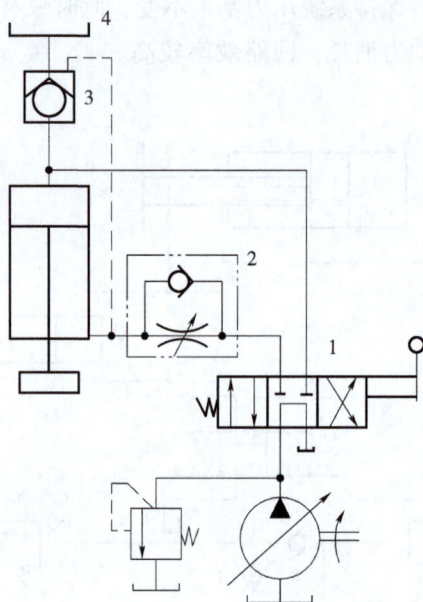

1—手动换向阀；2—单向节流阀；3—液控单向阀；4—充液油箱

图 6-4-3　自重充液快速运动回路

（2）增速缸的增速回路。对于在机器设备中卧式放置的不能利用运动部件自重充液作快速运动的液压缸，可采用增速缸或辅助缸的方案。图 6-4-4 增速缸的增速回路是采用增速缸的快速运动回路。增速缸由活塞缸与柱塞缸复合而成。当换向阀左位接入回路时，压力油经柱塞中间的孔进入到增速缸小腔 1，推动活塞快速向右移动，大腔 2 所需油液由充液阀 3 从油箱吸取，活塞缸右腔的油液经换向阀回油箱，即快速运动时液压泵的全部流量进入到小腔 1 中。当执行元件接触到工件造成负载增加时，回路压力升高，使顺序阀 4 开启，高压油关闭充液阀 3，并进入增速缸大腔 2，活塞转换成慢速运动，且推力增大，即慢速运动时液压泵的流量同时进入到复合缸的大腔 2 和小腔 1 中。当换向阀右位接入回路，压力油进入活塞缸右腔，同时打开充液阀 3，大腔 2 的回油排回油箱，活塞快速向左退回。

（3）采用辅助缸的快速运动回路。如图 6-4-5，当液压泵向成对设置的辅助缸 2 供油时，带动主缸 1 的活塞快速向左运动，主缸 1 右腔由充液阀 3 从充液油箱 4 补油，直至压板触及工件后，油压上升，压力油经顺序阀 5 进入主缸，转为慢速左移。此时主缸和辅助缸同时对工件加压。主缸左腔油液经换向阀回油箱。回程时压力油进入主缸左腔，主缸右腔油液通过充液阀 3 排回充液油箱 4，辅助缸回油经换向阀回油箱。

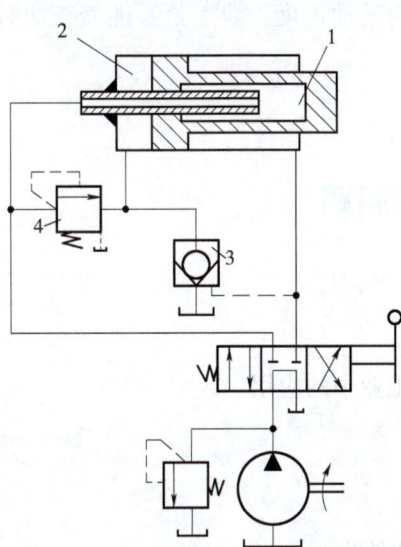

1—小腔；2—大腔；3—充液阀；4—顺序阀

图 6-4-4　增速缸的增速回路

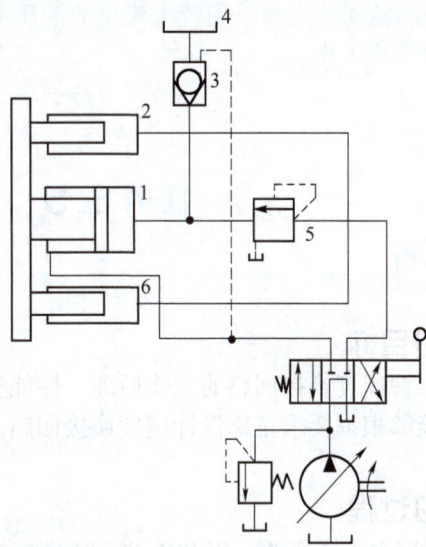

1—主缸；2，6—辅助缸；3—充液阀；4—充液油箱；5—顺序阀

图 6-4-5　采用辅助缸的快速运动回路

6.4.4　采用蓄能器的快速运动回路

对某些间歇工作且停留时间较长的液压设备（如冶金机械），以及某些工作速度存在快、慢两种速度的液压设备（如组合机床），常采用蓄能器和定量液压泵共同组成的回路，如图 6-4-6所示。其中定量液压泵可选较小的流量规格，在系统工作或要求快速运动时，由液压泵和蓄能器同时向系统供油，实现液压缸的快速运动；在系统不需要流量或工作速度很低时，液压泵的全部流量或大部分流量进入蓄能器储存待用，当蓄能器压力升高后，控制顺序卸荷阀 2，打开阀口，使液压泵卸荷。卸荷阀的调定压力必须高于系统快速运动的工作压力。

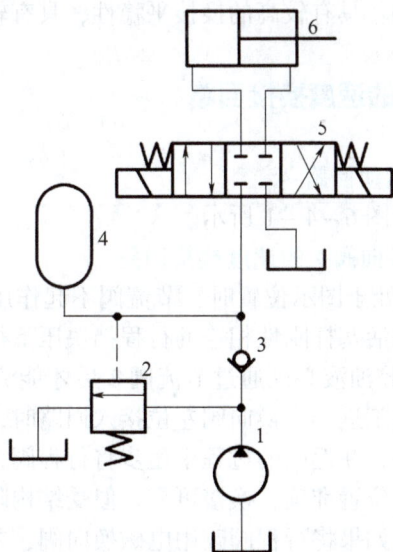

1—液压泵；2—顺序阀卸荷；3—单向阀；4—蓄能器；5—换向阀；6—液压缸

图 6-4-6　采用蓄能器的快速运动回路

这种回路的优点是可用较小流量的液压泵获得较高的运动速度，缺点是蓄能器充油时，液压缸须停止工作。

任务6.5 速度换接回路

学习目标
1. 掌握速度换接回路的工作原理、性能特点及其在工业中的应用。
2. 能够根据要求正确设计速度换接回路。

学习过程
学习网上教学资源，用PPT演示速度换接回路的工作原理。

机械设备上的工作部件在实现自动工作循环的过程中，往往需要有不同的运动速度。例如在机床上，刀具对工件进行的切削加工工作循环为：快速趋近→Ⅰ工作进给→Ⅱ工作进给→快速退回。在这样的工作循环中，刀具首先要快速接近工件，然后以第Ⅰ种工作进给速度（慢速）对工件进行加工，接着又以第Ⅱ种工作进给速度（更慢的速度）对工件进行加工，加工结束后快速退回原位。实现上述要求的工作循环时，刀具的运动速度由快速转为慢速，由慢速又转为更慢的速度，再转为快速运动。为满足这些工作速度的要求，液压系统中设置了速度换接回路进行速度的转换。
(1) 快速运动和工作进给运动的速度换接回路（快速与慢速的换接回路）。
(2) 两种工作进给速度换接回路（两种慢速的换接回路）。
对速度换接回路的要求是：具有较高的换接平稳性，具有较高的速度换接精度。

6.5.1 快—慢速之间的速度换接回路

1. 采用差动连接的快速运动回路
差动连接快速运动回路如图6-4-1所示。
2. 采用行程阀（或电磁换向阀）的速度换接回路
如图6-5-1，当换向阀处于图示位置时，节流阀不起作用，液压缸活塞处于快速运动状态，当快进到预定位置，与活塞杆刚性相连的行程挡块压下行程阀1（二位二通机动换向阀），行程阀关闭，液压缸右腔油液必须通过节流阀2后才能流回油箱，回路进入回油节流调速状态，活塞运动转为慢速工进。当换向阀左位接入回路时，压力油经单向阀3进入液压缸右腔，使活塞快速向左返回，在返回的过程中逐步将行程阀1放开。这种回路速度切换过程比较平稳，冲击小，换接点位置准确，换接可靠。但受结构限制，行程阀安装位置不能任意布置，管路连接较为复杂。如果将行程阀改用电磁换向阀，并通过行程挡块压下电气行程开关来操纵电磁换向阀，也可实现快慢速度之间的换接，这种方式由于不需要用行程挡块直接碰行程阀，电磁换向阀的安装灵活、油路连接方便，但速度换接的平稳性、可靠性和换接精度相对较差。

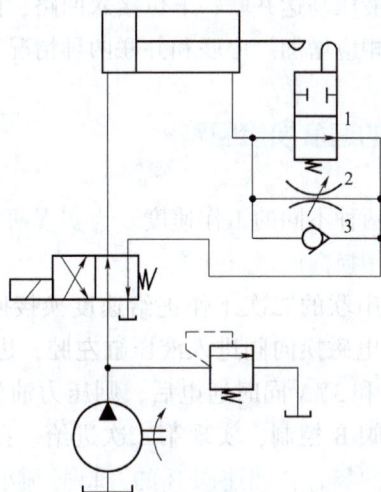

1—行程阀；2—节流阀；3—单向阀

图 6-5-1 行程阀速度换接回路

3. 液压马达串、并联双速换接回路

在液压驱动的行走机械中，根据路况往往需要两挡速度：平地时为高速行驶，上坡时为低速大转矩行驶。采用两个液压马达或串联、或并联，以达到上述目的。图 6-5-2 (a) 为液压马达并联换接回路，两液压马达 1、2 与主轴刚性连接在一起（一般为同轴双排柱塞式液压马达），手动换向阀 3 左位工作时，压力油只驱动液压马达 1，液压马达 2 空转；手动换向阀 3 右位时，液压马达 1 和 2 并联。若两液压马达排量相等，并联时进入每个液压马达的流量减少一半，转速相应降低一半，而转矩增加一倍。手动换向阀 3 实现液压马达速度的切换，不管阀处于何位，回路的输出功率相同。图 6-5-3 (b) 为液压马达串、并联换

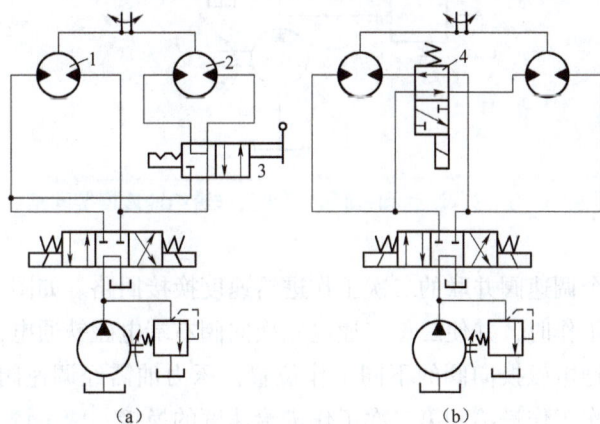

1，2—液压马达；3—手动换向阀；4—电磁换向阀

图 6-5-2 液压马达双速换接回路

(a) 液压马达并联换接回路；(b) 液压马达串、并联回路

接回路。用二位四通电磁换向阀4使两液压马达串联或并联来实现快慢速切换。二位四通电磁换向阀4上位接入回路，两液压马达并联；下位接入回路，两液压马达串联。串联时为高速；并联时为低速，输出转矩相应增加。串联和并联两种情况下回路的输出功率相同。

6.5.2　两种慢速之间的速度换接回路

一些机器设备工作时需要两种不同的工作速度。为实现两次不同的工作速度，常用两个调速阀串联或并联在油路中，用换向阀进行切换。

图6-5-3为两个调速阀串联的二次工作进给速度换接回路。当电磁铁1YA通电时，压力油经调速阀A和二位二通电磁换向阀进入液压缸左腔，进给速度由调速阀A控制，实现第一次进给；当电磁铁1YA和3YA同时通电后，则压力油先经调速阀A，再经调速阀B进入液压缸左腔，速度由调速阀B控制，实现第二次进给。在这种回路中，它只能用于第二进给速度小于第一进给速度的场合，调速阀B的开口必须小于调速阀A的开口。这种速度换接回路的换接平稳性较好，但回路的压力损失较大。

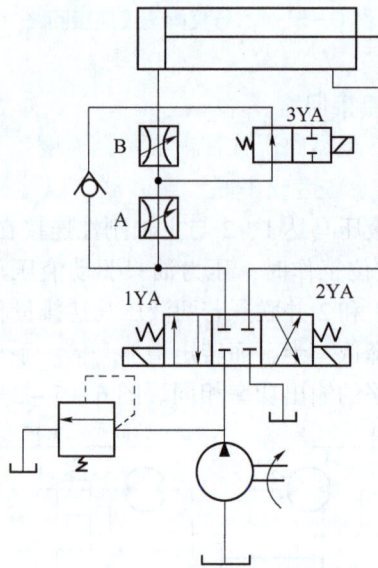

调速阀串联的
速度换接回路

图6-5-3　调速阀串联的二次工作进给速度换接回路

图6-5-4为两个调速阀并联的二次工作进给速度换接回路。如图6-5-4（a），当三位四通换向阀在左位工作时，并使二位二通电磁换向阀右端电磁铁通电，断开二位二通电磁换向阀，根据二位三通电磁换向阀的不同工作位置，压力油需经调速阀A或B才进入液压缸内，便可实现第一次工作进给和第二次工作进给速度的换接。两个调速阀可单独调节，两种速度互不限制。但当一个调速阀工作时，另一调速阀无油通过，后者的减压阀处于非工作状态，其阀口完全打开，一旦换接，油液大量流过此阀，通过该调速阀的流量过大会造成进给部件液压缸突然前冲。若将两调速阀按图6-5-4（b）的方式并联，则可克服液压缸前冲的现象，使速度换接平稳。

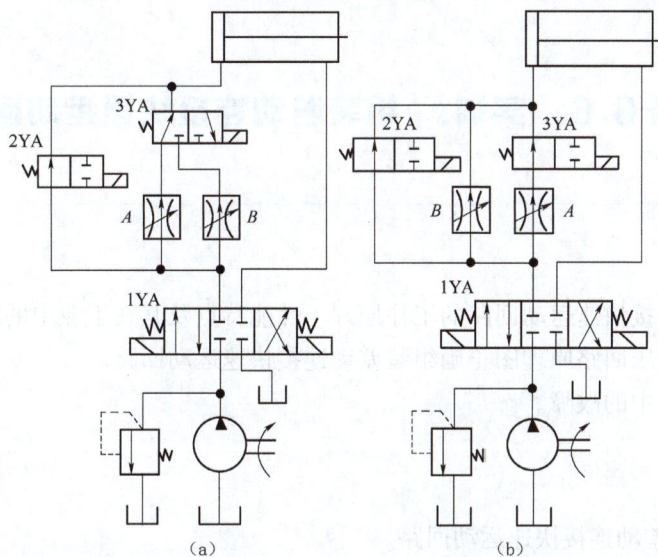

图 6 - 5 - 4　调速阀并联的二次工作进给速度换接回路

（a）液压缸会产生前冲现象；（b）液压缸会克服前冲现象

⊗ 应用拓展

图 6 - 5 - 5 为专用刨削设备刀架运动系统。刀架的往复运动由一个液压缸带动。在按下启动按钮后，液压缸两个工作腔构成差动连接，带动刀架快速靠近工件。当刀架运动到预定位置，开始切削加工，液压缸工作进给。当刀架运动到末端时，液压缸带动刀架高速返回。此时该刀架的运动要求实现空载快速进给—工作进给—快速退回的自动速度换接的工作循环。目的是使不加工时具有较高的运动速度，提高生产效率；加工时有稳定的速度保证加工质量。需要采用速度换接回路。设计该回路。

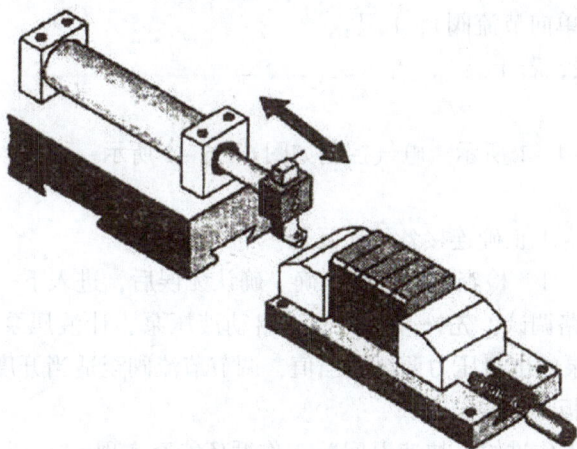

图 6 - 5 - 5　专用刨削设备刀架运动系统

任务6.6　实训：组装差动连接快速运动回路

学习目标
1. 掌握差动连接快速运动回路的工作原理、性能特点及其在工业中的应用。
2. 能够根据液压回路原理图正确组装差动连接快速运动回路。
3. 能解决实习中的故障。

学习过程
4人一组组装差动连接快速运动回路。

1. 实训目的

（1）熟悉各液压元件的工作原理。

（2）掌握液压差动连接快速运动回路的概念和特点。

2. 实训器材

（1）YZ-01液压实验工作台，1台。

（2）泵站，1套。

（3）三位四通电磁换向阀，1只。

（4）二位三通电磁换向阀，1只。

（5）液压缸，1只。

（6）溢流阀，1只。

（7）接近开关及其支架，3套。

（8）四通油路过渡底板，2块。

（9）调速阀（或单向节流阀），1只。

（10）油管及导线，若干。

3. 液压原理

液压原理如图6-4-1所示。电气控制如图6-6-1所示。

4. 实训步骤

（1）根据图6-4-1正确连接各液压元件。

（2）对照图6-4-1，检查连接是否正确。确认无误后，进入下一步。

（3）进行液压回路调试：先松开溢流阀，启动液压泵，让液压泵空转1~2 min；慢慢调节溢流阀，使液压泵的出口压力调至适当值，调节节流阀至适当开度。

（4）操纵控制面板，检验：

①"快速进给—工作进给—快速退回"工作循环能否实现？

②若不能达到预定动作，检查。

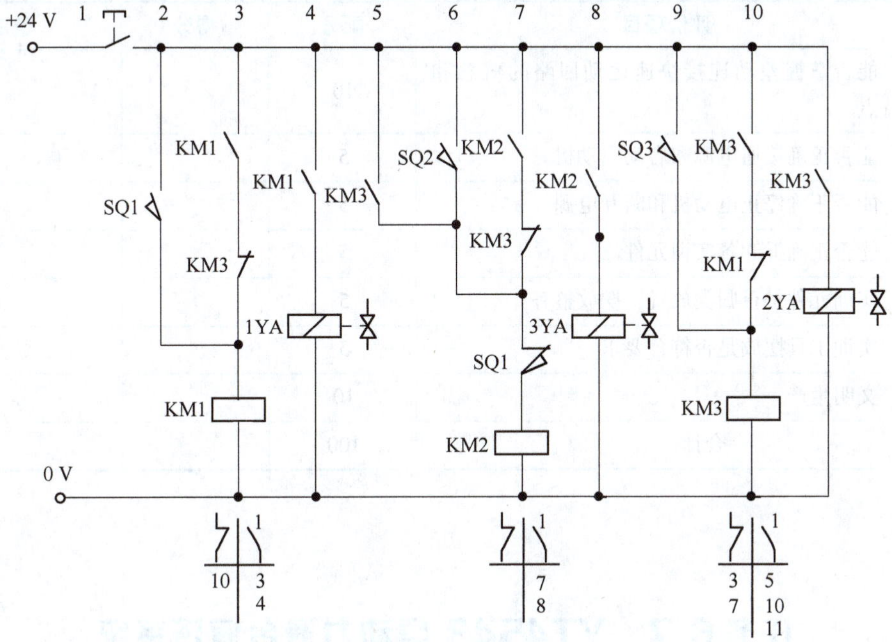

图6-6-1 差动连接快速运动回路电气控制图

③各液压元件连接是否正确？

④各液压元件的调节是否合理？

⑤电气线路是否存在故障？

更正后重新开始实训，直至工作循环顺利实现。

（5）实训完毕后，打开溢流阀，停止液压泵电动机，待系统压力为0后，拆卸油管及液压阀，并把它们放回规定的位置，整理好实验台。并保持系统的清洁。

5. 技术评价

差动连接快速运动回路技术评价项目见表6-6-1。

表6-6-1 差动连接快速运动回路技术评价项目

序号	评价项目	配分	得分	备注
1	能否分析实训原理并正确选择实训元件	5		
2	液压管路布局是否合理	5		
3	液压管路连接是否正确	5		
4	电气控制线连接是否正确	5		
5	能否用继电器控制实现实训动作要求	15		
6	能否用PLC或组态王实现动作要求	15		
7	能否正确编写或叙述本实训步骤	5		

续表

序号	评价项目	配分	得分	备注
8	能否掌握差动连接快速运动回路的概念和特点	10		
9	能否正确接通电源和启动电动机	5		
10	能否正确停止电动机和断开电源	5		
11	能否正确拆卸各实训元件	5		
12	实训元件是否归类放置，摆放整齐	5		
13	实训工具摆放是否符合要求	5		
14	文明生产	10		
	合计	100		

任务 6.7　YT4543 型动力滑台液压系统

学习目标
1. 理解 YT4543 型动力滑台的功能。
2. 掌握 YT4543 型动力滑台液压系统工作原理。
3. 能看懂液压回路图。

学习过程
用 PPT 演示其他典型设备液压系统原理；绘制液压工作原理图。

以 YT4543 型动力滑台为例，分析液压系统的工作原理和特点。YT4543 型动力滑台最大进给力为 45 kN，快速进给速度约为 6.5 m/min，进给速度为 6.6~600 mm/min，它完成的典型工作循环为：快速进给—第一次工作进给—第二次工作进给—死挡块停留—快速退回—原位停止。工作循环如图 6-7-1 所示。

6.7.1　YT4543 型动力滑台液压系统的工作原理

图 6-7-1 为 YT4543 型动力滑台液压系统图。下面以实现二次工作进给的自动循环为例，说明其工作原理。

1. 快进
按下启动按钮，电磁铁 1YA 通电，电液换向阀 6 的先导阀左位工作，由泵 1 输出的压力油经先导阀进入液动换向阀的左侧，使其也处于左位工作，这时的主油路为

进油路：油箱→滤油器→液压泵 1→单向阀 2→电液换向阀 6（左位）→行程阀 11→液

压缸左腔

回油路：液压缸右腔→电液换向阀 6（左位）→单向阀 5→行程阀 11→液压缸左腔

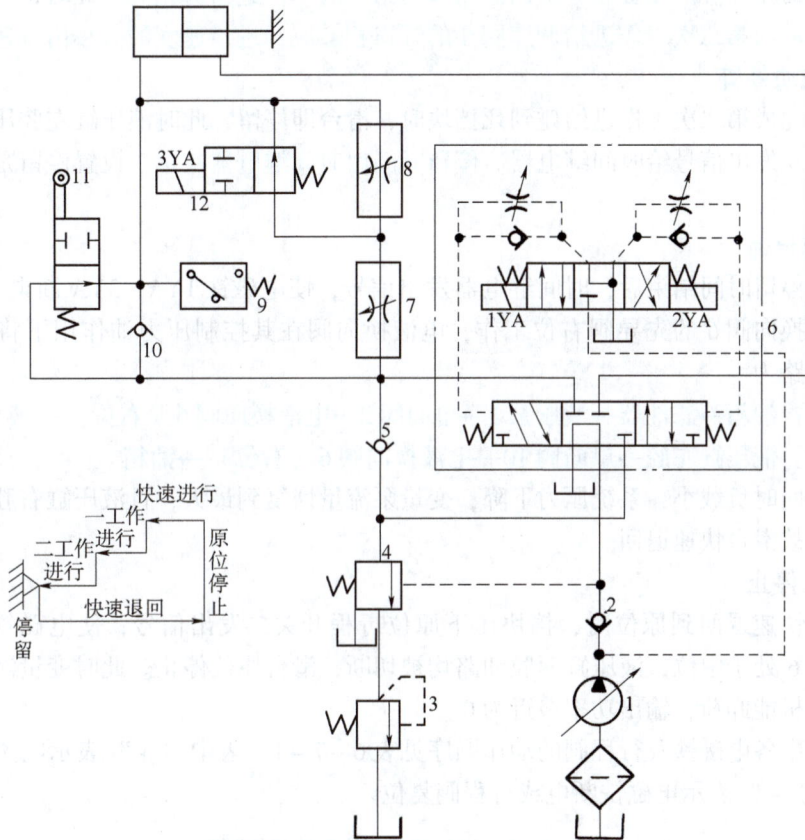

1—液压泵；2，5，10—单向阀；3—背压阀；4—顺序阀；6—电液换向阀；7，8—调速阀；
9—压力继电器；11—行程阀；12—电磁换向阀

图 6-7-1　YT4543 型动力滑台液压系统

由油路可知液压缸形成两腔连通，实现差动快速进给。由于快速进给负载小，系统压力低，变量泵输出最大流量。

2. 第一次工作进给

当滑台快速进给到预定位置时，挡块压下行程阀 11，切断了该通路，电磁铁 1YA 继续通电，电液换向阀 6 仍处于左位工作，这时压力油经调速阀 7、二位二通电磁换向阀 12（右位）进入液压缸左腔，由于工作进给时系统压力升高，变量液压泵 1 的输油量自动减小，且与一工作进给调速阀 7 开口相适应，此时液控顺序阀 4 打开，单向阀 5 关闭。液压缸右腔的回油经背压阀 3 流回油箱，其主油路为

进油路：油箱→滤油器→液压泵 1→单向阀 2→电液换向阀 6（左位）→调速阀 7→换向阀 12→液压缸左腔

回油路：液压缸右腔→电液换向阀 6（左位）→顺序阀 4→背压阀 3→油箱

3. 第二次工作进给

第一次工作进给终了时，挡块压下行程开关使 3YA 通电，这时压力油经调速阀 7 和 8 进入液压缸的左腔。液压缸右腔的回油路线与第一次工作进给时相同。此时，变量液压泵输出的流量自动与第二次工作进给调速阀 8 的开口相适应，进给速度的大小由调速阀 8 调节。

4. 死挡块停留

当滑台完成第二次工作进给碰到死挡块时，滑台即停留，此时液压缸左腔压力升高，使压力继电器 9 发出信号给时间继电器。停留时间由时间继电器决定。设置停留是为了提高加工位置精度。

5. 快速退回

当滑台停留时间结束后，时间继电器发出信号，使电磁铁 1YA、3YA 断电，2YA 通电，这时，电液换向阀 6 的先导阀右位工作，电液换向阀在其控制压力油作用下将右位接入系统。其主油路为

进油路：油箱→滤油器→液压泵 1→单向阀 2→电液换向阀 6（右位）→液压缸右腔
回油路：液压缸左腔→单向阀 10→电液换向阀 6（右位）→油箱

滑台返回时负载小，系统压力下降，变量泵流量恢复到最大，且液压缸右腔的有效作用面积较小，故滑台快速退回。

6. 原位停止

当滑台快速退回到原位时，挡块压下原位行程开关，发出信号，使电磁铁 2YA 断电，电液换向阀 6 处于中位，液压缸两腔油路均被切断，滑台原位停止。此时变量液压泵 1 通过换向阀中位机能卸荷，输出功率接近于 0。

该系统中各电磁铁及行程阀的动作顺序见表 6-7-1。表中"+"表示电磁铁通电或行程阀压下；"-"表示电磁铁断电或行程阀复位。

表 6-7-1　电磁铁及行程阀的动作顺序表

动　作	电磁铁			行程阀
	1YA	2YA	3YA	
快速进给	+	-	-	-
第一次工作进给	+	-	-	+
第二次工作进给	+	-	+	+
死挡块停留	+	-	+	+
快速退回	-	+	-	±
原位停止	-	-	-	-

6.7.2　YT4543 型动力滑台液压系统的特点

通过前面的分析可知，该液压系统主要基本回路包括电液换向阀的换向回路、换向阀的卸荷回路、限压式变量液压泵和调速阀的联合调速回路、行程阀和电磁换向阀的速度换接回路、串联调速阀的二次进给调速回路等。这些基本回路的性能就决定了系统的主要性能，其

主要的特点如下：

（1）由于采用限压式变量泵容积节流调速回路，无溢流功率损失，系统效率较高，且能保证稳定的低速运动、较好的速度刚性和较大的调速范围。

（2）采用限压式变量液压泵、调速阀和行程阀进行速度换接，使速度换接平稳、可靠、且位置准确。

（3）采用限压式变量液压泵和液压缸差动连接快速运动回路，解决了快、慢速度相差悬殊的问题，又使能量得到经济合理的利用。

（4）进油调速在回路上设置了背压阀，改善了运动的平稳性。

（5）采用电液换向阀的换向回路，换向性能好，启动平稳、冲击小。

> **任务总结与评价**
>
> 1. 组织小组讨论，各小组推选代表做工作总结，并用 PPT 进行成果展示。
> 2. 各小组对成果展示做评价。
> 3. 教师评价与总结。

任务考核习题

一、填空题

1. 流量控制阀是通过改变阀口通流面积或通道长短来改变液阻，从而控制执行元件运动_____的液压控制阀。常用的流量阀有_____阀和_____阀两种。

2. 节流阀结构简单、体积小、使用方便、成本低，但负载和温度的变化对流量稳定性的影响较_____，因此只适用于负载和温度变化不大或速度稳定性要求_____的液压系统。

3. 调速阀是由定差减压阀和节流阀_____组合而成。用定差减压阀来保证可调节流阀前后的压力差不受负载变化的影响，从而使调速阀的_____恒定不变。

4. 液压执行元件有_____和_____两种类型，这两者不同点在于：_____将液压能变成直线运动或摆动的机械能，_____将液压能变成连续回转的机械能。

5. 液压马达是将_____转换为_____的装置，可以实现连续的旋转运动。

6. 在定量泵供油的系统中，用流量控制阀调节进入执行元件的流气来调节速度。这种回路称为_____。

7. 根据流量阀在定量液压泵的节流调速回路中位置不同，分为_____节流调速、_____节流调速和_____节流调速。

8. 容积调速回路是通过改变液压泵和液压马达的_____来调节执行元件的速度。

9. 单杆液压缸可采用_____连接，使其活塞缸伸出速度提高。

10. 单活塞杆液压缸的左、右两腔同时通压力油的连接方式称为_____。

11. 常用的速度控制回路有调速回路、_____回路、_____回路等。

12. 常见的快速运动回路有_____、_____和_____等。

二、 选择题

1. 定量液压泵节流调速系统中溢流阀的作用为 (   )。

A. 溢流稳压   B. 背压   C. 安全保护

2. 回油节流调速回路 (   )。

A. 调速特性与进油节流调速回路不同

B. 经节流阀而发热的油液不容易散热

C. 广泛应用于功率不大、负载变化较大或运动平衡性要求较高的液压系统

D. 串联节流阀可提高运动的平稳性

3. 在液压系统中,可用于液压执行元件速度控制的阀是 (   )。

A. 顺序阀   B. 节流阀   C. 溢流阀   D. 换向阀

4. 在用节流阀的旁油路节流调速回路中,其液压缸速度 (   )。

A. 随负载增大而增加   B. 随负载减小而增加

C. 不受负载的影响

5. 在节流调速回路中,哪种调速回路的效率高? (   )

A. 进油节流调速回路   B. 回油节流调速回路

C. 旁路节流调速回路   D. 进油—回油节流调速回路

6. 调速阀是 (   ),单向阀是 (   ),减压阀是 (   )。

A. 方向控制阀   B. 压力控制阀   C. 流量控制阀

7. 调速阀是组合阀,其组成是 (   )。

A. 可调节流阀与单向阀串联   B. 定差减压阀与可调节流阀并联

C. 定差减压阀与可调节流阀串联   D. 可调节流阀与单向阀并联

8. 流量控制阀是通过改变阀口 (   ) 来调节阀的流量的。

A. 形状   B. 压力   C. 通流面积   D. 压力差

9. 要实现快速运动可采用 (   ) 回路。

A. 差动连接   B. 调速阀调速   C. 大流量泵供油

10. 能形成差动连接的液压缸是 (   )。

A. 单杆液压缸   B. 双杆液压缸   C. 柱塞式液压缸

11. 差动液压缸,若使其往返速度相等,则活塞面积应为活塞杆面积的 (   )。

A. 1 倍   B. 2 倍   C. $\sqrt{2}$ 倍

12. 已知单活塞杠液压缸的活塞直径 D 为活塞直径 d 的两倍,差动连接的快进速度等于非差动连接前进速度的 (   );差动连接的快进速度等于快退速度的 (   )。

A. 1 倍   B. 2 倍   C. 3 倍   D. 4 倍

13. 已知单活塞杆液压缸两腔有效面积 $A_1 = 2A_2$,液压泵供油流量为 q,如果将液压缸差动连接,活塞实现差动快进,那么进入大腔的流量是 (   ),如果不差动连接,则小腔的排油流量是 (   )。

A. 0.5q B. 1.5q C. 1.75q D. 2q

三、 判断题

1. 进油节流调速回路在低速轻载时,速度稳定性好,但效率较低。   (   )

2. 要提高进油节流调速回路的运动平稳性，可在回油路上串联一个换装硬弹簧的单向阀。

(　　)

3. 使用可调节流阀进行调速时，执行元件的运动速度不受负载变化的影响。　(　　)

4. 进油节流调速回路和回油节流调速回路损失的功率都较大，效率都较低。　(　　)

5. 容积调速回路中，其主油路上的溢流阀起安全保护作用。　(　　)

6. 容积调速比节流调速的效率低。　(　　)

7. 定量液压泵与变量液压马达组成的容积调速回路中，其转矩恒定不变。　(　　)

8. 在调速阀串联的二次进给回路中，后一调速阀控制的速度比前一个快。　(　　)

9. 液压缸的差动连接可提高执行元件的运动速度。　(　　)

10. 液压缸差动连接时，液压缸产生的作用力比非差动连接时的作用力大。　(　　)

11. 增速缸和增压缸都是柱塞缸与活塞缸组成的复合形式的执行元件。　(　　)

12. 双杆液压缸能构成差动连接。　(　　)

四、综合题

1. 请写出题图 6 - 1 回路完整的进油路和回油路（包括换向阀 2 分别处于左位和右位时整个回路的工作状态）。

2. 请用 1 定量泵、1 个油箱、1 个先导型溢流阀、2 个调速阀、1 个二位二通换向阀和 1 个中位机能是 O 型的三位四通电磁换向阀组成调速回路，实现工进 1→工进 2→快退→停止的工作要求。

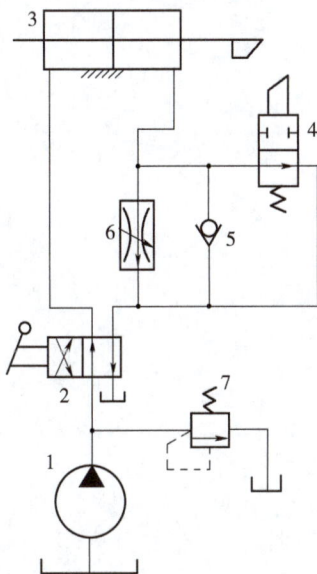

题图 6 - 1

3. 分析图 6 - 4 - 1 的工作原理。

4. 写出题图 6 - 2 所示回路的元件名称。

（1）_____　（2）_____　（3）_____　（4）_____

（5）_____　（6）_____

元件 3 作用_____；元件 4 作用_____。

_____是低压大流量泵，_____是高压小流量泵。

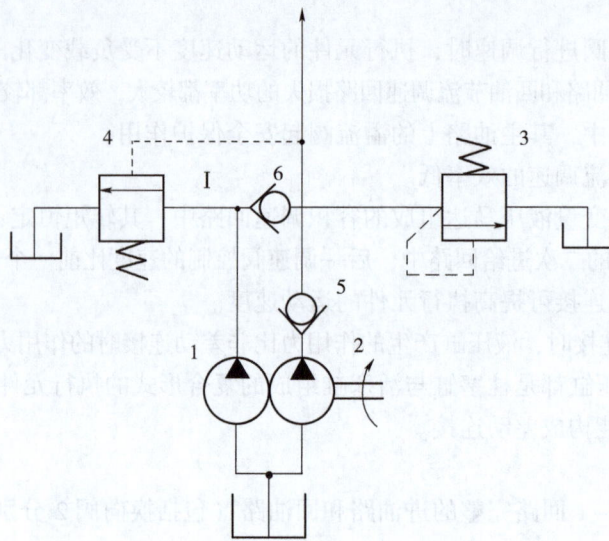

题图 6-2

项目7 N40 加工中心动力卡盘系统

学习目标

1. 能认识加工中心动力卡盘系统。
2. 能理解液压各种新型阀及回路。
3. 践行严谨细致、精益求精、守正创新的工匠精神。

"三峡工匠"李然：
痴心守护"大国重器"

工作情境描述

很多加工中心应用的阀是叠加阀，叠加阀是近十年内在板式液压阀集成化基础上发展起来的新型液压元件。这种阀既具有板式液压阀的工作功能，其阀体本身又同时具有通道体的作用。此外前面介绍的压力控制阀和流量控制阀，其压力和流量都是手动调节的。随着自动化的发展，近十年人们研制出了新型的液压控制阀——电液比例控制阀。本项目将对液压新型阀及回路进行介绍。学生接受任务，查阅资料，制订工作计划，熟练认知液压新型阀及回路，实地参观企业，认知加工中心液压传动工作原理及组成，对液压传动的基本应用有一些了解，同时对整个参观企业过程进行总结。工作过程中遵循工作现场 7S 管理规范。

某柴油机厂使用的 N40 车铣复合加工中心应用的叠加阀型号为 REXROTH，Z1SRD 6 R-1X/CM，先导型调压阀型号为 ZDR6DP1-4X/75YM，Z2FS 6-2-4X//2Q，三位四通电磁换向阀型号为 M5X170-10.9 NEL DIN939。主要应用为动力卡盘夹紧/松开，如图 7-0-1 所示。

(a) (b)

图 7-0-1 动力卡盘实物
(a) 夹紧前；(b) 夹紧后

任务 7.1　叠加阀和叠加回路

叠加阀既具有板式液压阀的工作功能，其阀体本身又同时具有通道体的作用，从而能用其上、下安装面呈叠加式无管连接，组成集成化液压系统。

7.1.1　叠加阀的特点

1. 叠加阀的主要优点

（1）标准化、通用化、集成化程度高，设计加工、装配周期短。

（2）用叠加阀组成的液压系统结构紧凑、体积小、质量轻、外形整齐美观。

（3）叠加阀可集中配置在液压站上，也可分散安装在设备上，配置形式灵活。系统变化时，元件重新组合安装方便、迅速。

（4）因不用油管连接，压力损失小、漏油少、振动小、噪声小、动作平稳、使用安全可靠、维修容易。

2. 叠加阀的主要缺点

回路形式较少，品种规格尚不能满足较复杂和大功率液压系统的需要。目前我国已生产 $\phi6$、$\phi10$、$\phi16$、$\phi20$、$\phi32$ mm 共 5 个通径系列的叠加阀，最高工作压力为 20 MPa。

7.1.2　叠加阀的基本构造

叠加阀自成体系，每一种通径系列的叠加阀，其主油路通道和螺钉孔的大小、位置、数量都与相应通径的板式换向阀相同，所不同的是每个叠加阀都有 4 个油口 P、A、B、T，并且上下贯通。它不仅可以起到单个阀的功能，又起到通道的作用。每一种通径系列的叠加阀，其连接、安装尺寸应与同一规格的换向阀一致。用叠加阀组成回路时，换向阀安装在最上方，所有对外连接的油口开在最下边的底板上，其他的阀通过螺栓连接在换向阀和底板之间组成一个叠加阀组。一般一个叠加阀组控制一个执行元件。

叠加阀的结构如图 7-1-1 所示。其中最下面的基座板是用来承载、安装叠加阀的，再把各种形状的叠加阀一个一个堆叠上去，最上面再放一个电磁阀就构成一个最基本的单元了。像这样把另一基本单元所需的叠加阀堆叠在基座板上，而后排成一列，就构成了整个液压回路。

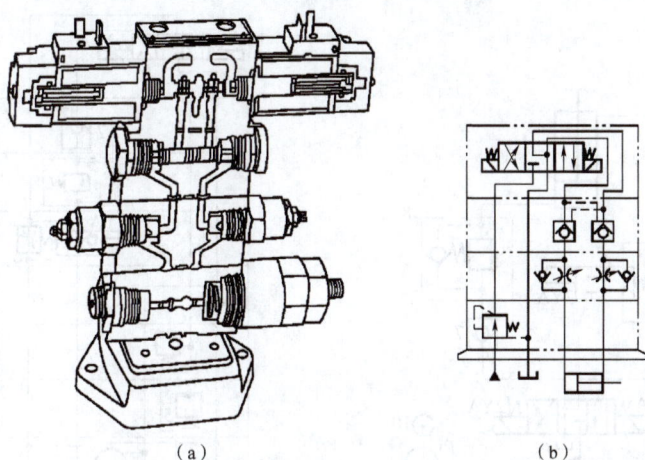

图 7 - 1 - 1　叠加阀

（a）装置示意；（b）系统原理

7.1.3　叠加阀回路

直接画出叠加阀回路往往比较困难，通常先绘出传统回路，然后再将传统回路 [图 7 - 1 - 2（a）] 变成叠加阀回路。在电磁阀的符号上引出一条中心线，以此中心线为界将整个回路分成左、右两侧，然后将回路各接口之间的连接线弯曲成颠倒的 U 字形，这样就变成图 7 - 1 - 2（b）的叠加阀回路了。

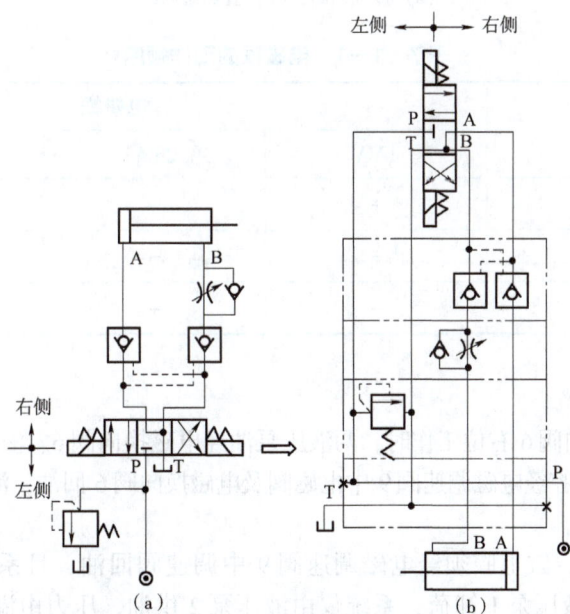

图 7 - 1 - 2　叠加阀构成的回路

（a）传统回路；（b）叠加阀回路

图 7-1-3 液压系统的电磁铁的动作顺序见表 7-1-1，其工作原理分析如下。

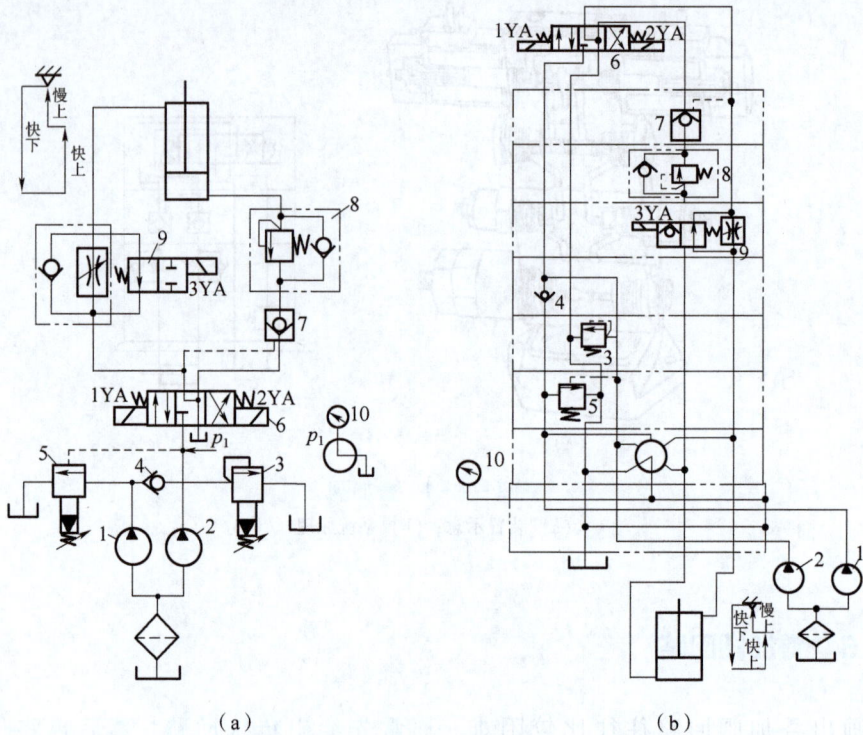

（a）　　　　　　　（b）

1，2—双联液压泵；3—溢流阀；4—单向阀；5—液控顺序阀；6—电磁换向阀；7—液控单向阀；
8—单向顺序阀；9—电磁调速阀；10—压力表

图 7-1-3　叠加阀组成的液压系统原理
（a）传统回路；（b）叠加阀回路

表 7-1-1　电磁铁的动作顺序

动作	电磁铁		
	1YA	2YA	3YA
快上	+	−	+
慢上	+	−	−
快下	−	+	+

1. 快上

当 2YA 通电磁换向阀 6 右位工作时，两液压泵油经电磁换向阀 6、液控单向阀 7、单向顺序阀 8 进入缸下腔，缸上腔经电磁调速阀 9 中电磁阀及电磁换向阀 6 回油，活塞快速上行。

2. 慢上

当 3YA 也通电时，缸上腔须经电磁调速阀 9 中调速阀回油，且系统承载压力升高，液控顺序阀 5 开启，使液压泵 1 卸荷，系统仅由液压泵 2 供油，压力由溢流阀 3 调定，活塞以调速阀调节速度慢速上行。

若需在上行到位时停留，则可使 2YA 断电，电磁换向阀 6 回中位，液控单向阀 7 可将缸下腔油路封住，活塞则不会因自重而下滑。

3. 快下

当仅 1YA 通电时，电磁换向阀 6 左位工作，两泵油经电磁调速阀 9 中单向阀进入缸上腔，并使液控单向阀 7 开启，缸下腔油经单向顺序阀 8 及液控单向阀 7、电磁换向阀 6 回油，活塞下行。这时顺序阀实为背压阀。活塞行至原位，1YA 断电，使其原位停止。

任务 7.2　N40 加工中心动力卡盘液压系统

学习目标

1. 掌握加工中心动力卡盘液压系统工作原理。
2. 掌握叠加阀的应用。

学习过程

学习网络资源，利用 PPT 演示叠加阀和叠加回路的原理。

N40 加工中心用于曲轴综合加工（车、铣、钻、镗、铰等），其动力卡盘液压系统工作原理如图 7-2-1 所示，分析如下：

（1）夹紧过程：三位四通电磁换向阀 8 右侧电磁铁带电，油液流经调压阀模块 6，三位四通电磁换向阀 8 右位、单向调速阀 7 左位、旋转耦合接口 3、液控单向阀 2 进入双作用液压缸 1 左腔，液压缸活塞右移，带动动力卡盘机械部分做三爪同时卡紧动作。回油路经液控单向阀 2、旋转耦合接口 3、压力继电器模块 5、单向调速阀 7 右位回油箱。当进油路压力达到设定压力时，压力继电器发出夹紧信号，三位四通电磁换向阀 8 切换至中位，两个液控单向阀 2 关闭，液压缸 1 进入夹紧保压状态。液压缸夹紧速度由单向调速阀 7 左位调节。

（2）松开过程：三位四通电磁换向阀 8 左侧线圈得电，油液流经调压阀模块 6，三位四通电磁换向阀 8 左位、单向调速阀 7 右位、旋转耦合接口 3、液控单向阀 2 进入夹紧液压缸 1 右腔，液压缸活塞左移，带动动力卡盘机械部分做三爪同时松开动作。回油经液控单向阀 2、旋转耦合接口 3、压力继电器模块 5、单向调速阀 7 左位回油箱。当进油路压力达到

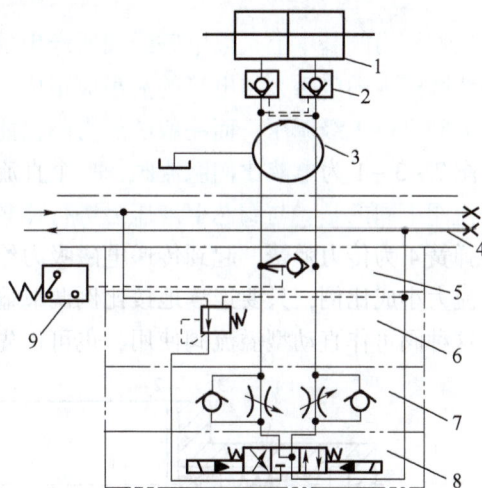

1—双作用液压缸；2—液控单向阀；3—旋转耦合接口；
4—油路基板；5—压力继电器模块；
6—调压阀模块；7—单向调速阀；
8—电磁换向阀；9—压力继电器

图 7-2-1　N40 加工中心动力卡盘系统图

设定压力时，压力继电器发出松开信号，三位四通电磁换向阀切换至中位，两个液控单向阀2关闭，液压缸1进入松开保压状态。液压缸松开速度由调速阀7右位调节。

任务 7.3 比例阀及其回路

学习目标
1. 熟悉比例阀的原理。
2. 熟悉比例阀组成的回路。

学习过程
学习网络资源，利用PPT演示比例阀及其回路的原理。

电液比例阀简称比例阀，在系统中能够按输入信号连续或按比例控制流量和压力。比例控制阀可分为压力控制阀、流量控制阀及方向控制阀3类。比例阀按用途可分为比例压力阀、比例换向阀、比例流量阀等。

7.3.1 比例压力阀

比例压力阀基本上是以电磁线圈所产生的电磁力，取代传统压力阀上的弹簧设定压力。电磁线圈产生的电磁力与电流的大小成正比，因此控制线圈电流就能得到所要的压力。比例式压力阀可以无级调压，而一般的压力阀仅能调出特定的压力。

图7-3-1为电液比例溢流阀，一个直流比例电磁铁取代原有的手调装置。与普通先导型溢流阀不同的是：与阀芯上液压力进行比较的是比例电磁铁的电磁吸力，而不是弹簧力。调压弹簧4为传力弹簧，起到传递电磁吸力给阀芯的作用。比例电磁铁电磁吸力与输入信号的电流大小成比例，只要连续地按比例调节输入电流，就能连续地按比例控制锥阀的开启压力。这种阀可作直动型溢流阀使用，也可作先导阀使用。

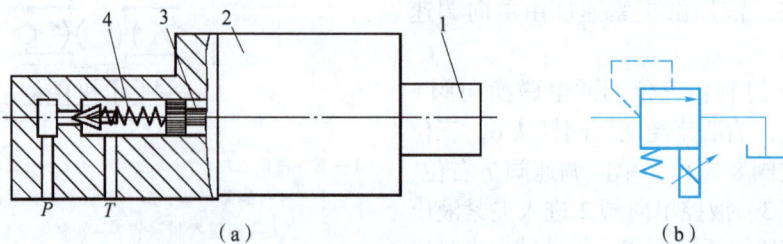

1—位移传感器；2—比例电磁铁；3—推杆；4—调压弹簧

图7-3-1 电液比例溢流阀

（a）结构原理；（b）职能符号

7.3.2　比例换向阀

用比例电磁铁取代电磁换向阀中的普通电磁铁，便可构成直动型比例换向阀，如图 7 - 3 - 2 所示。由于使用了比例电磁铁，阀芯不仅可以换位，而且换位的行程可以连续地或按比例地变化，因而连通油口间的通流面积也可以连续地或按比例地变化，所以比例换向阀不仅能控制执行元件的运动方向，还能通过控制换向阀的阀芯位置来调节阀口的开度。故实质上，它是兼有方向控制和流量控制两种功能的复合控制阀。

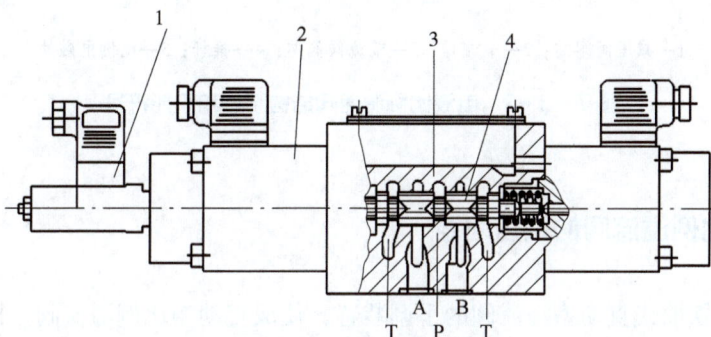

1—位移传感器；2—比例电磁铁；3—阀体；4—阀芯

图 7 - 3 - 2　比例换向阀

当流量较大时（阀的通径大于 10 mm），需采用先导型比例方向阀。例如压力控制型先导型比例方向阀、电反馈型先导型比例方向阀等。此外，多个比例方向阀也能组成比例多路阀。

总之，采用比例阀既能提高液压系统性能参数及控制的适应性，大大简化液压系统，又能明显地提高其控制的自动化程度。

7.3.3　比例流量阀

用比例电磁铁取代节流阀或调速阀的手动调速装置，使之成为比例节流阀或比例调速阀。它能用电信号控制油液流量，使其与压力和温度的变化无关，也分为直动型和先导型两种。受比例电磁铁推力的限制，直动型比例流量阀用作通径不大于 10 mm 的小规格阀。当通径大于 10 mm 时，常采用先导型比例流量阀，它用小规格比例电磁铁带动小规格先导阀，再利用先导阀的输出放大作用来控制流量大的主节流阀或调速阀，因此能用于压力较高的大流量油路的控制。比例调速阀主要用于多工位加工机床、注射机、抛砂机等液压系统的多速控制。

图 7 - 3 - 3 为比例调速阀结构示意图，它是由调速阀与比例电磁铁组合而成的。当有电信号输入时，比例电磁铁产生的电磁力通过推杆推动节流阀阀芯左移，使节流阀处于弹簧力与电磁力相平衡的位置上，所以一定的输入电流量对应一定的输出流量。

1—减压阀阀芯；2—节流口；3—节流阀阀芯；4—推杆；5—比例电磁铁

图 7 - 3 - 3　电液比例调速阀结构示意和职能符号

7.3.4　比例溢流阀的调压回路

用比例电磁铁取代直动型溢流阀的手调装置，便成直动型比例溢流阀。把直动型比例溢流阀与普通压力阀的主阀相配，便可组成先导型比例溢流阀、比例顺序阀和比例减压阀等，使这些阀能随电流的变化而连续地或按比例地控制输出油的压力。

图 7 - 3 - 4（a）为利用比例溢流阀调压的多级调压回路。改变输入电流 I，即可控制系统的工作压力。它比利用普通溢流阀的多级调压回路 [图 7 - 3 - 4（b）] 所用液压元件数量少、回路简单，且能对系统压力进行连续控制。电液比例溢流阀目前多用于液压压力机、注射机、轧板机等设备的液压系统。

图 7 - 3 - 4　比例溢流阀的调压回路

（a）用比例溢流阀调压；（b）用普通溢流阀调压

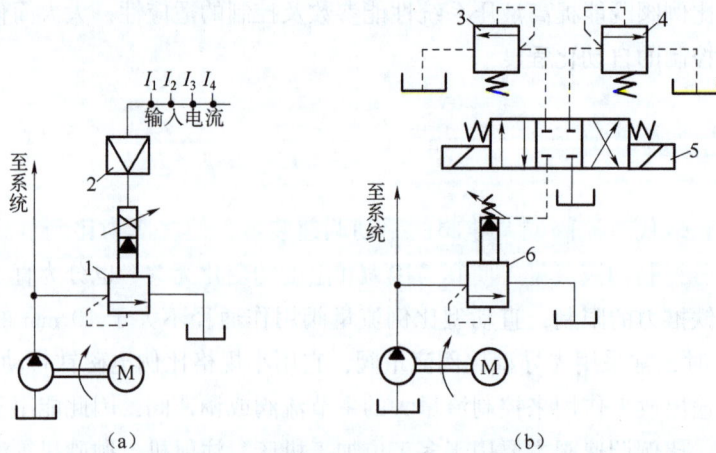

7.3.5　比例流量阀的调速回路

从图 7 - 3 - 5 可以看出：采用比例调速阀的回路不但减少了控制组件的数量，而且使液压缸的工作速度更符合加工工艺和设备不同工况的要求。因此，比例调速阀更适合于各类液压系统连续变速与多种速度控制。

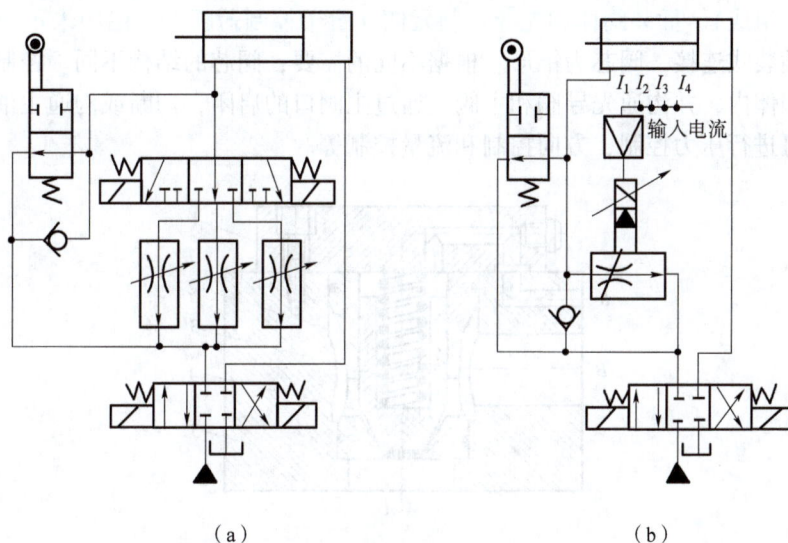

（a）　　　　　　　　　　　　　　（b）

图 7 - 3 - 5　比例调速阀的调速回路

（a）采用普通调速阀；（b）采用比例调速阀

任务 7.4　插装阀及回路

学习目标

1. 认知插装阀的原理。
2. 认知插装阀组成的回路。

学习过程

学习网络资源，利用 PPT 演示插装阀及其回路的原理

普通液压阀在流量小于 $200 \sim 300$ L/min 的系统中性能良好，但在大流量系统中并不具有良好的性能，阀的集成更成为难题，而插装阀很好地解决了上述问题。

插装阀也称为插装式锥阀或逻辑阀。它是一种结构简单，标准化、通用化程度高，通油能力大，液阻小，密封性能和动态特性好的新型液压控制阀。目前在液压压力机、塑料成型机械、压铸机等高压大流量系统中应用很广泛。

7.4.1　插装阀基本结构

图 7-4-1 为二通插装式锥阀的结构原理，它由控制盖板、插装单元（由阀套、弹簧、阀芯及密封件组成）、插装阀体和先导控制元件（置于控制盖板上，图中未示出）组成。插装单元采用插装式连接，阀芯为锥形。根据不同的需要，阀芯的结构不同。控制盖板将插装单元封装在阀体内，并沟通先导阀和主阀。通过主阀口的启闭，切断或沟通主油路。使用不同的先导阀可进行压力控制、方向控制和流量控制等。

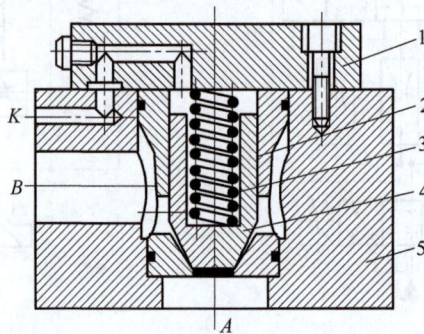

1—控制盖板；2—阀套；3—弹簧；4—锥阀；5—阀体

图 7-4-1　二通插装式锥阀结构原理

插装阀安装在预先开好阀穴的油路板上，可构成所需要的液压回路。因此，插装阀可使液压系统小型化。

插装阀特点如下：

（1）插装阀盖的配合可使插装阀具有控制方向、流量及压力等功能。

（2）插装阀体为锥形阀结构，因而内部泄漏极少；其反应性良好，可进行高速切换。

（3）通流能力大、压力损失小，适合于高压、大流量系统。

（4）插装阀体直接组装在油路板上，因而减少了由于配管引起的外部泄漏、振动、噪声等，系统可靠性有所增加。

（5）安装空间缩小，使液压系统小型化，插装阀可降低液压系统的制造成本。

另外插装阀流动阻力小、流通能力大、动作迅速、密封性好、制造简单、工作可靠，适合用于高水基介质大流量、高压的液压系统中。

7.4.2　插装阀应用

1. 插装阀用作单向阀和液控单向阀

将插装式锥阀的油口 A 或 B 与控制油口 K 连通时，即成为单向阀，如图 7-4-2 所示。

在控制盖板上接一个二位三通液动换向阀，用以控制插装锥阀控制腔的通油状态，即成为液控单向阀，如图 7 - 4 - 3 所示。

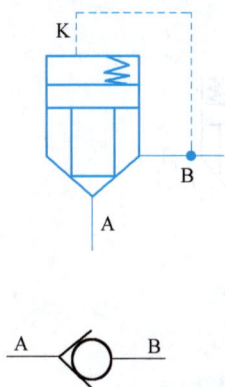

图 7 - 4 - 2   插装式锥阀用作单向阀

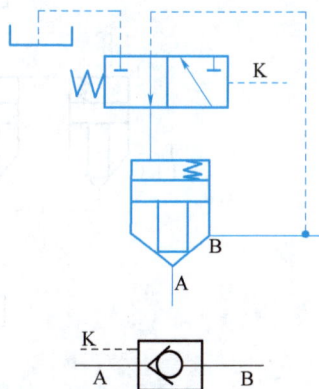

图 7 - 4 - 3   插装式锥阀用作液控单向阀

2. 插装阀用作换向阀

用小规格二位三通电磁换向阀来转换控制油口 K 的通油状态，即成为能通过高压大流量的二位二通电磁换向阀，如图 7 - 4 - 4 所示。

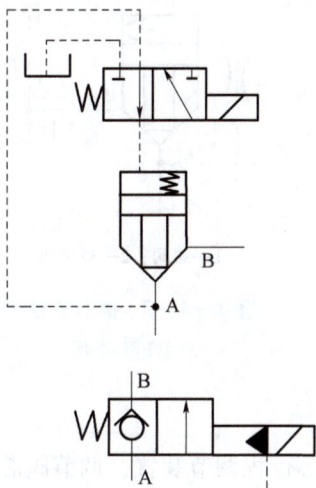

图 7 - 4 - 4   插装式锥阀用作二位二通电磁换向阀

图 7 - 4 - 5 为用小规格二位四通电磁换向阀控制 4 个插装式锥阀的启闭，来实现高压大流量主油路的换向的应用实例。

3. 插装式锥阀用作压力控制阀

对插装式锥阀的控制油口 K 的油液进行压力控制，即可构成各种压力控制阀，以控制高压大流量液压系统的工作压力，如图 7 - 4 - 6 ~ 图 7 - 4 - 8 所示。

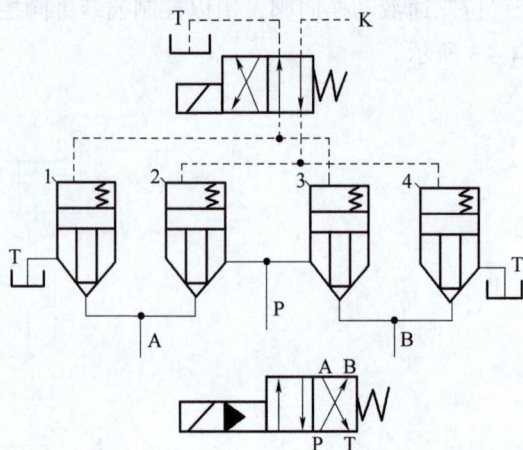

图7-4-5　插装式锥阀用作二位四通电磁换向阀

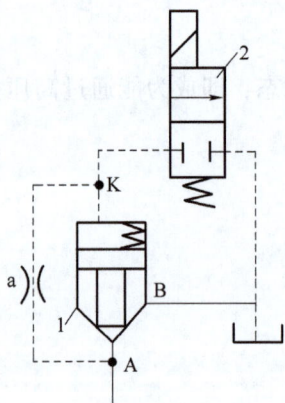

1—锥阀；2—二位二通电磁换向阀

图7-4-6　插装式锥阀
用作溢流阀

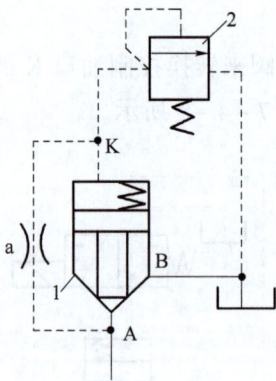

1—锥阀；2—顺序阀

图7-4-7　插装式锥阀
用作卸荷阀

1—锥阀；2—顺序阀

图7-4-8　插装式锥阀
用作顺序阀

4. 插装式锥阀用作流量控制阀

在插装阀的盖板上，增加阀芯行程调节装置，调节阀芯开口的大小，就构成了一个插装式可调节流阀。

7.4.3　插装回路

图7-4-9为采用插装阀控制立式柱塞泵实现"慢速上升—保压停留—回程下降—停止"工作循环的液压系统。

该液压系统的工作原理分析如下：

（1）承压上升。当1YA通电，锥阀4由先导型溢流阀2控制，成为系统的安全阀。这时压力油经单向锥阀5进入柱塞缸，推动重物上升。

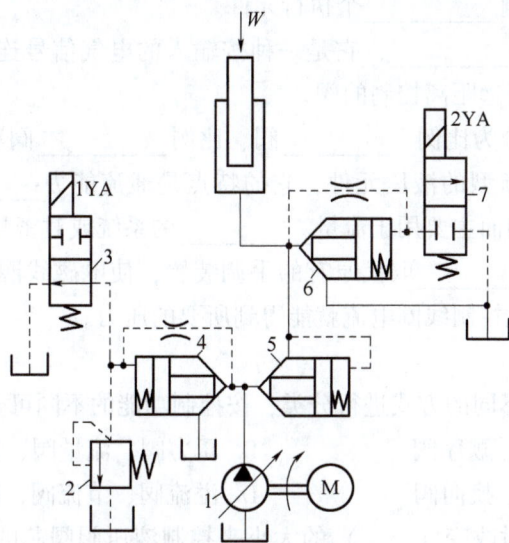

1—变量泵；2—溢流阀；3，7—电磁换向阀；4，5，6—锥阀

图 7-4-9　用插装阀的液压系统

（2）保压停留。重物上升到位后，使 1YA 断电，锥阀 4 开启，使液压泵卸荷，此时锥阀 5 和 6 均为关闭状态，系统保压，柱塞在上位停留。

（3）回程下降。当仅 2YA 通电时，锥阀 4 仍使液压泵卸荷，锥阀 5 仍关闭，而锥阀 6 则开启，缸内油液经锥阀 6（锥阀 6 起背压阀作用）回油箱，柱塞因自重下落回程。

（4）原位停止。柱塞降至原位，2YA 断电，锥阀 6 关闭，柱塞原位停止。

任务总结与评价

1. 组织小组讨论，各小组推选代表做工作总结，使用 PPT 进行成果展示。
2. 各小组对成果展示做评价。
3. 教师评价与总结。

任务考核习题

一、填空题

1. 叠加阀阀体本身既是元件又是具有油路通道的连接体，阀体的上、下两面制成连接面。选择同一通径系列的_____，叠合在一起用螺栓紧固，即可组成所需的液压传动系统。

2. 叠加阀按功用的不同分为_____控制阀、_____控制阀和方向控制阀 3 类。

3. 一个叠加阀组控制_____个执行元件。

4. 电液比例阀简称_____，它是一种按输入的电气信号连续地、按比例地对油液的压力、流量或方向进行远距离控制的阀。

5. 比例阀按用途可分为比例_____阀、比例_____阀和比例方向阀3大类。

6. 插装阀是一种较新型的液压元件，它的特点是通流能力_____，密封性能好，动作灵敏、结构简单，因而主要用于流量_____的系统或对密封性能要求较高的系统。

7. 比例压力阀用_____取代原有的手调装置，使电磁线圈产生的电磁力和电流的大小成_____，因此控制线圈电流就能得到所要的压力。

二、选择题

1. 比例控制阀可按不同的方式进行分类，按控制功能的不同可分为（　　）。

A. 单向阀、节流阀、顺序阀　　　　　　B. 压力阀、流量阀、方向阀

C. 减压阀、节流阀、换向阀　　　　　　D. 溢流阀、节流阀、换向阀

2. 比例电磁阀是通过改变（　　）的大小来控制液压阀阀芯的位置，从而实现对液压系统的连续控制。

A. 压力　　　　　　B. 流量　　　　　　C. 方向　　　　　　D. 电流

3. 电—液比例方向阀是常用的比例阀，它能够调节液压油（　　）。

A. 压力和流量　　　　　　　　　　　B. 压力和方向

C. 流量和方向　　　　　　　　　　　D. 压力、流量和方向

4. 如图所示的插装阀中，如 B 接油箱，则插装阀起（　　）。

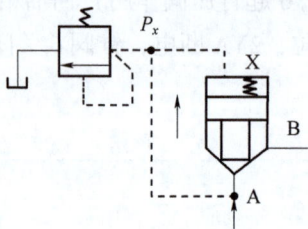

A. 溢流阀作用　　　　　　　　　　B. 顺序阀作用

C. 减压阀作用　　　　　　　　　　D. 卸荷阀作用

三、判断题

1. 叠加式液压系统结构紧凑、体积小、质量轻，安装及装配周期短。　　　　（　　）

2. 插装阀可实现大流量通过。　　　　　　　　　　　　　　　　　　　（　　）

3. 几个插装式元件组合组成的复合阀特别适用于小流量的场合。　　　　　（　　）

项目8　典型液压系统分析及故障排除

1. 能分析 M1432A 万能外圆磨床液压系统工作原理与组成。
2. 能分析压力机液压系统工作原理。
3. 能分析数控车床液压系统工作原理。
4. 了解液压系统维护、故障排除等知识。
5. 培养学生团队协作、善于创新、勇于探索的科学精神。
6. 对设备定期维护、检修，保障设备正常运行，降低运营成本。

"太空维修工"

工作情境描述

　　液压传动系统是根据液压设备的工作要求，选用适当的基本回路构成，其基本原理一般用液压系统图来表示。液压系统图是按职能符号绘制的，它仅仅表示各个液压元件及它们之间的连接与控制关系，并不代表它们的实际尺寸大小和空间位置。

　　阅读和分析液压传动系统图可按以下方法和步骤进行。

　　（1）了解设备的功用及对液压系统动作和性能的要求。

　　（2）初步分析液压系统图，并按执行元件将系统分成若干个子系统。

　　（3）对每个子系统进行分析，了解子系统中各个元件的功用和基本回路组成情况及各元件之间的相互关系。按照执行元件的动作要求，分析实现每步动作的进油和回油路线。

　　（4）根据机械设备对系统中各子系统的顺序、同步、互锁、防干扰等要求，分析各子系统之间的联系以及如何实现这些要求。

　　（5）在全面读懂液压系统图的基础上，根据系统所使用的基本回路的性能，对系统做出综合分析，归纳总结出整个液压系统的特点，加深对液压系统的理解。

　　本项目主要通过几个典型实例来学习和分析液压系统，加深理解液压元件的功用和基本回路的组合原理，熟悉阅读液压系统图的基本方法，为分析和设计液压传动系统奠定必要的基础。学生接受任务，阅读液压系统图，制订工作计划，分析典型液压系统工作原理及特点。

任务 8.1 M1432A 万能外圆磨床液压系统

学习目标

1. 看懂 M1432A 万能外圆磨床液压图。
2. 掌握磨床液压系统工作原理。

学习过程

学习网络资源,用 PPT 演示 M1432A 万能外圆磨床液压系统原理。

外圆磨床主要用于各种圆柱面、圆锥面及阶梯轴等零件的精加工。为完成所需的运动,机床必须具备砂轮的旋转、工件的旋转、工作台带动工件的往复直线运动和砂轮架的周期切入运动。此外,机床还必须完成砂轮架的快进、快退和尾座顶尖的伸缩等辅助运动。在这些运动中,除砂轮、工件的旋转运动由电动机驱动外,其他均为液压传动,以工作台的往复直线运动要求最高。

8.1.1 对外圆磨床工作台的要求

(1)有较高的调速范围。工作台能在 0.05 ~ 4 m/min 范围内实现无级调速,高精度的外圆磨床在修整砂轮时要达到 10 ~ 30 mm/min 的最低稳定速度。

(2)能实现自动换向。要求机床在以上速度范围内可以实现频繁换向,并且换向过程平稳,冲击小,启动、停止迅速。

(3)换向精度高。在同一速度下,换向点动量应小于 0.02 mm;不同速度下,换向点动量应小于 0.2 mm。

(4)端点停留。为避免在磨削过程中因工件两端磨削时间过短而造成尺寸偏差,要求换向时在两端能停留一定时间(0 ~ 5 s)。

(5)工作台能作微量抖动。当磨削面较短时,为提高加工效率和改善表面加工质量,工作台需作短距离(1 ~ 3 mm)的 1 ~ 3 次/s 的频繁往复运动。

8.1.2 外圆磨床工作台换向回路

为了使磨床工作台的运动获得良好的换向性能,提高换向精度,其液压系统需选用合适的换向回路。磨床工作台的换向回路一般分为时间控制制动式和行程控制制动式。

1. 时间控制制动式

图 8 - 1 - 1 为时间控制制动式换向回路，其主油路由主换向阀控制。当节流阀的开口调定后，换向阀 3 移动使工作台制动的时间基本不变。因此当工作台速度大时，其制动过程的冲击就大，换向点的位置精度就较低。这种回路主要用于换向精度要求不高的场合，如平面磨床液压系统。

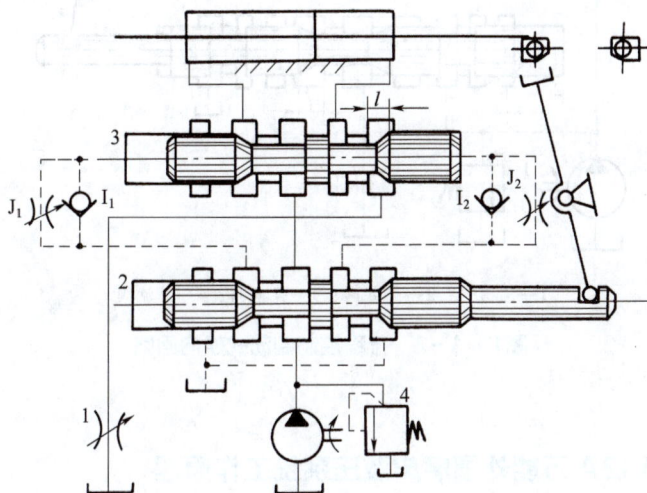

1—节流阀；2—先导阀；3—换向阀；4—溢流阀

图 8 - 1 - 1　时间控制制动式换向回路

2. 行程控制制动式

图 8 - 1 - 2 为行程控制制动式换向回路。其特点是先导阀 2 不仅对操纵主阀的控制压力油起控制作用，还直接参与工作台换向制动过程的控制。当图示工作台向右移动的行程即将结束时，先导阀 2 阀芯左移，液压缸右腔回油路的通流截面面积逐渐减小，对工作台起制动作用，使其速度逐渐减小。当液压缸回油通路接近于封闭，工作台运动速度很小时，主阀的控制油路开始切换，使换向阀 3 阀芯左移，工作台停止并换向。在此情况下，不论工作台原来的速度多大，总是在先导阀阀芯移动一定距离之后，即工作台通过某一确定的行程减速后，主阀才开始换向，所以这种换向回路称为行程控制制动式换向回路。由于工作台制动过程中有预制动和终制动两步，工作台换向平稳、冲击小。工作台完成制动后，在一段时间内，主换向阀使液压缸两腔同时互通压力油，工作台处于停止不动的状态，直到主阀芯移动到两腔油路隔开，工作台反向启动为止，这个阶段又称为端点停留阶段，其时间可由主阀芯两端的节流阀来调节。但是由于先导阀的制动行程恒定不变，制动时间的长短和换向冲击的大小将受运动部件速度的影响。因此，这种换向回路适用于机床工作部件运动速度不大，但换向精度要求较高的场合。

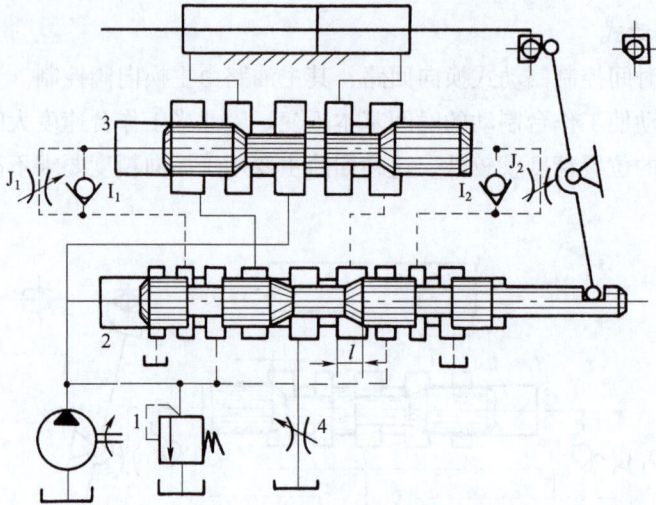

1—溢流阀；2—先导阀；3—换向阀；4—节流阀

图 8-1-2　行程控制制动式换向回路

8.1.3　M1432A 万能外圆磨床液压系统工作原理

图 8-1-3 为 M1432A 万能外圆磨床液压系统。

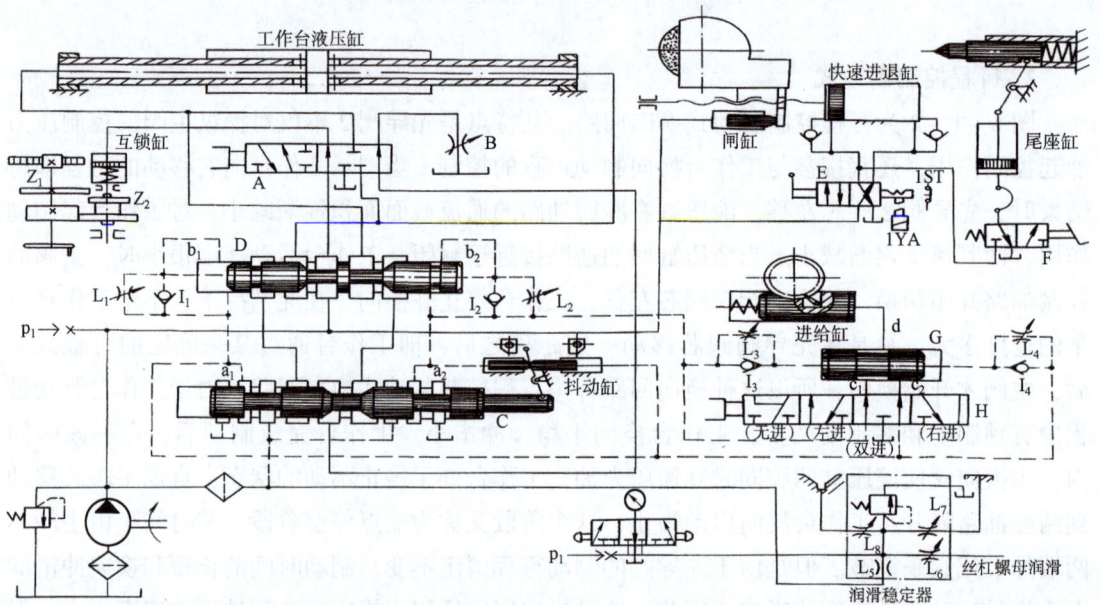

图 8-1-3　M1432A 万能外圆磨床液压系统

M1432A 总图　　　M1432A 右移　　　M1432A 左移

M1432A 砂轮
架快进快退

M1432A 砂轮
架周期进给
运动

M1432A
工作台换向

1. 工作台的往复直线运动

M1432A 万能外圆磨床的工作液压缸为活塞杆固定、缸体移动的双杆活塞式液压缸。在图示状态下，开停阀 A 处于右位，先导阀 C 和换向阀 D 处于右端位置，工作台向右运动，主油路油液流动路线为

进油路：液压泵→换向阀 D→工作台液压缸右腔

回油路：工作台液压缸左腔→换向阀 D→先导阀 C→开停阀 A→节流阀 B→油箱

当工作台右移到预定位置时，工作台上的左挡块拨动先导阀阀芯，并使它最终处于左端位置上。这时控制油路上点 a_2 接通高压油，点 a_1 接通油箱，使换向阀 D 处于其左端位置上，于是主油路的油液流动路线变为

进油路：液压泵→换向阀 D→工作台液压缸左腔

回油路：工作台液压缸右腔→换向阀 D→先导阀 C→开停阀 A→节流阀 B→油箱

这时，工作台向左运动，并在其右挡块碰上拨杆后发生与上述情况相反的变换，使工作台又改变方向向右运动，如此不停往复运动下去，直到开停阀拨向左位时运动才停止。

2. 工作台换向过程

工作台换向时，先导阀先受到挡块的操纵而移动，接着又受到抖动缸的操纵而产生快跳。主换向阀的左端回油路则先后 3 次变换通流情况，使其阀芯产生第一次快跳、慢速移动和第二次快跳。这样就使工作台的换向经历了迅速制动、停留和迅速反向启动 3 个阶段。当图 8－1－3 中先导阀被拨杆推着向左移动时，它的右制动锥逐渐将通向节流阀的通道关小，使工作台逐渐减速，实现预制动。当工作台挡块推动先导阀直到先导阀阀芯右部环形槽使点 a_2 接通高压油，左部环形槽接通油箱时，控制油路被切换。这时左、右抖动缸便推动先导阀向左快跳，因为此时左、右缸油路为

进油路：液压泵→精滤油器→先导阀（左位）→左抖动缸

回油路：右抖动缸→先导阀（左位）→油箱

由此可见，由于抖动缸的作用引起先导阀快跳，就使换向阀两端的控制油路一旦切换就迅速打开，为换向阀阀芯快速移动创造了条件。

由于主阀芯右端接通高压油，使液动换向阀阀芯开始向左移动，即

进油路：液压泵→精滤油器→先导阀（左位）→单向阀 I_2→主换向阀阀芯右端

而液动换向阀阀芯左端通向油箱的回路先后有 3 种连通情况。开始阶段如图 8-1-3 所示，回油路为：液动换向阀阀芯左端→先导阀（左位）→油箱。

由于回油路畅通无阻，阀芯移动速度很大，主阀芯出现第一次快跳，右部制动锥很快地关小主回油路的通道，使工作台迅速制动。第一次快跳使换向阀阀芯中部的台肩移到阀体中间沉割槽处，使液压缸两腔同时接通，工作台停止运动。此后换向阀阀芯在压力油作用下继续左移，直到先导阀的通道被切断，回油路改为：液动换向阀阀芯左端→节流阀 L_1 →先导阀（左位）→油箱。

这时阀芯按节流阀 L_1 调定的速度慢速移动。由于阀体上的沉割槽宽度大于沉割槽中部台肩的宽度，液压缸两腔的油路在阀芯慢速移动期间继续保持相通，使工作台停止持续一段时间（0～5 s 内调整），这就是工作台在反向前的端点停留。最后，当阀芯慢速移动到其左部环形槽和先导阀相连的通道接通时，回油路又变为：液动换向阀阀芯左端→通道 b_1 →换向阀左部环形槽→先导阀（左位）→油箱。

这时，回油路又畅通无阻，阀芯出现第二次快跳，主油路被迅速切换，工作台迅速反向启动，最终完成全部的换向过程。

在反向时，先导阀和换向阀自左向右移动的换向过程与上述相同，但这时点 a_2 接通油箱，而点 a_1 接通高压油。

3. 砂轮架的快进、快退运动

砂轮架的快进、快退运动由快动阀 E 操纵，由快动缸来实现。在图 8-1-3 状态下，快动阀右位接入系统，砂轮架快速前进到最前端位置，此位置是靠活塞和缸盖的接触来实现的。为了防止砂轮架在快速运动终点处引起冲击和提高终点的重复位置精度，快动缸的两端设有缓冲装置（图中未标出），并设有抵住砂轮架的闸缸，用以消除丝杠、螺母间的间隙。快动阀的左位接入系统时，砂轮架后退到最后端位置。

4. 砂轮架的周期自动进给运动

该运动由进给阀操纵，通过砂轮架进给缸上的棘爪、棘轮、齿轮、丝杠螺母等传动副来实现。砂轮架的周期自动进给可以在任意一端（左进给或右进给）或两端停留时进给（双向进给），也可以无进给运动，这些均由选择阀的位置所决定。图 8-1-3 为双向进给位置，进给阀在操纵油路点 a_1 和 a_2 相互变换压力时，向左或向右移动一次，于是砂轮架便做一次间隙进给。进给量的大小由棘爪机构调整，进给快慢及运动的平稳性则通过节流阀 L_3、L_4 来保证。

砂轮架进退与头架、冷却泵电动机之间可以联动。当快动阀 E 的手柄扳至图 8-1-3 状态，使砂轮架快进到加工位置时，行程开关 1ST 触头闭合，主轴电动机和冷却泵电动机随即启动，使工件旋转，并送出冷却液。

为确保机床的使用安全，砂轮架快速进退与内圆磨头的使用位置互锁。当磨削内圆时，将内圆磨头翻下，压住微动开关，使电磁铁 1YA 通电吸合，快动阀 E 的手柄即被锁在快进后的位置上，不允许在磨削内圆时，砂轮架因快退动作而发生事故。

5. 工作台液动与手动的互锁

工作台液动与手动的动作由互锁缸来实现。当开停阀 A 处于图 8-1-3 位置时，互锁缸通入压力油，推动活塞使齿轮 Z_1、Z_2 脱开，工作台运动就不会带动手轮转动。当开停阀 A 的左位接入系统时，互锁缸接通油箱，活塞在弹簧力的作用下移动，使 Z_1、Z_2 啮合，工作台就可以通过手动驱动工作台来调整工件的加工位置。

6. 尾座顶尖的退出

尾座顶尖的退出由一个脚踏式尾架阀操纵，由尾架缸来实现。当砂轮架快速退到安全位置时，踏动脚踏板，系统中压力油通过快动阀左位接入尾架阀处，使尾架顶尖实现快速退回。

7. 其他

液压泵输出的油液还有一部分用于导轨、丝杠螺母、轴承等处的润滑。

8.1.4　M1432A 万能外圆磨床液压系统的特点

（1）采用了活塞杆固定的双杆液压缸，既保证了左、右两个方向运动的速度一致，又减小了机床的占地面积。

（2）系统采用结构简单的节流阀式调速回路，功耗小，这对调速范围不需很大、负载较小且基本恒定的磨床来说非常适宜。

（3）由于采用回油节流调速回路，液压缸回油中有背压，可防止空气渗入液压系统，有助于工作稳定和工作台的制动。对于停车后再启动时的工作台"前冲"现象，由于采用的是手动开停阀，它的转动范围较大（90°），开启速度相对较慢，系统压力又较低，故"前冲"现象得到了改善。

（4）系统采用了把先导阀、换向阀和开停阀做在一个共同阀体内的液压操纵箱结构，结构紧凑，操纵方便，换向精度和换向平稳性都较高。

（5）由于设置了抖动阀，工作台能做短距离的高频抖动，有利于保证切入式磨削和阶梯轴（孔）磨削的加工质量。

（6）由于系统中液动换向阀能实现一次快跳、慢速移动、二次快跳和先导阀的快跳运动，使工作台能获得理想的换向精度。

（7）由于系统中的开停阀和节流阀单独设置，机床重复启动后，工作台速度仍保持不变，从而保证了加工质量。

（8）磨削内孔时，采用电磁铁将快速进退阀锁在快进后的位置上，以防因误操作而造成事故。

8.1.5　实训：拆装磨床

1. 实训内容

（1）观看外圆磨床的外形，通过说明书掌握磨床的主要功能。

（2）清理外圆磨床的周边环境。

（3）按照要求进行拆卸、组装工作。

2. 实训步骤

机床设备拆卸基本原则：由外到内，由上到下。

M1432A 外圆磨床拆卸的基本顺序如下，同学们参考以下步骤进行拆卸。

（1）切断电源，卸下外防护罩壳。拆机床时应先切断电源，然后将外围罩壳卸下，如台面前防冷却液溅出之罩壳，后床身与前床身之间的一直角罩壳，下工作台两端的床身导轨防护罩，磨头拖板前后的罩壳，头架、磨头的传动带罩壳。再拆下头架、磨头上的电动机。

在拆卸的同时应检查罩壳密封处的状态，如有损坏、无法密封，应及时向有关技术人员反映，以便采取有力措施予以解决。

（2）卸下头架、尾座、磨头。松开头架下与底座固定的 2 个螺母，以便转动头架和向上拔。由于其中心有一个定位圆柱，与头架之定位套配合较准，故在向上拔时应保持头架垂直向上、不要倾斜，可顺利地拆下头架。然后松开头架底座与工作台固定的 2 个螺母，即可将底座从工作台上取下。

松开尾架压紧螺母，拆掉一根高压橡胶油管，即可拆下尾座。

松开内圆磨具支架固定在磨头盖板上的螺钉和定位销，就能拆下内圆磨具支架。

松开磨头体壳与拖板固定的 2 个螺母，可转动磨头。在起吊磨头时，应一边转动，一边起吊，与头架一样，磨头也有一个定心柱，配合较紧密，只能垂直向上吊，不能倾斜，即可顺利地拆卸下磨头。

（3）拆上下工作台及圆盘。先拆下上工作台两端的压板，以及右面的调整上工作台转动角度的丝杠副，然后推上工作台转动，使之两端越出下工作台。由于上、下工作台的中间有一定位套和柱配合紧密，故起吊上工作台时应同时转动上工作台，以求平稳不致倾斜，即可方便地吊出上工作台。

松开装于工作台下面的液压缸两端活塞杆与机床身上的 2 个定位脚的螺母，以及活塞杆两端的油管，即可吊起下工作台。

圆盘可直接从后底座上吊起，只是吊离后底座时应拆下一根通入半螺母的润滑油管。

（4）卸下工作台手摇机构、横进给机构、横进丝杠及后底座。卸下前罩，即可拆下工作台手摇机构、横进给机构。

拆下快速进给液压缸下部的两根油管，松开快速进退液压缸固定在后底座上的 4 个螺钉，即可将快速进退液压缸连同横进给丝杠一起拆卸下来。拆下闸缸油管及后底座与床身相连接的螺钉和定位销，即能拆下后底座。

（5）液压部件的拆卸。拆下 HYY 91/3 - 25 工作台操纵箱、HYY 95/2 - 16 快速进退操纵箱，拆下溢流阀。

拆下床身内液压油管，松开操纵箱底板与床身相结合的全部螺钉。

打开工作台液压缸两端法兰盏，抽出活塞，将活塞两端的锥销卸下，活塞杆即可从活塞中抽出。

拆下快速进退液压缸两端的法兰盏，抽出活塞。

机床设备组装基本原则：由内到外，由下到上。M1432A 万能外圆磨床组装顺序与拆卸相反。

3. 实训要求

（1）拆除磨床上的电器时，注意不要损坏、丢失线头上的线号，将线头用胶带包好。

（2）拆卸下的零部件要摆放整齐，拆卸完毕后要用煤油清洗元件，方可进行装配。

（3）清理磨床周边环境，保持实习场地清洁，做到安全文明生产。

4. 安装磨床液压系统

液压系统的安装就是用管路把液压元件连接起来组成回路，包括液压管路、液压元件及辅助元件的安装等。在液压系统安装以前，要做好以下准备工作。

（1）准备与熟悉技术资料。

（2）物质准备与质量检查。

查阅资料，写出液压系统安装的基本注意事项。

（1）液压管路的安装。液压管路是连接液压泵、各种管式液压阀或板式液压阀的集成块和执行元件的通道。

①正确安装管道

a. 管道应尽量短一些，对长管道要注意设置足够的隔振支撑点，保证管道有足够的刚性，防止管道共振。

b. 管道与液压泵、阀、中介法兰等位置确定，连接处密封良好，以免吸油管管道中混入空气产生噪声和振动。

c. 管道弯曲小于30°，弯头曲率半径应大于管道直径的5倍。

（2）液压元件的安装。各种液压元件的安装方法和具体要求，在产品说明书中都有详细的说明，特别是对介质、使用环境及调整方面的特殊要求，在安装时必须加以注意。

①液压泵的安装。

液压泵的安装：安装液压泵与电动机时，要注意将同轴度误差控制在 0.02 mm 以内，并采用柔性联轴器。回转部分要做动平衡。如果液压泵与电动机装在油箱盖上，则液压泵—电动机与油箱盖之间应加防震橡胶垫和吸振材料。如有可能，应尽量减小泵的吸油高度或吸油过滤器的密度。

②液压阀类元件的安装。液压元件在安装前要用煤油清洗（未拆封的手续完备的合格产品除外）。

③执行元件（液压缸）的安装。液压缸是液压系统的执行元件，它的安装方式必须符合生产厂家的规定。

8.1.6　实训：　磨床液压系统调试

1. 液压系统的调整

（1）液压泵工作压力。调节主油路液压泵的安全阀或溢流阀，使其调整压力为 8 ~ 12 MPa。

（2）压力继电器的工作压力。调节压力继电器的弹簧，使其调整压力低于供油压力 0.3 ~ 0.5 MPa。

（3）工作部件的速度及其平稳性。调节节流阀、调速阀、变量泵（或变量马达）、润滑系统及密封装置，使工作部件运动平稳、没有外泄漏。

2. 实训内容

调试 M1432A 万能外圆磨床液压系统时，参考以下事项。

机床液压系统在制造厂已经全面试验及调整固定，使用单位一般可按使用程序进行开车运行，不必重新调整。但在运输及安装过程中可能发生变化，此时要按调试方法中有关项目进行调试（大修后也必须进行调试才能投入使用）。

（1）进行外观检查并进行开车准备。注意将各操纵手柄置于关闭位置，砂轮架位于退出位置，砂轮架离工作台的距离不少于快速进给的行程量。

（2）启动液压泵电动机并检查、记录液压泵的运转是否正常，如有异常，应予以排除。

（3）将开停阀的手柄搬到"开"的位置。此时，由于溢流阀调压手轮处于放松状态，系统压力很低，故液压缸可能动作不了。

（4）调整工作台挡铁位置，然后逐渐旋紧溢流阀和润滑油稳定器的调压手轮，适当调节阻尼器的开口，使系统压力为 0.9～1.1 MPa，润滑系统压力为 0.08～0.15 MPa；使液压缸全行程动作数次，由低速到中速，打开排气阀排气 2～3 min。

检查工作台动作是否正常并记录各压力值。特别要注意润滑油是否正常，如发现导轨润滑油过多（会使工作台产生浮动而影响加工精度）或过少（会使工作台产生爬行现象），可调整润滑油稳定器的调节螺钉。一般若油量过多，则首先检查是否由于压力过高而引起，必要时可降低压力；若油量过少，则应考虑是否由于压力过低而引起，可先升高压力。

（5）验证并记录工作台的液动与手摇机构是否能连锁。

（6）调整工作台挡铁，使工作台在床身中部以低速（约 1 m/min）、较短行程（约 1/2 全行程）做往复运动，观察换向是否正常，然后调整至全行程以低速运行数次后，再逐渐转至最高速度运行。在工作台运行时，观察换向是否正常（两端点停留时间的可调性应在 0～5 s 范围内，是否有冲击现象等），若有残留空气，可继续排除。

（7）调整工作台行程为 1 m，验证工作台的调速性能。测出工作台的最大速度和最低稳定速度，并做好记录。

（8）验证并记录砂轮架快速移动是否正常，注意观察快到终点位置时是否有冲击，并调节进给量，观察进给量为使用说明书中规定的数值时砂轮架是否正常。

（9）验证并记录行程开关的联动作用（砂轮架快进时，砂轮主轴旋转，冷却液压泵电动机启动；快退时，砂轮主轴、冷却液压泵电动机停止转动）。

（10）验证并记录是否只在砂轮架快退时尾座顶尖才有可能退出。

（11）验证并记录内圆磨头放下时，电磁铁是否可靠地将砂轮架锁在快进位置上。

（12）记录调试时的油温和室温，出现异常情况时，应及时予以排除。

经上述所有动作，验证均正常后，机床液压系统就能正常运转使用，但必须指出：若机床长期停止使用后再开动时，仍应按上述程序进行检查，以免影响正常使用性能。调试完毕，必须整理调试记录并记入设备技术档案，作为以后进行设备故障分析的资料和数据。

3. 任务评价

主要考察运行效果、操纵箱、液压缸、系统密封等。例如：

工作台往复运动差不大于 10%；

换向长度不超过 200 mm；

同速差小于 0.005 mm；

异速差小于 0.2 mm。

任务 8.2　压力机液压系统

学习目标

1. 掌握压力机液压系统工作原理。
2. 能看懂液压回路图。

学习过程

用 PPT 演示其他典型设备液压系统原理；绘制液压工作原理图。

8.2.1　概述

压力机是工业部门广泛应用的一种利用静压压力加工的设备，常用于塑性材料的压制工艺，如冲压、弯曲、翻边和薄板拉伸等，也可进行校正、压装、塑料及粉末制品的压制成型工艺。

压力机对其液压系统的基本要求如下：

（1）为完成一般的工艺，要求主缸（上液压缸）驱动上滑块能实现"快速下行→慢速加压→保压延时→快速返回→原位停止"的工作循环；要求顶出缸（下液压缸）驱动下滑块实现"向上顶出→停留→向下退回→原位停止"的工作循环，如图 8-2-1 所示。

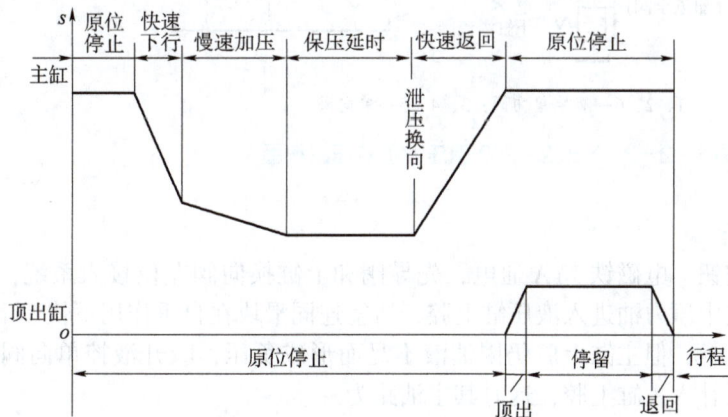

图 8-2-1　压力机工作循环图

（2）液压系统的压力要能经常变换和调节，并能产生较大的压制力（吨位），以满足工作要求。

（3）流量大、功率大、空行程和加压行程的速度差异大。因此要求功率利用合理，工作平稳，安全可靠。

8.2.2 YB32－200 型压力机液压系统工作原理

图 8－2－2 为 YB32－200 型压力机液压系统。该系统由恒功率式变量轴向柱塞泵给系统提供高压油，压力由远程调定阀调定。

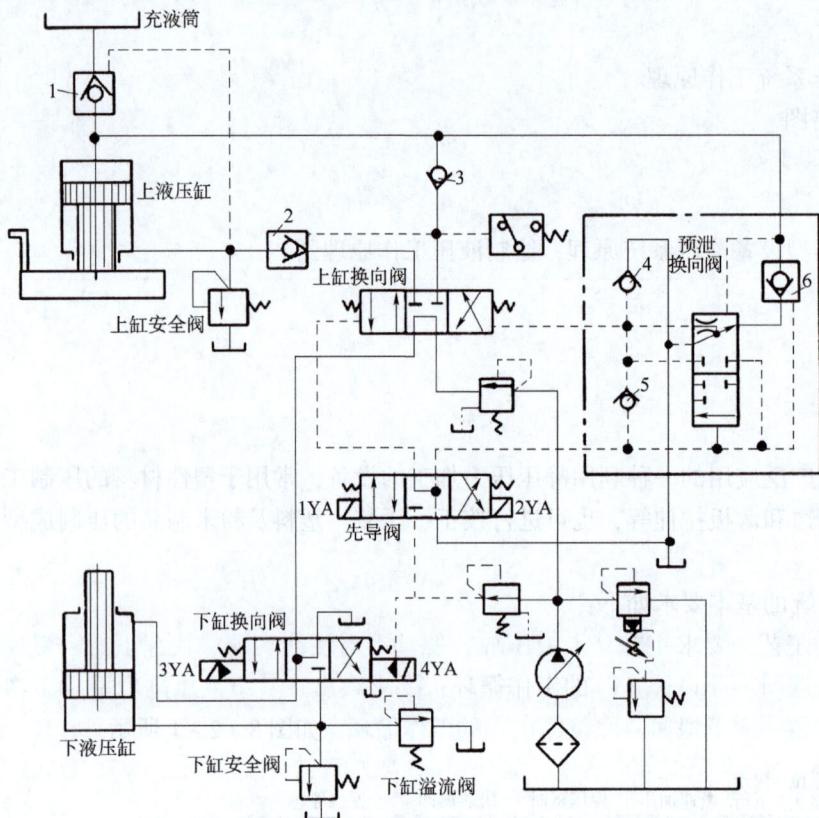

YB32－200 型压力机液压系统

1，2，6—液控单向阀；3，4，5—单向阀

图 8－2－2　YB32－200 型压力机液压系统图

1. 快速下行

按下启动按钮，电磁铁 1YA 通电，先导阀和上缸换向阀左位接入系统，液控单向阀被打开，这时系统中压力油进入液压缸上腔，活塞连同滑块在自重作用下快速下行，尽管泵在此时输出最大流量，但主缸上腔仍因油液不足而形成负压，吸开液控单向阀（充液阀）1，充液筒内的油便补入主缸上腔，这时其主油路为

进油路：液压泵→顺序阀→上缸换向阀（左位）→单向阀→上缸上腔

回油路：上缸下腔→液控单向阀 2→上缸换向阀（左位）→下缸换向阀（中位）→油箱

2. 慢速加压

上滑块在运行过程中接触到工件，这时上液压缸上腔压力升高，液控单向阀 1 关闭，变量液压泵通过压力反馈，输出流量自动减小，此时上滑块转入慢速加压。

3. 保压延时

当系统压力升高到压力继电器调定值时，压力继电器发出信号使1YA断电，先导阀和上缸换向阀恢复到中位。液压泵通过换向阀中位机能卸荷，保压时间由时间继电器控制，可在0～24 min内调节。

4. 卸压快速返回

保压结束后，时间继电器发出信号使电磁铁2YA通电，先导阀右位接入系统，为上缸回程创造条件。但是由于上缸上腔油压高、直径大、行程长，缸内油液在加压过程中储存了较多能量，为此，上缸先卸压后再回程。先导阀右位接入系统后，控制油路中压力油打开液控单向阀6内的卸荷小阀芯，使上缸上腔的油液开始卸压。压力降低后预泄换向阀阀芯向上移动，其下位接入系统，上缸换向阀右位处于工作状态，从而实现上滑块迅速返回。其主油路为

进油路：液压泵→顺序阀→上缸换向阀（右位）→液控单向阀2→上缸下腔

回油路：上缸上腔→液控单向阀→充液筒

上滑块迅速返回时，从回油路进入充液筒的油液若超过预定位置，多余油液就由溢流管流回油箱。单向阀4用于上缸换向阀由左位回到中位时补油；单向阀5用于上缸换向阀由右位回到中位时排油。

5. 原位停止

上滑块上升至预定高度，挡块压下行程开关，电磁铁2YA断电，先导阀和上缸换向阀均处于中位，这时上滑块停止运动，即原位停止。

6. 下滑块的顶出、返回和原位停止

下滑块向上顶出时，电磁铁4YA通电，这时油路为

进油路：液压泵→顺序阀→上缸换向阀→下缸换向阀→下缸。

回油路：下缸上腔→下缸换向阀→油箱。

下滑块向上移动至下缸中活塞碰上缸盖时，便停留在这个位置上。当4YA断电、3YA通电时油路换向，下缸活塞向下退回。当3YA断电后，下缸处于中位，下缸活塞原位停止。

8.2.3　YB32-200型压力机液压系统主要特点

（1）系统采用轴向柱塞式高压大流量恒功率变量液压泵供油，既符合工艺要求又节省能量。

（2）该系统为典型的以压力控制为主的液压系统。采用远程调压控制回路，使控制油路获得低压（2 MPa）的减压回路、高压液压泵的低压卸荷回路，系统利用管道和油液的弹性变形及液控单向阀和液压缸等元件的密封性来实现保压，方法简单，但对液控单向阀和液压缸等元件的密封性能要求较高。系统还采用了液控单向阀的平衡回路。

（3）系统采用了专门的卸压回路，保证动作平稳，防止换向时的液压冲击和噪声。

（4）由于该系统利用上滑块自重作用实现快速下行，并利用液控单向阀对主缸上腔补油，故结构简单、液压元件少，在中、小型液压机中常被采用。

（5）该系统中两个液压缸各有一个安全阀进行过载保护。

任务 8.3 MJ-50 型数控车床液压系统

学习目标

1. 掌握 MJ-50 型数控车床的液压系统工作原理。
2. 能看懂液压回路图。

学习过程

用 PPT 演示其他典型设备液压系统原理；绘制液压工作原理图。

8.3.1 概述

目前，数控车床上大多使用了液压技术。这里介绍 MJ-50 型数控车床的液压系统，图 8-3-1为该系统的原理图。

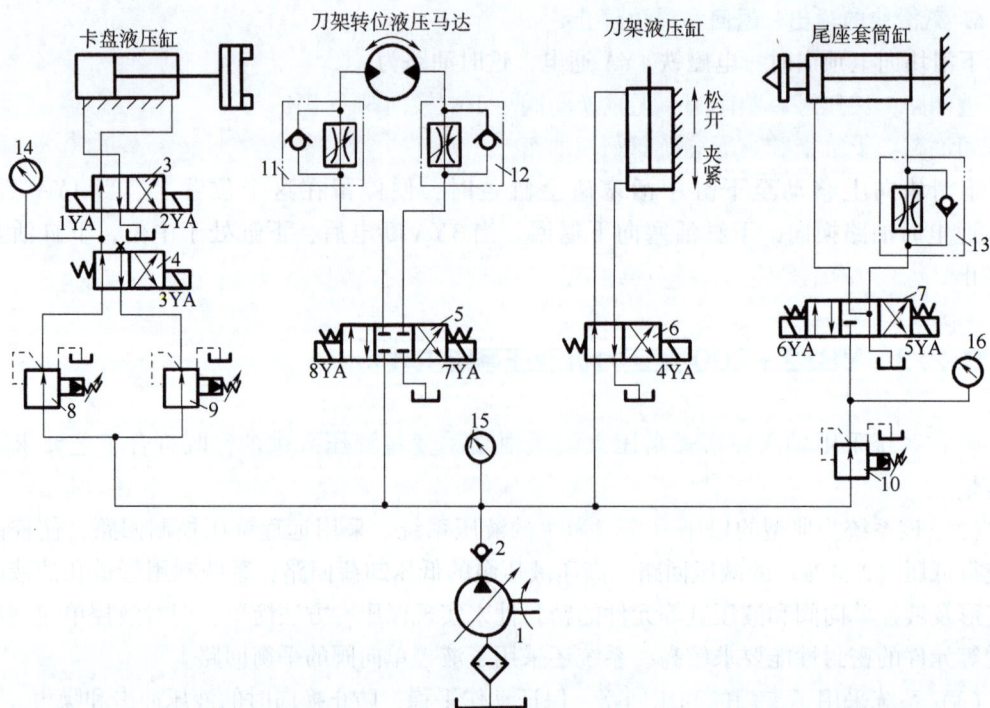

1—液压泵；2—单向阀；3，4，5，6，7—换向阀；8，9，10—减压阀；11，12，13—调速阀；14，15，16—压力计

图 8-3-1 MJ-50 型数控车床液压系统原理

数控车床由液压系统实现的动作有：卡盘的夹紧与松开、刀架的夹紧与松开、刀架的正转与反转、尾座套筒的伸出与缩回。液压系统中各电磁阀的电磁铁动作由数控系统的可编程序控制器控制，各电磁铁动作见表8-3-1。

表8-3-1　MJ-50型数控车床电磁铁动作表

动作			1YA	2YA	3YA	4YA	5YA	6YA	7YA	8YA
卡盘正转	高压	夹紧	+	−	−					
		松开	−	+	−					
	低压	夹紧	+	−	+					
		松开	−	+	+					
卡盘反转	高压	夹紧	−	+	−					
		松开	+	−	−					
	低压	夹紧	−	+	+					
		松开	+	−	+					
刀架	正转								−	+
	反转								+	−
	松开					+				
	夹紧									
尾座	套筒伸出						−	+		
	套筒缩回						+	−		

8.3.2　液压系统的工作原理

机床的液压系统采用由单向变量液压泵供油，系统压力调至4 MPa，压力由压力计15显示。泵输出的压力油经过单向阀进入系统，其工作原理如下。

1. 卡盘的夹紧与松开

当卡盘处于正卡（或称外卡）且在高压夹紧状态下时，夹紧力的大小由减压阀8来调整，夹紧压力由压力计14来显示。当1YA通电时，换向阀3左位工作，系统压力油经减压阀8、换向阀4、换向阀3到液压缸右腔，液压缸左腔的油液经换向阀3直接回油箱。这时，活塞杆左移，卡盘夹紧。反之，当2YA通电时，换向阀3右位工作，系统压力油经减压阀8，换向阀4，3到液压缸左腔，液压缸右腔的油液经换向阀3直接回油箱。这时，活塞杆右移，卡盘松开。

当卡盘处于正卡且在低压夹紧状态下时，夹紧力的大小由减压阀9来调整。这时，3YA通电，换向阀4右位工作。换向阀3的工作情况与高压夹紧时相同。卡盘反卡时的工作情况与正卡相似。

2. 回转刀架的回转

换刀时，首先是回转刀架松开，然后刀架换位到指定位置，最后刀架复位夹紧。当4YA

通电时，换向阀 6 开始工作，刀架松开，当 8YA 通电时，液压马达带动刀架正转，转速由单向调速阀 11 控制。若 7YA 通电，则液压马达带动刀架反转，转速由单向调速阀 12 控制，当 4YA 断电时，换向阀 6 左位工作，液压缸使刀架夹紧。

3. 尾座套筒缸的伸缩运动

当 6YA 通电时，换向阀 7 左位工作，系统压力油经减压阀 10、换向阀 7 到尾座套筒液压缸的左腔，液压缸右腔油经单向调速阀 13、换向阀 7 回油箱，缸筒带动尾座套筒伸出，伸出时的预紧力大小通过压力计 16 显示。反之，当 5YA 通电时，换向阀 7 右位工作，系统压力油经减压阀 10、换向阀 7、单向调速阀 13 到尾座套筒液压缸的右腔，液压缸左腔油经换向阀 7 回油箱，缸筒带动尾座套筒缩回。

8.3.3　液压系统的特点

（1）采用单向变量泵向系统供油，能量损失小。

（2）用换向阀控制卡盘，实现高压和低压夹紧的转换，并且分别调节高压或低压夹紧力的大小，这样可根据工件情况调节夹紧力，操作方便简单。

（3）用液压马达实现刀架的转位，可实现无级调速，并能控制刀架正反转。

（4）用换向阀控制尾座套筒液压缸的换向，以实现套筒的伸出和缩回，并能调节尾座套筒伸出时的预紧力大小，以适应不同工件的需要。

（5）压力计 14、15、16 可分别显示系统相应处的压力，以便于故障诊断和调试。

任务8.4　YT4543 型动力滑台液压系统维护和故障排除

学习目标

1. 能够正确安装、调试、使用和维护液压系统。
2. 熟悉液压系统的常见故障及排除方法。
3. 能够分析 YT4543 型动力滑台液压系统故障并排除。

学习过程

学习网络资源，以 YT4543 型动力滑台液压系统为例学习故障分析与排除。

一台液压装置，如果不注意维护保养工作，就会过早损坏或频繁发生故障，使装置的使用寿命大大降低。在对液压装置进行维护保养时，应针对发现的事故苗头，及时采取措施，这样可减少和防止故障的发生，延长元件和系统的使用寿命。因此，设备管理人员应制定液压装置的维护保养管理规范，并严格执行。

8.4.1　液压系统的使用

为了保证液压设备的良好工作状态，延长使用寿命，必须合理、正确的使用和维护保养液压设备。

（1）使用者应明白液压系统的工作原理，熟悉各种操作和调整手柄的位置及旋向等。

（2）开车前应检查液压系统上各调整手柄、手轮是否在相应位置上，电器开关和行程开关的位置是否正常，主机上工件安装是否正确、牢固，再对导轨和活塞杆进行擦拭，然后才可以开车。

（3）开车前还应检查油面，保证系统有足够的油液。液压油要定期检查更换，新设备使用3个月后即应清洗油箱，更换新油，以后每隔半年到一年进行清洗和更换一次。

（4）开车时，应先启动控制油路液压泵。

（5）工作中要随时注意油液温度，保证油温在规定范围内，一般油箱中油液温度不应超过60 ℃，当油温过高时须设法冷却。当油温过低时，应进行预热，使油温逐步升高，再进入正常工作状态。

（6）系统中应根据需要配置粗、精过滤器，对过滤器要经常检查、清洗和更换。

（7）油箱要加盖密封，油箱上面的通气孔要设置空气过滤器，加油时要进行过滤。

（8）有排气装置的系统要进行排气，无排气装置的系统在工作之前要进行几次空载往复运动，使之自然排出气体。

（9）对压力控制元件的调整，一般先调整溢流阀，压力从0开始逐步提高，使之达到规定的压力值，然后依次调整各回路的压力控制阀。主油路液压泵的安全溢流阀的调整压力一般要大于执行件所需工作压力的10% ~ 25%；快速运动液压泵的压力阀的调整压力要大于所需压力的10% ~ 20%；用卸荷压力油供给控制油路和润滑油路时，压力应保持在0.3 ~ 0.6 MPa；压力继电器的调整压力一般应低于供油压力0.3 ~ 0.5 MPa。

（10）流量控制阀要从最小流量开始逐步调整到大流量。同步运动执行件的流量控制阀应同时调整，保证运动的平稳性。

（11）若设备长期不使用，应将各手轮、手柄全部放松，防止弹簧产生永久变形而影响元件的性能。

8.4.2　液压系统维护保养

维护保养工作的主要任务是保证供给液压系统清洁的液压油；保证液压系统的封闭性；保证液压元件和系统得到规定的工作条件，以保证液压执行机构按预定的要求进行工作。维护工作可以分为日常维护、定期检查。前者是每天必须进行的维护工作，后者可以是每周、每月或每季度进行的维护工作。维护工作应有记录，以利于故障诊断和处理。

1. 日常维护

日常维护指工作人员利用触觉、视觉、听觉和嗅觉等简单的方法，在液压泵启动前、后和停止运转前，检察油的质量、油量、油温、压力、泄漏、振动、噪声等情况，及时发现、解决问题，并对系统进行维护和保养，对重要设备填写"日常维护卡"。日常检查维护一共有两个要点：

（1）防止泄漏。

（2）液压流体的处理。

如果在日常检查过程中发现任何异常现象，应按以下方法处理：

（1）应将它报告给维修部门，并尽可能地在不耽误工作的情况下调查原因。

（2）保持设备、周边及地面清洁。

2. 定期检查

定期检查是指每隔一固定时间就对相关元部件进行检查维修，调查日常维护中发现的异常现象的原因并进行排除，目的是提早发现事故的苗头。如定期更换密封件，定期清洗更换液压元件，定期检查润滑油路。定期检查时间通常与过滤器检修期相同（2～3 个月）。

注意：漏油检查应在白天车间的休息时间或下班后进行。这时，液压装置已停止工作，车间内噪声小，但管道内还有一定的压力，根据漏油的声音及气味便可知何处存在泄漏。严重泄漏处必须立即处理，如软管破裂、连接处严重松动等。其他泄漏应做好记录。

8.4.3　液压系统的故障分析

液压设备是由机械、液压系统及电器等组成的统一体，结构复杂，其液压系统的故障也是各种各样的。由于内部情况从外部观察不到，要寻找故障产生的原因是比较困难的。当液压系统产生故障的时候绝不能毫无根据地乱拆，更不能把系统中的元件全部拆下来检查。只有熟悉液压系统工作原理、基本回路的功能和液压元件的结构，并且具有一定的实践经验，采用一定方法才能迅速查明故障原因，准确判断故障部位，并及时排除。

1. 设备检修人员在生产现场对故障的排除方法

在生产现场，设备检修人员可以通过"四觉诊断法"来分析判断故障产生的部位和原因，从而采取相应方法措施排除故障。

所谓"四觉诊断法"就是指经验丰富的检修人员利用触觉、视觉、听觉和嗅觉来分析判断液压系统的故障。

（1）触觉，检修人员通过触摸来判断系统各处温度的高低和振动的大小及各元件的松动情况。

（2）视觉，检修人员凭经验观察机构运动的力度、运动的平稳性、泄漏和油液变色的情况，对故障进行分析。

（3）听觉，检修人员根据液压泵和液压马达的异常声响、溢流阀发出的声音及油管的振动和其他异常的声音等来判断噪声和振动的大小，以及元件的损坏情况。

（4）嗅觉，检修人员通过气味来判断油液变质和液压泵发热烧结等故障。

2. 通过逻辑分析法对液压系统故障进行排除

逻辑分析法就是根据液压系统的基本原理进行逻辑分析，减少怀疑对象，逐渐逼近，找出故障发生部位的方法。液压系统工作不正常可归纳为压力、流量和方向三大问题。当系统出现故障时，根据故障形式分析液压系统图并检查各元件，确认其性能和作用，初步评定系统质量状况。接着列出与故障有关的元件清单，在列清单时不要漏掉任何一个对故障有重大影响的元件。之后根据检查的难易程度安排元件检查的顺序，并列出重点检查的元件和部位。然后，进行初步检查，判断元件的选用和装配是否合理；元件的测试方法是否正确；元件的外部信号是否合适，对外部信号是否有响应等。

在初检过程中要特别注意出现故障的前兆，如高温、噪声、振动和泄漏，以及以前出现的类似故障和处理的方法等。如果初检没有检查出引起故障的元件，则应用仪器反复检查，直到检查出引起故障的元件，并对发生故障的元件进行修理或更换。最后，在重新启动设备前要认真思考引起故障的前因后果，预测出以后可能出现的故障和隐患，以便采取相应的措施。

8.4.3.1　工作介质污染造成的故障及排除方法

液压油的污染是液压系统发生故障的主要原因。液压油污染严重影响液压系统的可靠性及液压元件的寿命。因此对液压油的正确使用及污染控制是提高液压系统综合性能的重要手段。

1. 污染的原因

（1）残留污染。液压元件和液压系统有装配中的残留物，如毛刺、切屑、型砂、棉纱等。

（2）侵入污染。液压系统运行过程中，由于密封不完善由系统外部侵入污染物，如灰尘、水分等。

（3）生成污染。液压系统运行中生成污染物，如腐蚀剥落的金属颗粒、油液老化后的胶状生成物等。

2. 污染的危害

（1）固体颗粒及胶状物，造成缝隙堵塞、过滤器失效、液压泵运转困难、阀动作失灵，以及产生噪声。

（2）微小颗粒，加速零件磨损，擦伤密封件，泄漏增加。

（3）水分和空气，降低油液润滑能力，加快油液氧化变质，使元件表面产生气蚀、系统出现振动和爬行现象。

3. 现场检测液压油的方法

（1）外观检测。外观检测主要通过观察油的颜色和气味来进行。如油的颜色变浅，应考虑是否混入了稀释油，必要时检测油的黏度；如油的颜色变深，稍微发黑，则表明油已开始变质或被污染，此时若油的工作时间不长，可能是过滤器失效或有其他污染途径；如油的颜色变得更深，不透明并浑浊，表明油已完全劣化或严重污染；如油本来颜色没有多大变化，只是浑浊不透明，往往是油中混入了水，至少有 0.03% 的水，必要时可进行水分检测。但要注意，有些高级液压油在初装到油箱里时，看起来好像浑浊，经过一段运转后便透明了，并没有丧失原有性质，这应当看作是正常的。

通过外观检测对液压油的优劣进行判断及处理方法见表 8 -4 -1。

表 8 -4 -1　液压油污染程度及处理方法

外观	气味	状态	处理方法
色透明无变化	良	良	仍然可使用
透明但色变浅	良	混入别种油	检查黏度、若好可再使用
变成如白色	良	混入空气和水	分离掉水分；部分或全部换油

续表

外观	气味	状态	处理方法
变成黑褐色	不好	氧化变质	全部更换
透明而有小黑点	良	混入杂质	过滤后使用；部分或全部换油
透明而闪光	良	混入金属粉末	过滤后使用；部分或全部换油

（2）水分检测。水分是液压油中的含水量，是液压油中的液体污染物。液压油中的含水量一般用百分率表示。

现场可用经验测定方法：取一支试管（$\phi15\times150$ mm），将油样注入试管 50 mm 高，再将试管中的油样充分摇晃均匀，用试管夹夹住放在酒精灯上加热。如果没有显著的响声，可认定不含水分。如果发生不断的连续响声，而且在 20 ~ 30 s 以内，响声消失，则可估计其含水量小于 0.03%；连续响声持续到 40 ~ 50 s 以上时，可粗略估计其含水量为 0.05% ~ 0.10%，这时应考虑离心除水或换油。

（3）机械杂质测定。液压油中机械杂质包括从外部混入的夹杂物（如切屑、焊渣、磨料、锈片、漆片、纤维末等），工作中系统本身不断产生的污垢（如元件磨损生成的金属粉末、密封材料的磨损颗粒等）。这些颗粒杂质严重地影响着液压系统的正常工作，会阻塞孔道、加剧元件磨损等。液压油中的机械杂质是液压油中固体污染物的主要成分。

在各种污染物中固体颗粒污染物是液压系统中最普遍、危害性最大的污染物。据经验，在由污染物造成的液压系统故障中，至少 70% 是由于固体颗粒污染物所造成的。因此及时检测液压油中的机械杂质，采取相应措施，不但能保证系统用油质量，而且能延长液压元件的使用寿命，确保液压系统的正常工作。

1）检测固体颗粒污染物的定量方法

液压油的污染度是指单位容积液体中固体颗粒污染物的含量。目前常用的污染度等级标准有两个：一个是我国制定的 GB/T 14039—2002 液压传动油液固体颗粒污染等级代号，一个是美国 NAS 1638—2011 标准。

GB/T 14039—2002 国际标准用三个代号表示油液的污染度，如等级代号为 22/18/13 的液压油，前面的代号 22 表示 1 mL 油液中尺寸大于等于 4 μm 颗粒数的等级，颗粒数在 20 000 ~ 40 000 之间（包括 40 000），中间的代号 18 表示 1 mL 油液中尺寸大于等于 6 μm 颗粒数的等级，颗粒数在 1 300 ~ 2 500 之间（包括 2 500）。后面的代号 13 表示 1 mL 油液中尺寸大于等于 14 μm 颗粒数的等级，颗粒数在 40 ~ 80 之间（包括 80）。代号的含义见表 8 - 4 - 2。

表 8 - 4 - 2　GB/T 14039—2002 液压传动油液固体颗粒污染等级代号

1 mL 油液中的颗粒数	等级代号	1 mL 油液中的颗粒数	等级代号
> 2 500 000	大于 28	> 40 ~ 80	13
> 1 300 000 ~ 2 500 000	28	> 20 ~ 40	12
> 640 000 ~ 1 300 000	27	> 10 ~ 20	11
> 320 000 ~ 640 000	26	> 5 ~ 10	10
> 160 000 ~ 320 000	25	> 2.5 ~ 5	9

1 mL 油液中的颗粒数	等级代号	1 mL 油液中的颗粒数	等级代号
>80 000 ~ 160 000	24	>1.3 ~ 2.5	8
>40 000 ~ 80 000	23	>0.64 ~ 1.3	7
>20 000 ~ 40 000	22	>0.32 ~ 0.64	6
>10 000 ~ 20 000	21	>0.16 ~ 0.32	5
>5 000 ~ 10 000	20	>0.08 ~ 0.16	4
>2 500 ~ 5 000	19	>0.04 ~ 0.08	3
>1 300 ~ 2 500	18	>0.02 ~ 0.04	2
>640 ~ 1 300	17	>0.02 ~ 0.04	2
>320 ~ 640	16	>0.01 ~ 0.02	1
>160 ~ 320	15	≤0.01	0
>80 ~ 160	14		

2）现场检测固体颗粒污染物的经验方法

（1）目测法是用肉眼直接观察油液被污染程度的方法，在机械设备工作一段时间后，取数滴液压油放在手上，用手指捻一下，查看是否有金属颗粒，或在太阳光下观察是否有微小的闪光点。如果有较多的金属颗粒或闪光点，说明液压油中含有较多机械杂质。由于人眼的能见度下限是 40 μm，所以能观察出杂质的油已经很脏了，必须更换。

（2）滤纸试验法是把用过的一滴油滴在 240 目（9 216 孔/cm²）的滤纸上，滤纸在吸干这滴油后形成一种特定的形式，根据这种形式鉴别出油的污染程度。几种典型的实验结果如图 8 - 4 - 1 所示。图 8 - 4 - 1 （a）表示扩散性特别高，不溶性污物少。油滴中心颜色一般较浅，外圈不明显，油仍可使用。图 8 - 4 - 1 （b）表示扩散性高，不溶性污物中等，油滴中心颜色很淡，外部有个昏圈，油也仍可使用。图 8 - 4 - 1 （c）表示外圈清晰，有一个分布均匀的暗色中心，油不能用。图 8 - 4 - 1 （d）表示外圈很清晰，圈内呈均布的暗色，油滴颜色的浓度随污染而变，油不能用。

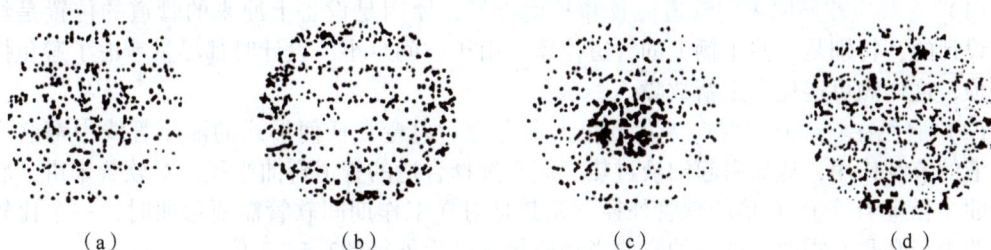

（a）　　　　　（b）　　　　　（c）　　　　　（d）

图 8 - 4 - 1　几种典型的试验结果

（a）扩散性特别高；（b）扩散性高；（c）有暗色中心；（d）呈均布暗色

4. 污染的控制

为防止油液污染，在实际工作中应采取如下措施。

（1）液压系统在装配后、运转前必须用系统工作中使用的油液进行彻底清洗。

（2）液压油在工作中保持清洁。尽量防止工作中空气、水分和灰尘的侵入。

（3）采用合适的滤油器，并要定期检查和清洗滤油器。发现损坏应及时更换。

（4）必要时检查并更换防尘圈和密封圈。

（5）定期更换液压油。一般在累计工作1 000 h后，应当换油。在间断使用时可根据具体情况隔半年或一年换油一次。

（6）油箱应加盖密封，防止灰尘落入，在油箱上面应设有空气过滤器。

控制液压油的工作温度。一般液压系统的工作温度最好控制在65 ℃以下，机床液压系统则应控制在55 ℃以下。

8.4.3.2 液压系统的泄漏及控制措施

1. 缝隙泄漏

液压元件中零件之间，特别是相对运动面之间都有一定的配合间隙，即缝隙。油液在两配合面相对运动作用下形成剪切流动，在缝隙两端压力差作用下形成压差流动，从而产生缝隙流量，即泄漏。泄漏造成液压系统流量损失，功率损耗加大，油温升高，效率降低。

2. 液压装置外泄漏的主要部位和原因

液压装置的外泄漏，主要发生在元件之间或零件之间的固定连接处，以及外伸轴杆的动配合处。以下是根据治漏实践总结而得的液压件泄漏的各主要部位及其常见原因。

（1）管接头处。管接头类型与使用条件不符；接头的加工质量差，不起密封作用；接头装配不良；接头密封圈老化或破损；机械振动或压力脉冲等原因引起接头松动等。

（2）不承受压力负载的结合面处。结合面的表面粗糙度和不平度过大；由各种原因引起的零件变形使两表面不能全面接触；密封件硬化或破损使密封失效；装配时结合面上有砂尘等杂质；被密封的油腔内有压力等。

（3）承受压力负载的结合面处。结合面粗糙不平；紧固螺栓拧紧力矩不够或各螺栓拧紧力矩不等；密封圈失效；结合表面翘起变形；密封圈压缩量不够等。

（4）轴向滑动表面密封处。密封圈的材料或结构类型与使用条件不符；密封圈老化或破损；轴表面粗糙或划伤；密封圈安装不当等。

（5）转轴密封处。转轴表面粗糙或划伤；油封材料或结构类型与使用条件不符；油封老化或破损；油封与轴偏心过大或转轴振动过大等。

3. 防止泄漏的方法

为了防止泄漏，在更换元件、软管以及硬管时，需要遵循以下几条原则。

（1）一般应按照原来的管道位置和长度更换，原因是设备上原来的管道的位置是经过精心设计的，特别是一些车辆上的管道位置。由于空间窄小，设计时都尽量考虑了避免振动和磨损，这样做可避免产生新故障。

（2）避免在管道布置时产生角度很大的急弯。急弯在任何形式的液压管线中都会产生对油液的节制作用，从而引起油液过热。应当选择合适的管道弯曲半径，对软管来讲，软管的弯曲半径应当等于10倍的软管外径。尤其是对在工作期间软管需要弯曲时，一个比较大的弯曲半径则是必需的，硬管的弯曲半径应等于管道外径的2.5～3倍。

（3）不要试图用力（超过允许的转矩）旋紧管接头，这样做会导致管接头损坏和密封圈变形。

（4）应使管道长度尽可能短（管道越长，内阻就越大）。更换管道时，不要用一根长的管道来代替原来比较短的管道。但另一方面，也不要使管道短到弯曲半径小于所规定的值，应当仔细测量原始管道长度，考虑所有的弯曲部分，然后用相同长度的管道代替。对于软管，需要注意的是当软管被加压时有轻微缩短的趋势，所以在更换软管时要考虑到这一点，要留出长度的裕量。

（5）**应当使用合适的支架和管夹，**以避免软管与软管之间或软管与硬管之间或软管与设备之间形成摩擦，摩擦会缩短软管的寿命，导致早期的软管更换。确保使用合适的管夹，因为在一个比较松的管夹内，软管的前后移动会引起摩擦。还要使用推荐的管接头，假如管接头与管道不是精确匹配的话，阻力和泄漏将由此产生。

（6）**安装时要使用合适的工具，**不要用管钳子之类的工具代替扳手，也不要使用密封胶来防止泄漏。

（7）**从液压系统中拆除软管和硬管时，**一定要用干净的材料盖住拆除部分的管道，不要用废旧的材料堵塞系统和元件，要注意棉丝纤维材料与其他类型的污物一样有害。

8.4.3.3　液压系统的振动噪声控制

1. 液压系统振动噪声的来源

机械振动噪声是由于零件之间发生接触、冲击和振动引起的。例如，液压系统中的电动机、液压泵和液压马达这些高速回转体，如果转动部分不平衡会产生周期性的不平衡离心力，引起转轴的弯曲振动，进而产生噪声。

电动机噪声除机械噪声外，还有通风噪声（如冷却风扇声和风声）和电磁噪声（电动机通电后的电磁噪声和蜂鸣声）。电动机和液压泵不同轴、联轴器偏斜也会引起振动噪声。

齿轮泵工作时，齿轮啮合的频率、齿轮啮合受到圆周方向的强制力引起圆周方向的振动，而齿轮啮合产生圆周方向的振动使齿面受到动载荷而引起轴向振动（产生径向振动的同时产生轴向振动），从而产生噪声。

滚动轴承中，滚动体在滚道中滚动时产生交变力而引起轴承环固有振动形成噪声；滚动体移动引起噪声；滚动体和滚道之间的弹性接触引起噪声；滚道中的加工波纹使轴承处于偏心转动引起的噪声；滚动体中进入灰尘或有伤痕或锈蚀时发出噪声。

液压零件频繁接触而引起噪声，电磁铁的吸合产生蜂鸣声、换向阀阀芯移动时发生冲击声、溢流阀在泄压时阀芯产生高平振动声。

油箱噪声。油箱本身并不发出噪声，但如果液压泵和电动机直接装在油箱上，它们的振动将引起油箱振动，会使噪声进一步扩大。

2. 流体振动噪声

流体振动噪声由液压的流速、压力的突然变化及气穴爆炸等引起。在液压系统中，液压泵是主要噪声源，其噪声量约占整个系统噪声的75%，主要由液压泵的压力和流量的周期性变化及气穴现象引起。在液压泵吸油和压油的循环中，压力和流量的周期性变化形成压力脉动，引起振动，并经液压泵出口向整个液压系统传播，液压回路的管道和阀将液压泵的脉动液压油压力反射，在回路中产生波动而使液压泵产生共振，以至重新使回路受到激振，发出噪声。

在管路内流动的液体常因阀门突然关闭而在管内形成很高的压力峰值。液压冲击不仅引起巨大的振动和噪声，甚至使液压系统损坏。

3. 液压泵和液压马达的振动与噪声

液压泵有多种振动与噪声，其原因与机理差异很大。

如液压泵的运动件磨损，轴向、径向间隙过大，会引起压力与流向的脉动，同时使噪声增大。液压泵的压力波动也会使阀件产生共振，因而增大噪声。控制阀节流开口小、流速高，易产生涡流，有时阀芯拍击阀座，同时会增大振动。产生这种现象，可用小规格的控制阀来替换原阀或将节流口开大。另外，油的黏度太高、吸油过滤器阻塞或油面过低会引起泵吸油困难，产生气穴，引起严重的噪声。

轴向柱塞式液压泵由于油污染，吸油不畅，引起滑靴与斜盘干摩擦，发出尖利的声响。柱塞式液压泵的柱塞卡死或移动不灵活也会引起振动。

叶片泵转子断裂，叶片卡死，从而引起压力波动及噪声。

当油泵中有漏油现象时，齿轮油泵齿形的误差大会导致振动。

一般情况下，齿轮泵与轴向柱塞泵的噪声比叶片泵大得多。

液压马达的噪声与振动主要有几种情况：轴承及零部件磨损；液压马达传动轴与负载传动轴连接不同轴；轴向柱塞式液压马达因结构原因产生脱缸与撞击。

4. 其他原因造成的振动与噪声及预防

1）阀类元件引起的振动与噪声

（1）油中杂质堵塞阀阻尼孔，阀中弹簧疲劳或损坏，杂质过多使阀芯移动不灵活等都会引起振动与噪声。应及时清洗阻尼孔、过滤油中的杂质和更换弹簧。

（2）阀芯与阀体配合不好或表面拉毛，使配合间隙过松，内泄漏严重，易产生噪声振动；过紧的阀芯使移动困难，也会产生振动噪声。因此，装配时要采用合适的间隙，以阀芯在阀孔内可以自由移动但不松、不涩为度。

（3）换向阀换向时产生噪声。避免或减少快速换向，清洁换向阀铁芯与衔铁杆吸合端面，改善断面平整度，校正衔铁杆长度。

（4）电磁铁的振动与噪声，电磁铁因阀芯卡滞，电信号断断续续，电磁阀两个电磁铁同时通电而产生明显的振动与噪声。

2）管道的振动与噪声

各类刚性管道，因安装不牢靠，或过长的管道没有合适的支承座，会产生明显的振动与噪声，且系统压力越高，问题越严重。由于谐振，管网有时会产生严重的破坏性剧烈振动。液压泵产生的流量脉动经过管路的作用，形成压力脉动，流体的振动通过管路还会传至系统。

随着流体动力技术向着高压、大流量和大功率方向发展，有动力源产生的流量压力脉动和由此诱发的管道振动和噪声问题越来越突出。近年来由于管道振动造成的泄漏和爆炸事件时有发生。

3）液压系统中混入空气而产生振动与噪声

针对此类噪声，应采取以下几种措施。

①合理设计油箱，容积要足够大，可采用设有隔板的长油箱，分成回油箱和吸油箱。

②油箱中的油液要加到规定的高度，油面高度一般为油箱高度的0.8倍。

③吸油管一定深入油池3/5深度以上，吸油管的管口应切成45°角，以防止脏物的吸入，距油箱底部的距离要大于两倍的管径，以便流油畅通。

④加油管管口必须浸入油面以下，以免油液飞溅而混入空气引起噪声和振动。

⑤各接头要严格密封，防止液压泵内短时吸入空气。

4）装配、操作与维修不当产生振动与噪声

（1）油泵内零件损坏严重，装配松动或零件装错，引起油泵噪声过大。解决办法：立即停车，解体检查，校正或更换有关零件。

（2）零件的光滑程度低，零件外部的几何形状不规则，或有毛刺，或结合面平整度不合要求等原因，会造成元件的密封不良，混入空气，产生空气噪声。如有此种情况只能更换零件。

（3）长时间不开机，在突然开机时产生振动和噪声，在日常工作中按工作要求则能避免。工作要求：长时间不开机，再开机时应将液压泵注满清洁的液压油（从回油孔注入），平时最好每周开一次机。

5. 振动与噪声的防治与改进措施

（1）正确安装液压泵。安装液压泵与电动机时，要注意将同轴度误差控制在 0.02 mm 以内，并采用柔性联轴器。回转部分要做动平衡。如果泵与电动机装在油箱盖上，则泵—电动机与油箱盖之间应加防振橡胶垫和吸振材料。如有可能、应尽量减小泵的吸油高度或吸油过滤器的密度。

（2）正确安装管道。

①较好的防振措施是在硬管的两端用软管连接。管道应尽量短一些，对长管道要注意设置足够的隔振支撑点，保证管道有足够的刚性，防止管道共振。

②管道与液压泵、阀、中介法兰等位置确定，连接处密封良好，以免吸油管管道中混入空气产生噪声和振动。

③管道弯曲小于30°，弯头曲率半径应大于管道直径的5倍以上。

（3）改进液压系统的结构。

①采用低噪声的液压元件。老式液压泵噪声大，可用新型液压泵取而代之。柱塞式泵与齿轮泵的振动与噪声比叶片泵要大，但叶片泵没有柱塞泵那么高的额定电压，新型叶片泵的额定电压有很大的改进，用叶片泵取代柱塞泵也是降低振动与噪声的一种途径。

②减少液压泵的数量。液压泵少了，振源就少了，噪声也就降低了。老式液压系统采用多个液压泵来调节系统的流量与压力，新式液压系统采用比例阀调整系统压力和流量，可减少液压泵的数量。

③在系统中设蓄能器。液压系统的压力脉动引起的严重的噪声，可在系统中通过并联蓄能器吸收压力脉动消除。

④在系统中设消振器和滤波器。对于高频振动与噪声，可通过设消振器和滤波器予以消除。

8.4.3.4 液压系统其他常见故障原因及排除方法

液压系统的故障种类较多，常见的故障主要有爬行、液压冲击、油温过高及泄漏等。表8-4-3~表8-4-5列出了常见故障的原因及排除方法。

表8-4-3 系统产生爬行的原因及排除方法

原　因	排除方法
系统侵入空气	利用排气装置排气，加强密封，防止液压泵吸空
节流阀或调速阀流量不稳定	更换性能好的元件
液压缸安装精度差，与导轨面不平行	重新装配，提高安装精度，调整平行度
油液污染，堵塞液压元件	更换液压油，保持油液清洁
导轨等导向机构精度低	修复导轨
导轨润滑条件差	改善润滑条件
回油无背压	增设背压阀
负载变化引起供油波动	选用低速稳定性好的调速阀

表8-4-4　系统产生液压冲击的原因及排除方法

原　　因	排　除　方　法
系统侵入空气	利用排气装置排气，加强密封
液压缸无缓冲装置或缓冲装置失灵	增设或检修缓冲装置
换向阀换向过快	换向阀阀芯做成锥角或开轴向三角槽，或者采用电液换向阀
系统工作压力过高	降低系统工作压力
回油无背压或背压太低	增设背压阀，提高回油背压压力
运动件、油液的惯性冲击	设置制动阀和蓄能器

表8-4-5　系统产生油温过高的原因及排除方法

原　　因	排　除　方　法
系统压力过高	合理调整系统压力
液压泵及各处连接泄漏严重	检修液压泵，加强密封，防止泄漏
油箱体积小，散热性能差	适当增大油箱面积，改善散热性能，必要时增设冷却装置
液压元件工作性能差或选用不合理	选择合适的液压元件，提高液压元件的工作性能
油液黏度太高	选用适当黏度的油液
系统沿程功率损失大	选择合适管径，减少弯头，缩短长度
环境温度过高	设置反射板或利用隔热材料将系统与热源隔开
定量液压泵功率浪费造成油温升高	将定量液压泵改成变量液压泵

拓展实习：YT4543型动力滑台液压系统故障分析及诊断

　　组合机床是由一定功能的通用部件（如各类切削动力头、滑台、回转工作台底座、立柱等）和部分专用部件（如变速箱等）组合而成的高效专用机床，以适应不断发展变化中的大批大量生产的需要。汽车、拖拉机、柴油机、电动机、仪器仪表、机床制造业中都使用着大量组合机床。液压动力滑台是组合机床上用以实现进给运动的一种通用部件，其运动是靠液压驱动的。根据加工要求，滑台台面上可设置动力箱、多轴箱或各种用途的切削头等工作部件，以完成钻、扩、铰、镗、刮端面、倒角、铣削和攻螺纹等工序。它对液压系统性能的主要要求是速度换接平稳，进给速度稳定，功率利用合理，发热小，效率高。

　　国内组合机床的主轴旋转运动一般采用结构简单的机械传动方式；而完成进给运动的滑

台、工件的定位夹紧，回转工作台的分度让刀，随行夹具或零件的输送转位，以及各种辅助装置的移动等都是采用液压传动。

YT4543 型液压系统的工作原理及分析详见项目 6。

与其他液压设备一样，组合机床的液压故障也是多种多样的，产生的原因也是五花八门。组合机床种类繁多，此处仅就组合机床（液压）最通用的液压滑台和液压回转工作台的故障作出分析，并说明排除这些故障的方法。

1. 滑台不运动（无快进）

这一故障现象是指启动油泵发出滑台前进信号，驱动滑台的油缸却不动作。产生的原因和排除方法如下：

（1）限压式变量叶片泵 1 有故障：叶片泵不出油或输出流量不够，或者泵输出的油液压力不够或根本无压力，造成缸无动作。可参阅变量叶片泵故障原因进行故障分析与排除。

（2）电液换向阀 6 和电磁换向阀 12 故障。

①因电路故障电磁铁 1YA 未能通电，3YA 未能断电，可检查电路情况，消除接触不良及断线等。

②阀 6 中液动阀卡死，控制油推不动阀芯接入左端工作油路（即中位或右位）；或者阀 12 的阀芯卡死在 3YA 通电的位置。这样无压力油进入油缸，油缸与滑台不工作，此时应拆修阀 6 与阀 12，使阀芯能灵活运动。

③电液换向阀的阻尼调节螺钉拧得过紧，即右端节流阀处于完全关闭状态，电液换向阀 6 右端的控制回油无法流回油箱，受阻困油压力增高，背压相当大，使阀 6 左端的控制油路无法推动阀芯换向，此时应适当开大右端节流阀。

（3）滑台油缸本身故障：油缸因安装不当，密封调得过紧，污物卡住活塞及活塞杆等原因，造成压力油推不动滑台油缸。此时可查明原因，根据情况予以排除。

（4）滑台导轨面的压板或镶条压得太紧，或有异物落在导轨面上，使油压力推不动油缸。可检查和调整导轨间隙，并注意油缸的安装精度，清除导轨面上异物，导轨拉毛严重者重新铲刮，使手推滑台（断掉油缸）灵活移动。

（5）单向阀 5 卡死在关闭位置，此时应拆修阀 5。

2. 滑台能快进，但快进速度不够

（1）如果是泵输出流量不够，则修理泵或更换泵。

（2）如果是滑台油缸两腔串腔，则拆开油缸，更换活塞密封，并注意防止油缸别劲现象。

（3）阀 12 卡死在通电位置，油只能通过调速阀 7 与 8 进入油缸，速度自然很慢，此时可拆修阀 12。

3. 滑台能正常快进，但不能由快进转一次工进

（1）快进转一次工进的行程阀 11 未能被压下，这多半是撞块松脱或修理后漏装的缘故，可压紧撞块和补装挡块。对于采用电磁换向阀进行速度转换的滑台，则要注意电磁铁短线、电路不通和阀芯被卡死等情况。

（2）因使用日久，顶压二位二通机动换向阀（行程阀）11 的撞块严重磨损或者撞块错位而不能完全压下阀 11 的阀芯，此时应更换或补焊撞块。

4. 滑台能快进转一次工进，但无第二次工进

（1）由一次快工进转二次工进的行程开关没有被压下，或阀 12 的电磁铁因电路接触不良、断线等故障，3YA 不能通电，可检查和调整二次工进的行程开关位置，并检查电路、行程开关及电磁铁 3YA 的接触情况，对造成电路断开的原因予以排除。

（2）二次进给调速阀 8 开口未调好，阀 8 的开口应调得比阀 7 的小，才会有二次工进速度。

（3）阀 12 的复位弹簧太硬，3YA 推不动阀芯，无二次工进。如 3YA 为交流电磁铁，伴随有严重的异响，可更换成合适的弹簧。

5. 只有二次工进，没有一次工进

（1）阀 12 弹簧漏装或折断，或阀芯卡死在通电的位置，可更换或补装合格的复位弹簧，修复阀 12。

（2）阀 7 的开度调得比阀 8 的小，可适当加大阀 7 的开度（调节手柄旋松）。

6. 滑台快进转工进时有冲击

参阅表 8 - 4 - 4。

7. 滑台工进有爬行或跳跃运动现象

参阅表 8 - 4 - 3。

8. 滑台工进时力量不够或根本无力

（1）液控顺序阀（卸荷阀）4 的阀芯因磨损等原因，阀芯配合阀间隙较大，进入阀 4 控制腔的油经阀芯间隙再经背压阀漏往油箱，使泵 1 输出的压力油部分泄压，压力上不去，使滑台工进时无力。此时应修理或更换阀 4。

（2）调速阀 7 或 8 的开口被堵塞或调节不当而关死，出现工进根本无力推动缸，此时可检修或合理调节调速阀 7 与 8，并根据情况更换干净油液。

9. 滑台工进到终点需要延时但不能延时便返回，或延时时间更长

压力继电器有延时和不能延时之分，本动力滑台中使用的压力继电器为 DP63 型，无延时调节装置。因而到达终点后，只要压力超过压力继电器 14 的调节压力，马上快退。解决办法是使阀 9 先发信给延时继电器，经延时后再发信给 2YA，使 2YA 通电阀 6 换向后，滑台才返回，也可改用带延时调节装置的压力继电器。

当时间继电器调节的延时时间太长，或压力继电器的延时装置调节不当，都会出现延时过长的现象，可重新进行调节。

10. 滑台工进到底后，不能快速返回或者不返回

（1）返回的行程开关没有被压下，或电磁铁线圈断线或控制电路未导通，使 2YA 不能通电，可检查和调整行程开关位置，检查电路的情况和电磁铁不能通电的原因，须一一排除。

（2）检查压力继电器 9 和行程开关发信的连锁情况，分析是只要当中一个发信还是需要二者同时发信后，2 YA 才能通电做返回动作。

（3）返回行程开关接触不良，造成返回电磁铁 2 YA 不动作，可修复或更换返回行程开关。

（4）电液阀的阻尼调节螺钉（节流阀）拧得过紧，但节流阀尚未完全关闭，会出现滑台返回延时过长的故障，完全关闭则不能返回。

（5）阀6的阀芯卡死在左位，使阀6的右位只能接入工作使缸作返回动作，拆修阀6。

（6）3 YA未断电，行程阀11未被压下，可分别作处理。

11. 滑台返回时换向冲击

（1）电液换向阀的换向停留时间调节不良，即电液换向阀上的节流阀开口调得过大，失去了阻尼作用，可适当关小节流阀。

（2）电液换向阀中的单向阀不密合，或漏装钢球，可换新钢球，并使之与阀座密合，可用榔头敲击，使钢球与密封锥面密合。

12. 油温过高

油温过高主要与系统压力调节过高、变量叶片泵性能差及油液黏度过大等因素有关，本系统采用的联合调速方式，调节得当不会产生这一故障。

13. 振动与噪声

（1）空气进入系统，需采取排气和防止空气进入等措施。

（2）导轨润滑不良，组合机床其他部分刚性差、精度差等，可分析各种不同的情况，采取不同的处理措施。

任务总结与评价

1. 组织小组讨论，各小组推选代表做工作总结，用PPT进行成果展示。
2. 各小组对成果展示做评价。
3. 教师评价与总结。

任务考核习题

1. M1432A万能外圆磨床液压系统为什么要采用行程控制制动式换向阀？磨床工作台换向过程分为哪几个阶段？

2. MJ-50型数控车床液压系统是由哪些基本液压回路组成的？各液压元件的作用是什么？

3. YT32-200型液压系统的主要特点是什么？液压机主缸的工作循环是怎样实现的？

4. 题图8-1为多轴钻床液压传动系统，3个液压缸的动作顺序是：夹紧液压缸下降→分度液压缸前进→分度液压缸后退→进给液压缸快速下降→进给液压缸慢速钻削→进给液压缸上升→夹紧液压缸上升→暂停，完成一个工作循环。读懂此液压系统图，并写出：

（1）各工况的油液流动情况。

（2）各元件的作用。

（3）根据循环动作顺序写出电磁铁动作顺序表。

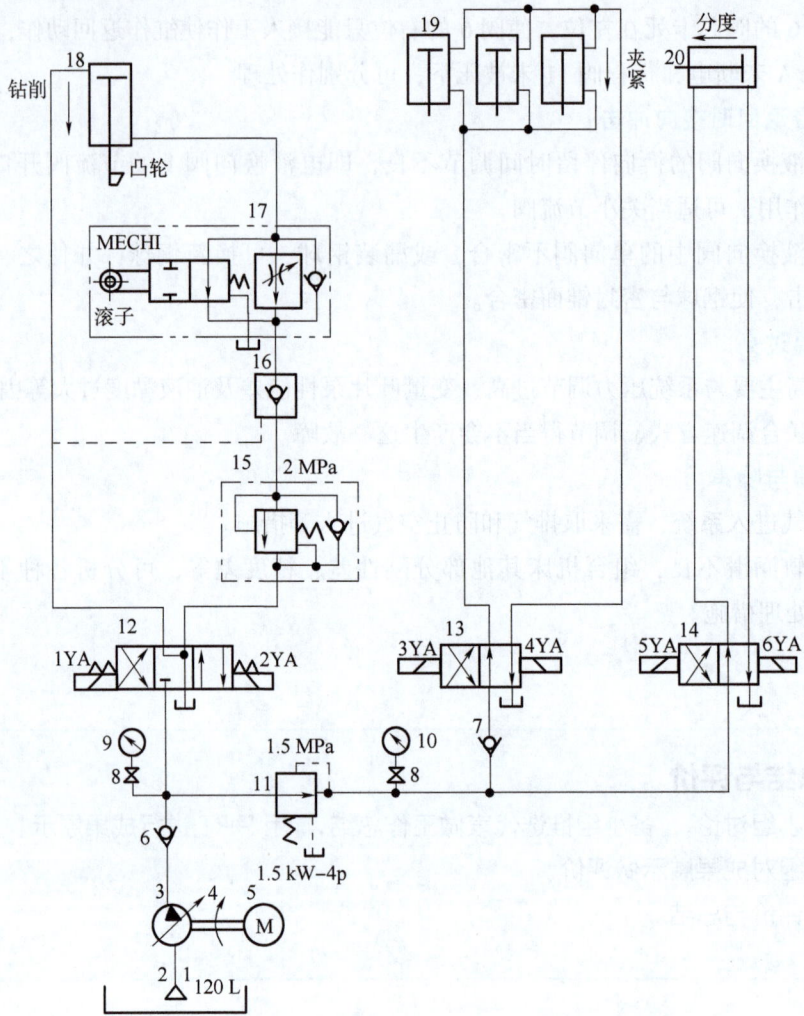

1—油箱；2—过滤器；3—变量叶片泵；4—联轴节；5—电动机；6，7—单向阀；8—切断阀；
9，10—压力计；11—减压阀；12，13，14—电磁阀；15—平衡阀；16—液控单向阀；
17—凸轮操作调速阀（二级速度）；18，19，20—液压缸

题图 8-1　多轴钻床液压传动系统

项目 9　机床气动夹紧系统

学习目标

1. 能正确理解气压元件的工作原理与组成。
2. 能理解气压传动的各种回路。
3. 能分析机床气动夹紧系统。
4. 能用气压试验台连接回路。
5. 能对实训过程进行总结。
6. 了解新技术、新发明、新创造，引导广大青年怀抱梦想又脚踏实地，敢想敢为又善作善成，立志做有理想、敢担当、能吃苦、肯奋斗的新时代好青年。

与科技创新
同频共振

工作情境描述

在高度净化、无污染的场合，如食品、印刷等工业环境中，常常会用到气压传动设备。如气动食品压力机和气动印刷机。它们是以压缩空气为工作介质，使用气压传动来传递动力的。

学生接受任务，制定工作计划，熟练使用拆卸工具，通过参观气压实训室和拆装气压元件，掌握气压传动工作原理及组成，对气压元件的基本原理有一些了解，同时对整个拆装过程进行总结。工作过程中遵循工作现场 7S 管理规范。

图 9-0-1 为机床夹具的气动夹紧系统。它的动作循环是：垂直活塞杆下降将工件压紧，两侧的气缸活塞杆再同时前进，对工件两侧进行夹紧，加工完后，各气缸退回，松开工件。试讨论、分析其工作原理。

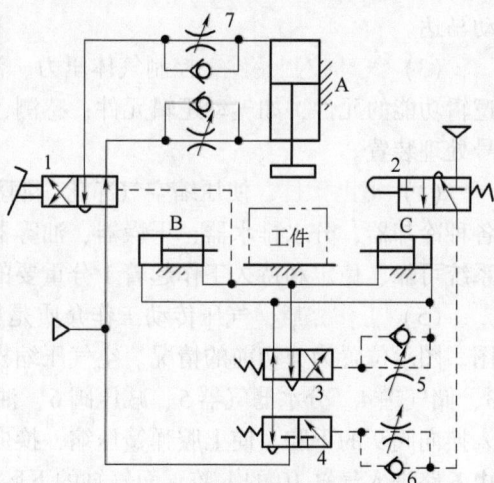

1—脚踏阀；2—行程阀；3,4—气控阀；
5,6,7—单向节流阀；A,B,C—气缸

图 9-0-1　气动夹紧系统

任务 9.1　气压传动工作原理和气源装置的认知

学习目标

1. 掌握气动元件工作原理及应用。
2. 理解气源装置的组成和结构。
3. 掌握气动三联件。

学习过程

运用气动实训台演示气压传动的工作原理。

9.1.1　气压传动工作原理与组成

气压传动工作原理

气压传动系统是利用空气压缩机将电动机或其他原动机输出的机械能转变为空气的压力能，然后在控制元件的控制和辅助元件的配合下，通过执行元件把空气的压力能转变为机械能，从而完成直线或回转运动并对外做功。

根据气动元件和装置的不同功能，可将气压传动系统分成以下五部分。

（1）气源装置，压缩空气的发生装置以及压缩空气的存储、净化的辅助装置。它为系统提供合乎质量要求的压缩空气。

（2）气动执行元件，将气体压力能转换成机械能并完成做功动作的元件，如气缸、气动马达。

（3）气动控制元件，控制气体压力、流量及运动方向的元件，如各种阀；能完成一定逻辑功能的元件，如气动逻辑元件；感测、转换、处理气动信号的元件，如气动传感器及信号处理装置。

（4）辅助元件，使压缩空气净化、润滑、消声以及用于元件间连接等所需的装置，如各种冷却器、分水排水器、干燥器、油雾器、消声器、管道、接头等。它们对保持气压传动系统可靠、稳定和持久工作起着十分重要的作用。

（5）工作介质，气压传动工作介质是压缩空气，图 9 - 1 - 1 是气动剪切机的工作原理图。图示位置为剪切前的情况。空气压缩机 1 产生的压缩空气，经后冷却器 2、油水分离器 3、储气罐 4、分水滤气器 5、减压阀 6、油雾器 7 到达换向阀 9，部分气体经节流通路 a 进入换向阀 9 的下腔，使上腔弹簧压缩，换向阀阀芯位于上端；大部分压缩空气经换向阀 9 后由 b 路进入气缸 10 的上腔，而气缸的下腔经 c 路、换向阀与大气相通，故气缸活塞处于最下端的位置。当上料装置将工料 11 送入剪切机并到达规定位置时，工料压下行程阀 8，此时换向阀阀芯下腔压缩空气经 d 路、行程阀排入大气，在弹簧的推动下，换向阀阀芯向下运动至下端；压缩空气经换向阀由 c 路进入气缸的下腔，上腔 b 路、换向阀与大气相通，气缸活塞向上运动，剪刃随之上行剪切工料。工料剪下后，即与行程阀脱开，行程阀阀芯在弹簧作用下复位，d 路堵死，换向阀阀芯上移，气缸活塞向下运动，又恢复到剪断前的状态。

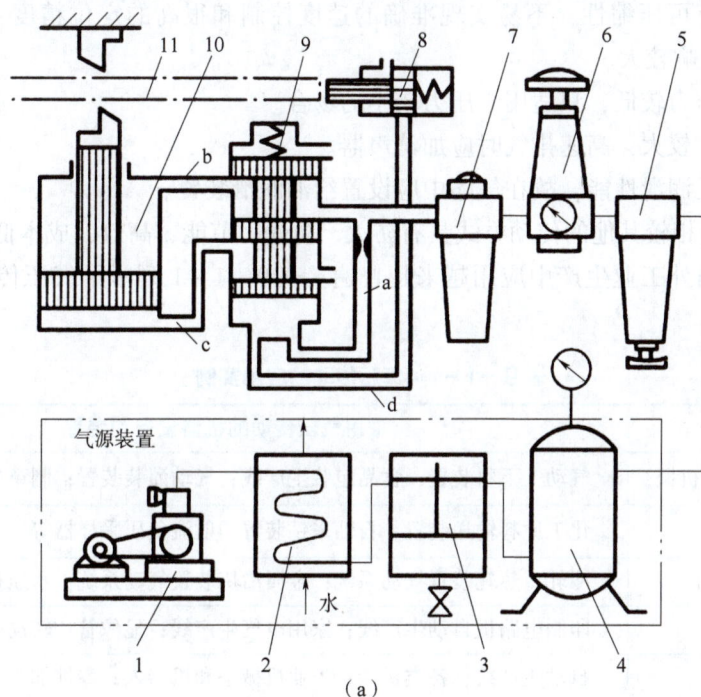

（a）

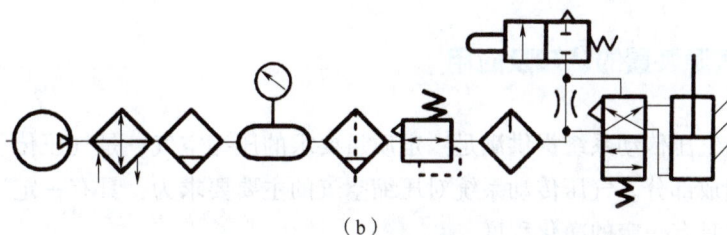

（b）

1—空气压缩机；2—后冷却器；3—油水分离器；4—储气罐；5—分水滤气器；6—减压阀；
7—油雾器；8—行程阀；9—换向阀；10—气缸；11—工料

图 9-1-1　气动剪切机的工作原理图
（a）结构原理图；（b）职能符号图

9.1.2　气压传动的优缺点及应用

气压传动能够得到迅速发展和广泛应用，是由于它具有以下优点。

（1）工作介质是空气，取材方便，使用后直接排入大气，无污染，不需要设置专门的回气装置。

（2）空气的黏度很小，所以流动时压力损失较小，节能高效，适用于集中供应和远距离输送。

（3）气压传动动作迅速，反应快，维护简单，调节方便，特别适合于一般设备的控制。

（4）工作环境适应性好。

（5）成本低，过载能自动保护。

气压传动与其他传动方式相比，具有以下缺点。

（1）空气具有可压缩性，不易实现准确的速度控制和很高的定位精度。负载变化时，对系统的稳定性影响较大。

（2）空气的压力较低，只适用于压力较小的场合。

（3）排气噪声较大，高速排气时应加消声器。

（4）因空气无润滑性能，故在气路中应设置给油润滑装置。

由于气压传动相较其他的传动方式具有防火、防爆、节能、高效、成本低廉、无污染等优点，因此在国内外工业生产中应用越来越普遍。表9-1-1列举了气压传动的部分应用实例。

表9-1-1　气压传动的应用实例

应用领域	采用气压传动的机器设备和装置
轻工、纺织及化工机械	气动上下料装置；食品包装生产线；气动灌装装置；制革生产线
化工	化工原料输送装置；石油采钻装置；射流负压采样器等
能源与冶金工业	冷轧、热轧装置气动系统；金属冶炼装置气动系统；水压机气动系统
电器制造	印制电路板自动生产线；家用电气生产线；显像管；转动机械手动装置
机械制造工业	自动生产线；各类机床；工业机械手和机器人；零件加工及检测装置

9.1.3　气源装置的认知及应用

气源装置为气压传动系统提供满足一定质量要求的压缩空气，是气压传动系统的重要组成部分。气压传动系统对压缩空气的主要要求为，具有一定压力和流量，并具有一定的净化程度。

气源装置认知

气源装置由以下四部分组成。

（1）气压发生装置，即空气压缩机。

（2）净化、储存压缩空气的装置和设备。

（3）管道系统。

（4）气动三大件（分水滤气器、减压阀、油雾器）。

1. 压缩空气站

压缩空气站是气压传动系统的动力源装置，一般规定：排气量大于或等于 $6 \sim 12$ m^3/min 时，就应独立设置压缩空气站；排气量低于 6 m^3/min 时，可将压缩机或气泵直接安装在主机旁。

气压传动系统所使用的压缩空气必须经过干燥和净化处理后才能使用，因为压缩空气中的水分、油污和灰尘等杂质会混合成为胶体渣质，若不经处理直接进入管道系统，将导致机器和控制装置故障，损害产品质量，增加气动设备和系统的维护成本。对于一般的压缩空气站，除空气压缩机外，还必须设置过滤器、后冷却器、油水分离器和储气罐等净化装置。

2. 空气压缩机

空气机压缩机是气压发生装置，是将机械能转换为气体压力能的转换装置。

空气压缩机的种类很多，按工作原理主要分为容积式和速度式两类。目前使用最广泛的是容积式压缩机中的活塞式空气压缩机，图 9-1-2 为活塞式空气压缩机的工作原理图。

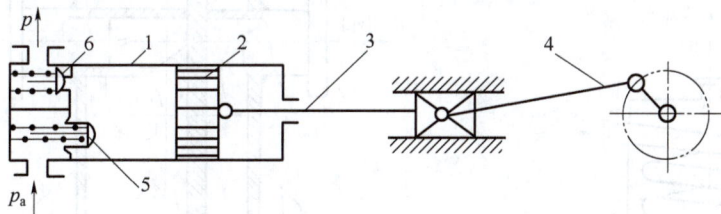

1—缸体；2—活塞；3—活塞杆；4—曲柄连杆机构；5—吸气阀；6—排气阀

图 9-1-2 活塞式空气压缩机工作原理图

活塞式空气压缩机通过曲柄连杆机构使活塞作往复运动而实现吸、压气，并达到提高气体压力的目的。当活塞 2 向右运动时，气缸 1 的体积增大，压力降低，排气阀 6 关闭，外界空气在大气压的作用下，打开吸气阀 5 进入气缸内，此过程称为吸气过程。当活塞 2 向左运动时，气缸 1 的体积减小，空气受到压缩，压力逐渐升高而使吸气阀 5 关闭，排气阀 6 被打开，压缩空气经排气口进入储气罐，这一过程称为压缩过程。单级单缸压缩机就是这样循环往复运动，不断产生压缩空气的。

3. 气源净化装置

压缩空气净化设备一般包括：后冷却器、油水分离器、储气罐、干燥器、分水滤气器。

1）后冷却器

后冷却器的作用是使空气压缩机排出的温度为 120~150 ℃ 的气体冷却到 40~50 ℃，并使其中的水蒸气和被高温氧化的变质油雾冷凝成水滴和油滴，以便对压缩空气实施进一步净化处理。

后冷却器有水冷式和风冷式两大类。水冷式是通过强迫冷却水沿压缩空气流动方向的反方向流动来进行冷却；风冷式是靠风扇产生的冷空气吹向带散热片的热空气管道，如图 9-1-3 所示。

2）油水分离器

油水分离器的作用是将压缩空气中的冷凝水和油污等杂质分离出来，使压缩空气得到初步净化。图 9-1-4 为撞击挡板式油水分离器，因固态、液态的物质密度比气态物质的密度大得多，故可依靠气流撞击隔壁时的转折和旋转离心作用，使气体上浮，液态和固态物下沉，固液态杂质积聚在容器底部，经排污阀排出。

3）储气罐

储气罐的主要作用是储存一定数量的压缩空气，减少输出气流脉动，保证气流连续性，减弱管道振动，进一步分离压缩空气中的水分和油分。储气罐一般多采用焊接结构，有立式和卧式两种，以立式居多。储气罐的高度 H 为其内径的 2~3 倍。进气口在下，出气口在上，并尽可能加大两管口之间的距离，以利于充分分离空气中的杂质。选择储气罐容积时，可参考下列经验公式。

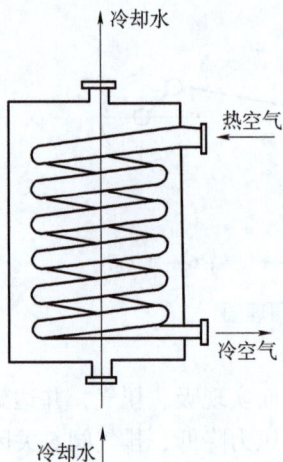

图9-1-3 后冷却器

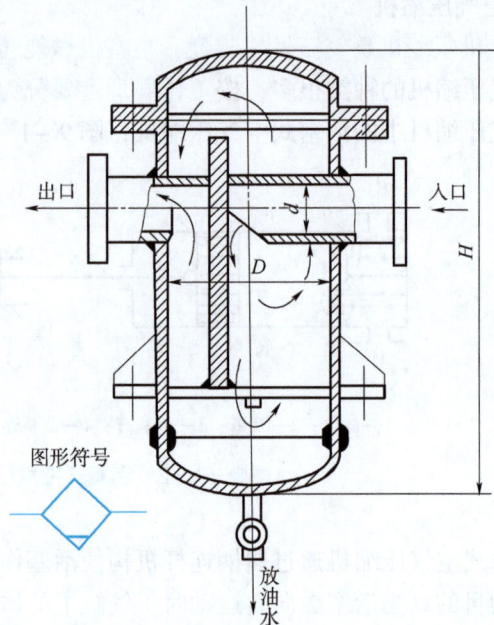

图9-1-4 撞击挡板式油水分离器

$$q < 0.1 \ \text{m}^3/\text{s} \ \text{时}, \ V_c = 1.2 \ \text{m}^3$$
$$q = 0.1 \sim 0.5 \ \text{m}^3/\text{s} \ \text{时}, \ V_c = 1.2 \sim 4.5 \ \text{m}^3$$
$$q > 0.5 \ \text{m}^3/\text{s} \ \text{时}, \ V_c = 4.5 \ \text{m}^3$$

式中：q——压缩机的额定排气量（m^3/s）；

V_c——储气罐的容积（m^3）。

后冷却器、油水分离器和储气罐都属于压力容器，制造完毕后，应进行水压试验。目前，在气压传动系统中，后冷却器、油水分离器和储气罐三者一体的结构形式已被采用，这使压缩空气站的辅助设备大为简化。

4）干燥器

干燥器的作用是进一步除去压缩空气中含有的水分、油分、颗粒杂质等，使压缩空气干燥，提供的压缩空气用于对气源质量要求较高的气动装置、气动仪表等。目前，在工业上常用的压缩空气干燥方法是冷冻法和吸附法。

5）分水滤气器

分水滤气器又称二次过滤器，其主要作用是分离水分，过滤杂质。滤灰效率可达90%。QSL型分水滤气器在气压传动系统中应用很广，其滤灰效率可达95%，分水效率大于75%。在气压传动系统中，一般把分水滤气器、减压阀、油雾器称为气动三大件。三大件安装次序依进气方向分别为分水滤气器、减压阀、油雾器，又称气动三联件，是气压传动系统中必不可少的气动元件。三大件应安装在用气设备的近处，压缩空气经过三联件的最后处理，进入各气动元件及气压传动系统。因此，三联件是气动元件及气压传动系统所使用的压缩空气质量的最后保证。图9-1-5为分水滤气器的结构简图。

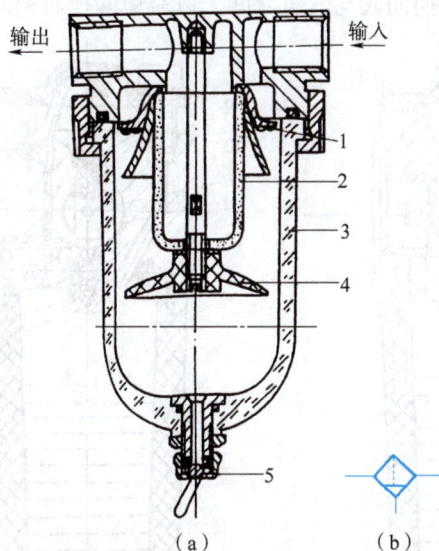

1—旋风叶子；2—滤芯；3—储水杯；4—挡水板；5—放水阀

图 9-1-5 分水滤气器的结构简图

（a）结构图；（b）职能符号

从输入口进入的压缩空气被旋风叶子 1 导向，沿储水杯 3 的四周产生强烈的旋转，空气中夹杂的较大水滴、油滴等在离心力的作用下从空气中分离出来，沉降到杯底；然后气体通过中间的滤芯 2，少量的灰尘、雾状水被拦截而滤去，洁净的空气便从输出口输出。为防止气流旋涡卷起储水杯中的积水，在滤芯的下方设置了挡水板 4。为保证分水滤气器的正常工作，应及时打开放水阀 5，放掉储水杯中的积水。

4. 其他辅助元件

气动控制系统中，许多辅助元件往往是不可缺少的，如油雾器、消声器、转换器等。

1）油雾器

气压传动系统中的各种气阀、气缸、气动马达等，其可动部分需要润滑，但以压缩空气为动力的气动元件都是密封气室，所以只能以某种方法将油混入气流中，随气流带到需要润滑的位置。油雾器就是这样一种特殊的注油装置，其作用是使润滑油雾化后，随压缩空气一起进入需要润滑的部件，达到润滑的目的。目前，气动控制阀、气缸和气动马达主要是靠这种带有油雾的压缩空气来实现润滑的，其优点是方便、干净、润滑质量高。

图 9-1-6 为油雾器的结构示意图。压缩空气由输入口进入后，一部分由小孔 a 通过特殊单向阀进入存油杯 5 的上腔 c，油面受压，使油经过吸油管 6 将钢球 7 顶起，钢球 7 不能封住它到节流阀的通油孔，油可以不断地经节流阀 1 的阀口进入滴油管，再滴入喷嘴 11 中，被主通道中的高速气流引出，雾化后从输出口输出。节流阀 1 可以在 0~200 滴/min 的范围内调节滴油量，可通过透明的视油器 8 观察滴油情况。这种油雾器也称为一次油雾器。二次油雾器能使油滴在油雾器内进行两次雾化，使油雾粒度更小、更均匀，输送距离更远。

油雾器一般应安装在分水滤气器、减压阀后，尽量靠近换气阀，与阀的距离一般不应超过

5 m，应避免把油雾器安装在换向阀与气缸之间，以避免漏掉对换向阀的润滑。

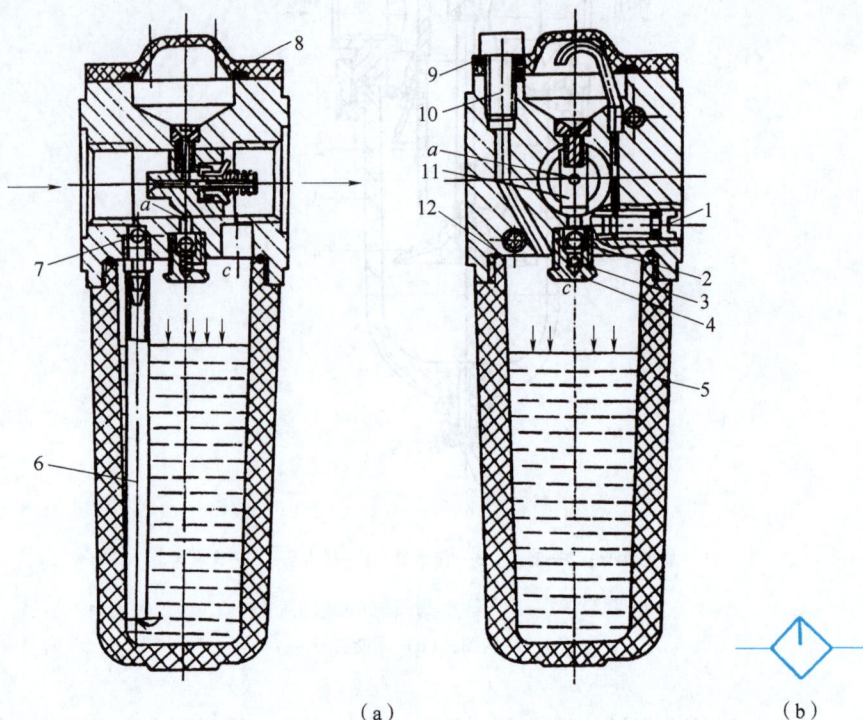

（a）　　　　　　　　　　　（b）

1—节流阀；2，7—钢球；3—弹簧；4—阀座；5—存油杯；6—吸油管；8—视油器；
9，12—密封垫；10—油塞；11—喷嘴

图9-1-6　油雾器的结构示意图
（a）结构图；（b）职能符号

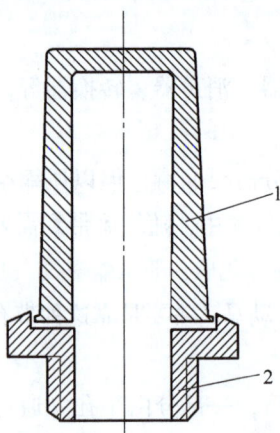

1—消声套；2—管接头

图9-1-7　阻性消声器结构图

2）消声器

气动回路与液压回路不同，它没有回收气体的必要，压缩空气使用后直接排入大气，因排气速度较快，会产生尖锐的排气噪声。为降低噪声，一般在换向阀的排气口上安装消声器。消声器是一种允许气流通过而使声能衰减的装置，能够降低气流通道上的空气动力性噪声。目前使用的消声器种类繁多，主要有阻性消声器、抗性消声器和阻抗复合式消声器等。图9-1-7是阻性消声器的结构图，消声套是用铜颗粒烧结成形的。

3）转换器

在气动控制系统中，也与其他自动控制装置一样，有发信、控制和执行部分，其控制部分的工作介质是气体，而信号传感部分和执行部分不一定全用气体，可能用电或液体传输，这就要通过转换器来转换。常用的转换器有气—电转换器、电—气转换器、气—液转换器等。

①气—电转换器

气—电转换器是将压缩空气的气信号转换成电信号的装置，即用气信号接通或断开电路

的装置，也称为压力继电器。

②电—气转换器

电—气转换器的作用正好与气—电转换器相反，它是将电信号转换成气信号的装置。各种电磁换向阀都可作为电—气转换器。

③气—液转换器

气压传动系统中常用到气液阻尼缸或使用液压缸作为执行元件，以求获得较平稳的速度，因而就需要一种把气信号转换成液压信号的装置，这就是气—液转换器。

5. 管件和管路系统

管道连接件包括管子和各种管接头。有了管路连接，才能把气动控制元件、气动执行元件以及辅助元件等连接成一个完整的气动控制系统。因此，实际应用中管路连接是必不可少的。

管子可分为硬管及软管两种。如总气管等一些固定不动、不需要经常装拆的地方用硬管；连接运动部件、临时使用、装拆方便的管路应使用软管。硬管有钢管、铁管和紫铜管等；软管有塑料管、尼龙管和橡胶管等。常用的有紫铜管和尼龙管。

气压传动系统中管接头的结构及工作原理与液压管接头基本相似，在此不再介绍。

任务 9.2　气动执行元件

气动执行元件

学习目标

1. 理解气缸的工作原理。
2. 理解气动马达的工作原理。

学习过程

学习网络教学资源，用 PPT 演示各种气缸和气动马达的工作原理。

气缸和气动马达是气压传动中所用的执行元件，是将压缩空气的压力能转变为机械能的能量转换装置。气缸用于实现直线往复运动或摆动，气动马达则用于实现连续回转运动。

9.2.1　气缸

气缸是用于实现直线往复运动或摆动并做功的元件，是气压传动系统中最常用的一种执行元件。与液压缸相比，它具有结构简单、制造成本低、污染少、便于维修、动作迅速等优点，但由于推力小，所以广泛应用于轻载系统。

1. 气缸的分类

（1）按压缩空气对活塞端面作用力的方向可分为：单作用气缸，气缸在压缩空气作用下实现单向运动，活塞的复位靠弹簧力、自重或其他外力完成；双作用气缸，双作用气缸的往返运动全靠压缩空气来完成。

（2）按气缸结构可分为：活塞式气缸、叶片式气缸、薄膜式气缸、气液式阻尼缸。

（3）按气缸安装方式可分为：固定式气缸，气缸安装在机体上固定不动，有耳座式、凸缘式和法兰式；轴销式气缸，气缸围绕一固定轴可作一定角度的摆动。

（4）按气缸的功能可分为：普通气缸，包括单作用气缸和双作用气缸，常用于无特殊要求的场合；特殊气缸，用于有特殊要求的场合，包括薄膜式气缸、气液式阻尼缸、冲击气缸、摆动气缸和回转气缸等。

2. 标准化气缸的参数

在设计和生产中要求尽可能选用标准化气缸。

1）标准化气缸的标记和系列

标准化气缸使用的标记是用符号"QG"表示气缸，符号"A、B、C、D、H"表示五种系列，具体的标记方法是：

| QG | (A、B、C、D、H) | 缸径 | × | 行程 |

五种标准化气缸的标记和系列为：

QGA——无缓冲普通气缸　　　　QGB——细杆（标准杆）缓冲气缸

QGC——粗杆缓冲气缸　　　　　QGD——气液式阻尼缸

QGH——回转气缸

例如：QGA 100×125 表示缸径为 100 mm，行程为 125 mm 的无缓冲普通气缸。

2）标准化气缸的主要参数

标准化气缸的主要参数是缸筒内径 D 和行程 L。因为在一定的气源压力下，缸筒内径标志气缸活塞的理论输出力，行程标志气缸的作用范围。

缸筒内径 D（mm）：如表 9-2-1 所示。

行程 L（mm）：对无缓冲气缸：$L = (0.5 \sim 2) D$

对有缓冲气缸：$L = (1 \sim 10) D$

表 9-2-1　气缸的缸筒内径系列

8	10	12	16	20	25	32	40	50	63	80	(90)
100	(110)	125	(140)	160	(180)	200	(220)	250	320	400	500

注：括号中数据非优先选用。

3. 气缸的结构

根据以上气缸的分类，重点介绍以下几种气缸的结构和工作原理。其中气液式阻尼缸、薄膜式气缸等为特殊气缸。

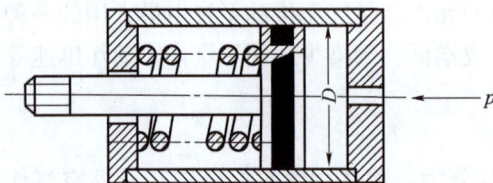

图 9-2-1　单作用气缸结构原理图

1）单作用气缸

单作用气缸是指压缩空气仅在气缸的一端进气，并推动活塞运动，而活塞的返回则是借助于其他外力，如重力、弹簧力等，其结构原理如图 9-2-1 所示。

单作用气缸由于单边进气，其结构简单，

耗气量小；缸体内安装弹簧减小了空间，使活塞的有效行程缩短；由于使用弹簧复位，使压缩空气的能量有一部分用来克服弹簧的弹力，故减小了活塞杆的输出推力。另外，复位弹簧的弹力随其变形程度而变化，因此活塞杆的推力和运动速度在行程中是有变化的。

基于以上特点，单作用气缸多用于短行程及对活塞杆推力、运动速度要求不高的场合，如定位和夹紧装置。

2）双作用气缸

单活塞杆双作用气缸是使用最为广泛的一种普通气缸，其结构如图9-2-2所示。

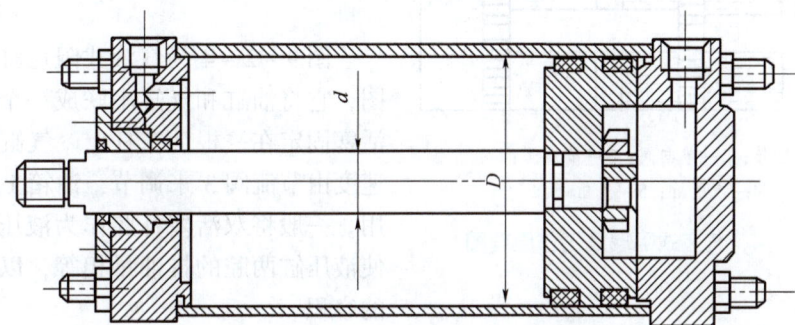

图9-2-2 单活塞杆双作用气缸结构原理图

双活塞杆双作用气缸使用得较少，其结构与单活塞杆双作用气缸基本相同，只是活塞两侧都装有活塞杆。因两端活塞杆直径相同，所以活塞往复运动的速度和输出力均相等。这种气缸常用于气缸加工机械及包装机械设备。

缓冲气缸的运动速度一般都较快，常达1 m/s，为了防止活塞与气缸端盖发生碰撞，必须设置缓冲装置，使活塞接近端盖时逐渐减速，其结构如图9-2-3所示，此气缸的两侧都设置了缓冲装置。在活塞到达行程终点前，缓冲柱塞将柱塞孔堵死，活塞再向前运动时，封闭在缸内的空气被压缩，吸收部件惯性力所产生的动能，从而使运动速度减慢。在实际应用中，常使用节流阀将封闭在气缸内的空气缓慢地排出。

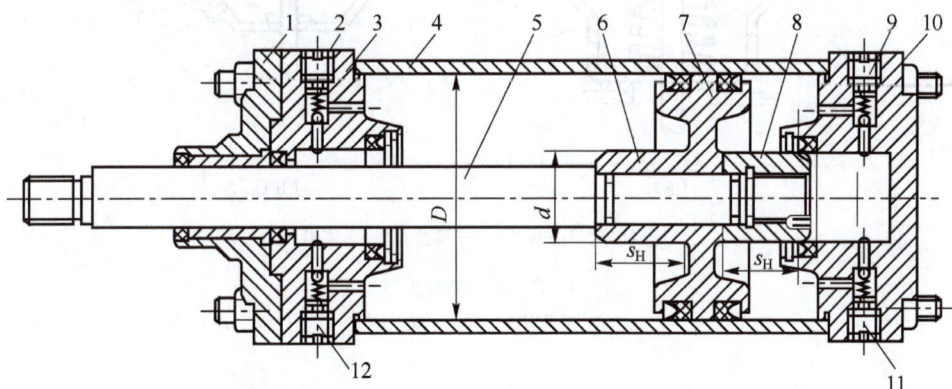

1—压盖；2，9—节流阀；3—前缸盖；4—缸体；5—活塞杆；6，8—缓冲柱塞；
7—活塞；10—后缸盖；11，12—单向阀

图9-2-3 缓冲气缸结构原理图

3）气液式阻尼缸

普通气缸工作时，由于气体的压缩性，当外部载荷变化较大时，会产生"爬行"或"自走"现象，导致气缸工作不稳定。为了使气缸运动平稳，普遍采用气液式阻尼缸。气液式阻尼缸是由气缸和油缸组合而成，其利用油液的不可压缩性和控制油液排量来获得活塞的平稳运动和调节活塞的运动速度。

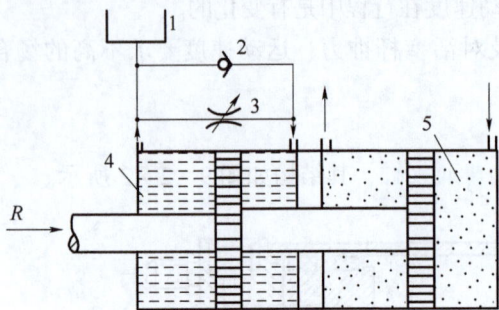

图9-2-4为气液式阻尼缸的工作原理图，它将油缸和气缸串联成一个整体，两个活塞固定在一根活塞杆上。气缸活塞的左行速度由节流阀3来调节，油箱1起到补油作用。一般将双活塞杆腔作为液压缸，这样可使液压缸两腔的排油量相等，以减少补油箱的容积。

1—油箱；2—单向阀；3—节流阀；
4—液压缸；5—气缸

图9-2-4　气液式阻尼缸工作原理图

4）薄膜式气缸

薄膜式气缸是一种利用压缩空气通过膜片推动活塞杆作往复直线运动的气缸。它由缸体、膜片、膜盘和活塞杆等主要零件组成，功能类似于活塞式气缸，分单作用式和双作用式两种。图9-2-5（a）为单作用式，此气缸只有一个气口。当气口输入压缩空气时，推动膜片2、膜盘3、活塞杆4向下运动，而活塞杆的上行需依靠弹簧力的作用。图9-2-5（b）为双作用式，有两个气口，活塞杆的上下运动都依靠压缩空气来推动。

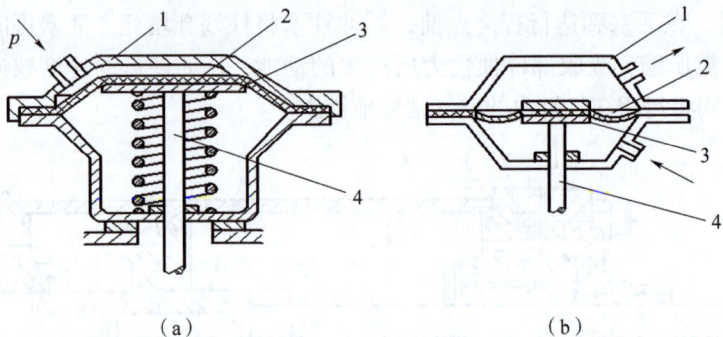

（a）　　　　　　　　　　　　（b）

1—缸体；2—膜片；3—膜盘；4—活塞杆

图9-2-5　薄膜式气缸
（a）单作用式；（b）双作用式

4. 气缸的选择和使用要求

使用气缸应首先立足于选择标准气缸，其次才是设计气缸。如要求高速运动，应选用大内径的进气管道。对于行程中途有变动的情况，为使气缸速度平稳，可选用气液式阻尼缸。当要求行程终端无冲击时，则应选用缓冲气缸。

气缸的选择步骤具体如下。

1）缸筒内径的确定

根据气缸输出力的大小来确定气缸缸筒内径。气缸的缸筒内径尺寸见表 9 - 2 - 1，摘自 GB/T 2348—1993。

2）安装方式

根据负荷的运动方向来选择安装方式。工件做周期性的转动或连续转动时，应选用旋转气缸。此外，在一般场合应尽量选用固定式气缸。

3）根据气缸行程确定活塞杆直径

气缸的行程一般比所需行程长 5 ~ 10 mm。活塞杆为受压杆件，其强度是很重要的，应采用高强度钢并进行热处理和加大活塞杆直径等以提高其强度（参阅相关手册）。

4）确定密封件的材料

标准气缸密封件的材料一般为丁腈橡胶。

5）确定缓冲装置

根据工作需求确定有无缓冲装置。

6）防尘罩的确定

气缸在沙土、尘埃、风雨等恶劣条件下使用时，有必要对活塞杆进行特别保护。防尘罩要根据周围环境温度选定（参阅相关手册）。

气缸的使用要求具体如下。

（1）正常工作条件。工作气源压力为 0.3 ~ 0.6 MPa，环境温度为 - 35 ~ 80 ℃。

（2）行程。一般不用满行程，特别是在活塞杆伸出时，应避免活塞杆碰撞缸盖，否则容易破坏零件。

（3）安装。安装时要注意运动方向。活塞杆不允许承受偏载或轴向负载。

（4）润滑。压缩空气必须经过净化处理，在气缸进气口前应安装油雾器（不供油气缸例外），便于气缸工作时相对运动部件的润滑。不允许用油润滑时，可用无油润滑气缸。在灰尘大的场合下，运动件应设防尘罩。

9.2.2　气动马达

气动马达是将压缩空气的压力能转换成旋转运动机械能的装置。在气压传动系统中使用最广泛的是叶片式气动马达和活塞式气动马达。

1. 气动马达的工作原理

图 9 - 2 - 6 为双向旋转叶片式气动马达。当压缩空气由进气口进入气室后立即喷向叶片 1，并作用在叶片的外伸部分，产生旋转力矩带动转子 2 作逆时针转动，输出旋转的机械能，废气从排气口 C 排出，残余气体则经 B 排出（二次排气）。若进、排气口互换，则转子反转，输出相反方向转动的机械能。转子转动的离心力和叶片底部的气压力、弹簧力（图中未画出）使得叶片紧紧地抵在定子 3 的内壁上以保证密封，从而提高容积效率。

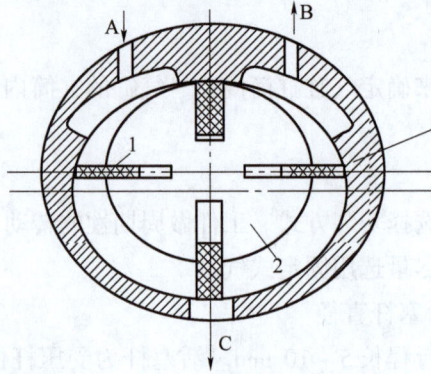

1—叶片；2—转子；3—定子

图 9-2-6 双向旋转叶片式气动马达

叶片式气动马达主要用于风动工具、高速旋转机械及矿山机械等。气动马达具有一些特点，在某些场合，它比电动马达和液压马达更适用，具体特点是：

（1）安全性能好。气动马达可在易燃、易爆、潮湿及多尘的场合使用，同时不受高温及振动的影响。

（2）具有过载保护，可长时间满载工作。气动马达过载只是速度减慢或停转，当过载解除后，可立即重新运转。

（3）由于压缩空气膨胀时会吸收周围的热量，因此能长期工作而温升很小。

（4）有较大的启动转矩，能带载启动。

（5）换向容易，操作简单，可实现无级调速。

（6）与电动机相比，单位功率尺寸小，质量小，适于安装在位置狭小的场合及手工工具上。

2. 气动马达的选择及使用要求

1）气动马达的选择

不同类型的气动马达具有不同的特点和适用范围，因此要结合负载特点和工作环境来选择合适的马达。

叶片式气动马达适用于低转矩、高转速场合，如各种手提工具、复合工具、传送带、升降机等启动转矩小的中、小功率的机械。

活塞式气动马达适用于中、高转矩，中、低转速，中、大功率的场合，如起重机、绞车、绞盘、拉管机等负荷较大且起、停特性要求较高的机械。由于活塞式气动马达只能单向旋转，因此工作中需要换向的场合不应采用活塞式气动马达。

2）气动马达的使用要求

润滑是气动马达正常工作时不可缺少的一个重要条件。气动马达在得到正确、良好润滑的条件下，可在两次检修之间运行 2 500 h 以上。一般在换向阀前安装油雾器，以进行不间断地润滑。

◈ **任务实施： 气动元件的拆装**

1. 拆装一气缸，写出其拆装步骤，了解其结构原理。
2. 拆装一气动换向阀，写出其拆装步骤，了解其结构原理。

任务9.3 方向控制阀和方向控制回路

学习目标

1. 掌握气动方向控制阀的原理。
2. 掌握气动方向控制阀的符号。
3. 会阅读简单的方向控制回路。

学习过程

拆装气动换向阀，演示换向型控制阀的结构、原理及应用。

方向控制阀是控制压缩空气的流动方向和气路通断的阀，其与液压方向控制阀相似，分类方法也大致相同。按气流在阀内的流动方向，可分为单向型控制阀和换向型控制阀。按控制方式不同，换向阀可分为电磁式、气动式、机械式、电气动式和手（脚）动式等；按切换的通路数目，换向阀分为二通阀、三通阀、四通阀和五通阀等。按阀芯工作位置的数目，方向阀分为二位阀和三位阀等。

9.3.1 单向型控制阀

方向控制阀

1. 单向阀

单向阀是指气流只能向一个方向流动而不能反向流动的阀。单向阀的工作原理、结构和职能符号与液压阀中相应的阀基本相同，只不过在气动单向阀中，阀与阀座之间有一层密封垫，如图9-3-1所示。

2. 或门型梭阀

或门型梭阀在气压传动系统中，当两个进气口 P_1 和 P_2 均能与工作口 A 相通，而不允许 P_1 与 P_2 相通时，就要采用或门型梭阀，如图9-3-2所示。

当进气口 P_1 进气时，将阀芯推向右边，封住进气口 P_2，于是气流从 P_1 到工作口 A，如图9-3-2（a）所示；反之，气流则从 P_2 到 A，如图9-3-2（b）所示；当 P_1、P_2 同时进气时，哪端压力高，A 就与哪端相通，另一端就自动关闭。图9-3-2（c）为该阀的职能符号。

或门型梭阀在逻辑回路和程序控制回路中被广泛应用。图9-3-3为手动—自动回路转换上常用的或门型梭阀。

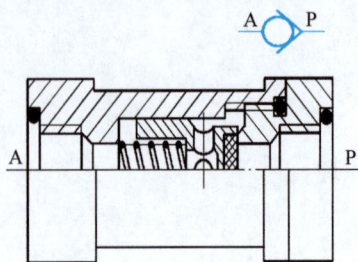

图9-3-1 单向阀

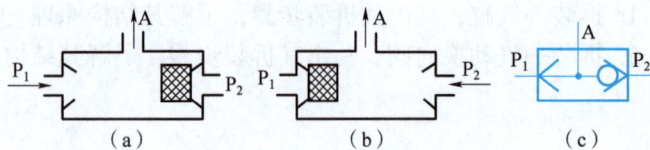

图9-3-2 梭阀

（a）P_1进气；（b）P_2进气；（c）职能符号

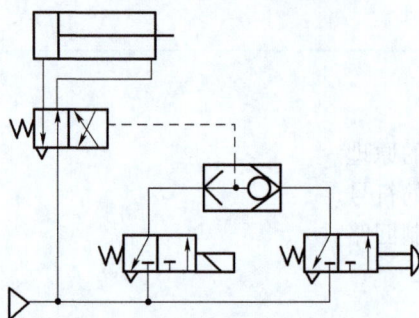

图9-3-3 或门型梭阀在手动—自动回路的应用

3. 与门型梭阀

与门型梭阀又称双压阀。该阀有两个进气口P_1和P_2，只有同时进气，A口才有输出，这种阀相当于两个单向阀的组合。

图9-3-4为与门型梭阀。当P_1或P_2单独输入压缩空气时，阀芯被推向右边或左边，如图9-3-4（a）、（b）所示，此时口A无气体输出；只有当P_1和P_2同时输入相同压力的压缩空气时，口A才有输出，如图9-3-4（c）所示。当P_1、P_2的压力不等时，则高压侧关闭，低压侧与口A相通。图9-3-4（d）为与门型梭阀的职能符号。

图9-3-5为该阀在钻床控制回路中的应用。行程阀1为工件定位信号，行程阀2为夹紧工件信号。当两信号同时发出时，与门型梭阀3才有输出，换向阀4切换，钻孔气缸5进给，钻孔开始。

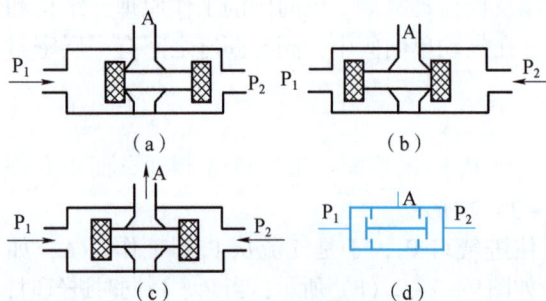

图9-3-4 与门型梭阀

（a）P_1通气；（b）P_2通气；
（c）P_1和P_2同时通气；（d）职能符号

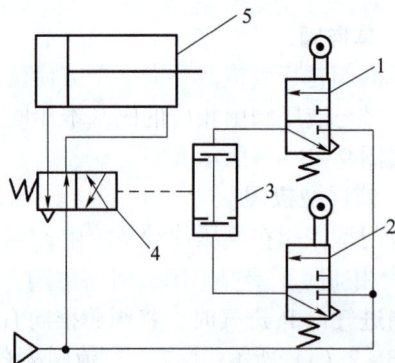

1，2—行程阀；3—与门型梭阀；4—换向阀；5—钻孔气缸

图9-3-5 与门型梭阀在钻床控制回路中的应用

4. 快速排气阀

快速排气阀的作用是使气动元件或装置快速排气以提高气缸的运动速度。通常气缸排气时，气体是从气缸经管路由换向阀的排气口排出的，如果从气缸到换向阀的管路较长，而换向阀的排气口又较小时，排气阻力就较大，排气时间就较长，气缸的运动速度就较慢。此时，若采用快速排气阀，则气缸内的气体就能直接快速排往大气中，加快气缸的运动速度。图 9-3-6 为快速排气阀。当进气口 P 进压缩空气时，将密封活塞迅速上推，开启阀口 2，同时关闭排气口 1，使进气口 P 与工作口 A 相通，如图 9-3-6（a）所示；当 P 腔没有压缩空气进入时，在 A 腔气压作用下，密封活塞迅速下降，关闭 P 口，使 A 腔通过阀口 1 经 O 腔快速排气，如图 9-3-6（b）所示。图 9-3-6（c）为该阀的职能符号。

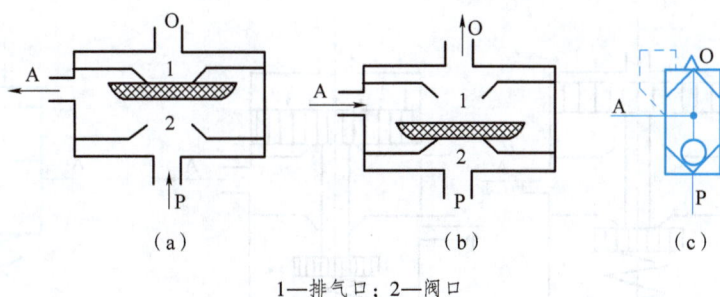

1—排气口；2—阀口

图 9-3-6　快速排气阀

（a）P 通气；（b）A 通气；（c）职能符号

图 9-3-7 为快速排气阀的应用回路。在实际使用中，快速排气阀应安装在换向阀和气缸之间。它使气缸的排气不用通过换向阀而快速排出，从而加速了气缸往复的运动速度，缩短了工作周期。

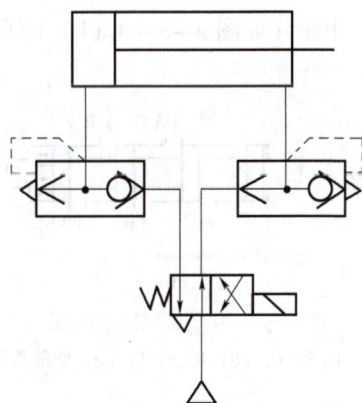

图 9-3-7　快速排气阀的应用回路

9.3.2　换向型控制阀

换向型控制阀的功能是改变气体通道使气体流动方向发生变化，从而改变气动执行元件的运动方向。换向型控制阀根据控制阀芯方式的不同包括气压控制换向阀、电磁控制换向阀、气压延时换向阀、机械控制换向阀、人力控制换向阀和时间控制换向阀。下面仅介绍几种典型的方向控制阀。

1. 气压控制换向阀

气压控制换向阀是利用气体压力来使阀芯移动而使气体改变流向的。气压控制换向阀适用于易燃、易爆、潮湿、灰尘多的场合。

（1）单气控换向阀。单气控换向阀如图9-3-8所示，图9-3-8（a）为无控制信号K时的状态，阀芯在弹簧及P腔压力作用下关闭，阀处于排气状态；当输入控制信号K（如图9-3-8（b）所示）时，主阀芯下移，打开阀口使P与A相通。故该阀属常闭型二位三通阀，当P与O换接时，即成为常开型二位三通阀。图9-3-8（c）为其职能符号。

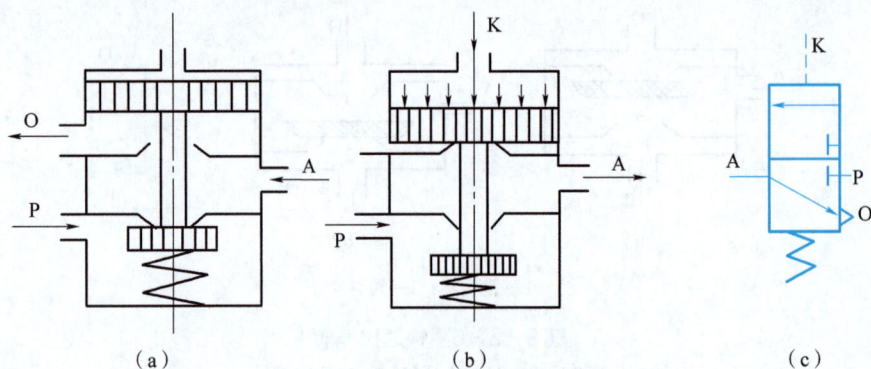

图9-3-8 单气控换向阀

(a) 无控制信号；(b) 有控制信号；(c) 职能符号

（2）双气控换向阀。图9-3-9为双气控换向阀。当气控口 K_1 连通控制气体时，阀芯右移，此时P与B、A与 O_1 相通（如图9-3-9（a）所示）；当气控口 K_2 连通控制气体时，阀芯左移，此时P与A、B与 O_2 相通（如图9-3-9（b）所示）。图9-3-9（c）为其职能符号。

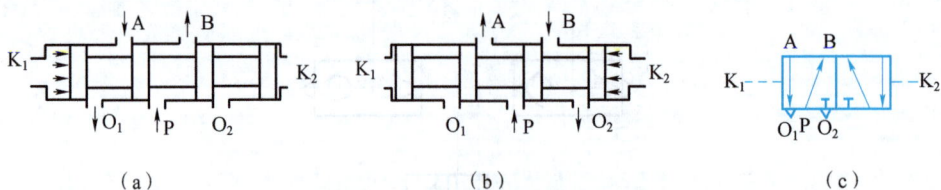

图9-3-9 双气控换向阀

(a) K_1 通气；(b) K_2 通气；(c) 职能符号

2. 电磁控制换向阀

气压传动系统中的电磁控制换向阀和液压传动系统中的电磁控制换向阀一样，也由电磁铁控制部分和主阀两部分组成，按控制方式不同可分为直动型电磁阀和先导型电磁阀两种。它们的工作原理分别与液压阀中的电磁阀和电液动阀相类似，只是二者的工作介质不同而已。

（1）直动型电磁阀。由电磁铁直接推动换向阀阀芯换向的阀称为直动型电磁阀，直动型电磁阀分为单电磁铁和双电磁铁两种。直动型单电磁铁换向阀的工作原理如图 9-3-10 所示，图 9-3-10 （a）为原始状态，A、O 连通，图 9-3-10 （b）为通电状态，P、A 连通。图 9-3-10 （c）为该阀的职能符号。

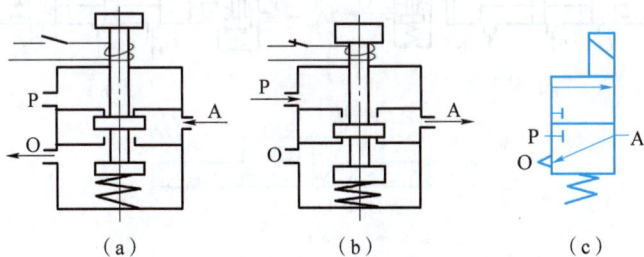

图 9-3-10 直动型单电磁铁换向阀工作原理图
（a）原始状态；（b）通电状态；（c）职能符号

图 9-3-11 为直动型双电磁铁换向阀。图 9-3-11 （a）为线圈 1 通电、线圈 2 断电时的状态。图 9-3-11 （b）为线圈 2 通电、线圈 1 断电的状态，图 9-3-11 （c）为其职能符号。双电磁铁换向阀的两个电磁铁只能交替得电工作，不能同时得电，否则会产生误动作。由于该阀没有复位弹簧，因而称这种阀具有记忆功能。所谓记忆功能是指当有控制信号时阀位按电磁铁的得电情况动作，而当控制信号消失以后阀位仍维持原位置不变的功能。

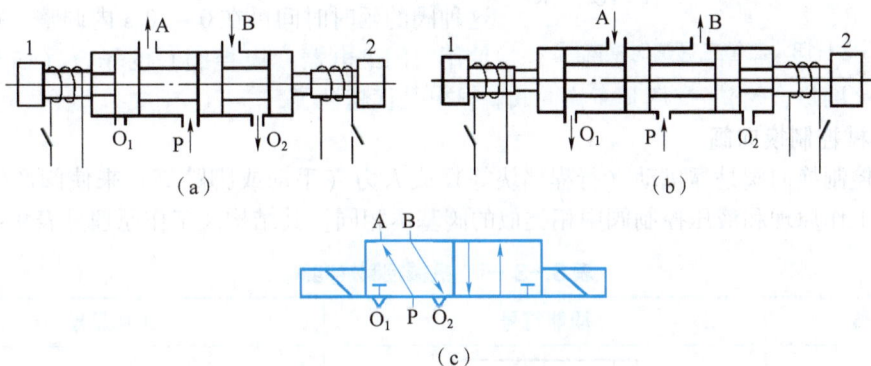

图 9-3-11 直动型双电磁铁换向阀
（a）线圈 1 通电；（b）线圈 2 通电；（c）职能符号

（2）先导型电磁阀。先导型电磁阀由电磁先导阀和主阀两部分组成。用电磁先导阀的电磁铁控制气路，产生先导压力，再由先导压力去推动主阀阀芯，使其换向。一般先导型电磁阀都单独制成通用件，既可用于先导控制，也可用于气流量较小的直接控制。先导型电磁阀也分单电磁铁控制和双电磁铁控制两种。

图 9-3-12 为双电磁铁控制的先导型换向阀。图 9-3-12 （a）为电磁先导阀 1 通电，电磁先导阀 2 断电时的状态。图 9-3-12 （b）为电磁先导阀 2 通电，电磁先导阀 1 断电时的状态。图 9-3-12 （c）为其职能符号。

（a）

（b）

（c）

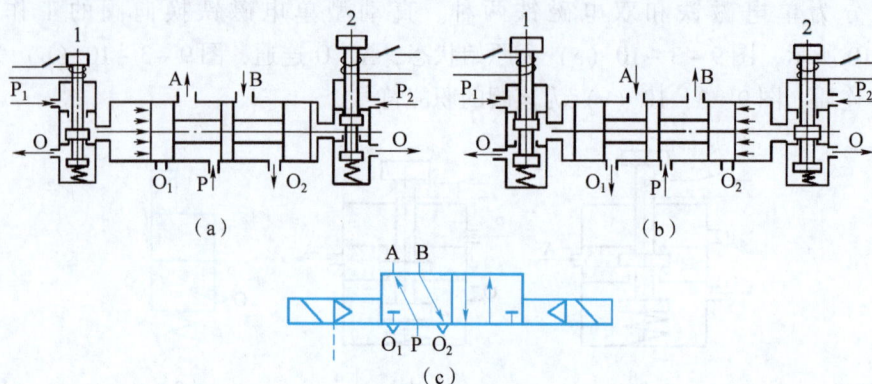

图 9 - 3 - 12　双电磁铁控制的先导型换向阀
（a）线圈 1 通电；（b）线圈 2 通电；（c）职能符号

3. 气压延时换向阀

气压延时换向阀的作用相当于时间继电器。图 9 - 3 - 13 为二位三通延时换向阀，它是由延时部分和换向部分组成的。当无气控信号时，P 与 A 断开；当有气控信号时，气体从 K 口输入经可调节流阀节流后到气容 a 内，使气容不断充气，直到气容内的气压上升到某一值时，阀芯由左向右移动，使 P 和 A 接通，A 口有输出；当气控信号消失后，气容内气压经单向阀到 K 口排出。这种阀的延时时间可在 0 ~ 20 s 内调整。在不允许使用时间继电器（电控制）的场合（如易燃、易爆、粉尘大的场合等），气压延时换向阀就显出其优越性了。

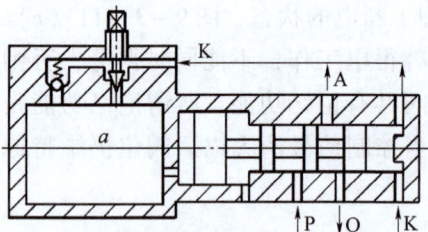

图 9 - 3 - 13　二位三通延时换向阀

4. 机械控制换向阀

机械控制换向阀是靠机动（行程挡块等）或人力（手动或脚踏等）来使阀产生切换动作的，其工作原理和液压控制阀中相类似的阀基本相同。其结构及工作原理见表 9 - 3 - 1。

表 9 - 3 - 1　机械控制换向阀

种类	职能符号	工作原理

机动控制换向阀	a
	  b
	  c
		靠机动（行程挡块、凸轮或其他机械外力等）推动阀芯使阀产生切换动作。多用于行程程序控制系统，作为信号阀使用，也称行程阀。a 为直动式机控阀，b 为滚轮式机控阀，c 为可通过式机控阀

续表

种类	职能符号	工作原理
人力控制换向阀	a b c	靠人力来使阀产生切换动作。分为手动、脚踏、按钮等方式。a 为脚踏式，b 为手柄式，c 为按钮式

9.3.3 方向控制回路

方向控制回路是用换向阀控制压缩空气的流动方向来控制执行件机构运动方向的回路，简称换向回路。

方向控制回路

1. 单作用气缸换向回路

图 9 - 3 - 14 为单作用气缸换向回路。其中，图 9 - 3 - 14（a）是用二位三通电磁换向阀控制单作用气缸的升降运动。在该回路中，当电磁铁通电时，气缸向上运动；当电磁铁失电时，气缸活塞在弹簧力的作用下返回。图 9 - 3 - 14（b）为三位四通电磁换向阀控制的单作用气缸的伸、缩和任意位置停留的换向回路，当电磁铁都失电时，换向阀处于中位，气缸停止不动，气缸可停在任何位置，但定位精度不高，且定位时间不长。

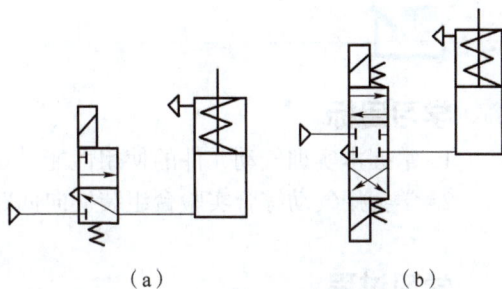

（a） （b）

图 9 - 3 - 14 单作用气缸换向回路
（a）用二位三通电磁换向阀控制换向回路
（b）用三位四通电磁换向阀控制换向回路

2. 双作用气缸换向回路

图 9 - 3 - 15 为各种双作用气缸的换向回路，图 9 - 3 - 15（a）是比较简单一个二位五通换向阀控制的换向回路；图 9 - 3 - 15（b）是由两个二位三通换向阀控制的换向回路，当有气控信号 K 时活塞杆推出，反之，活塞杆退回；图 9 - 3 - 15（c）是由行程阀和二位五通换向阀组合的换向回路；图 9 - 3 - 15（d）、图 9 - 3 - 15（e）、图 9 - 3 - 15（f）都是双电控或双气控的换向回路，换向阀的两端电磁铁或按钮不能同时操作，否则将出现误动作，其回路相当于双稳的逻辑功能。图 9 - 3 - 15（f）所示的双作用气缸换向回路有中间任意位置停止功能，但位置精度不高，停留时间不长。

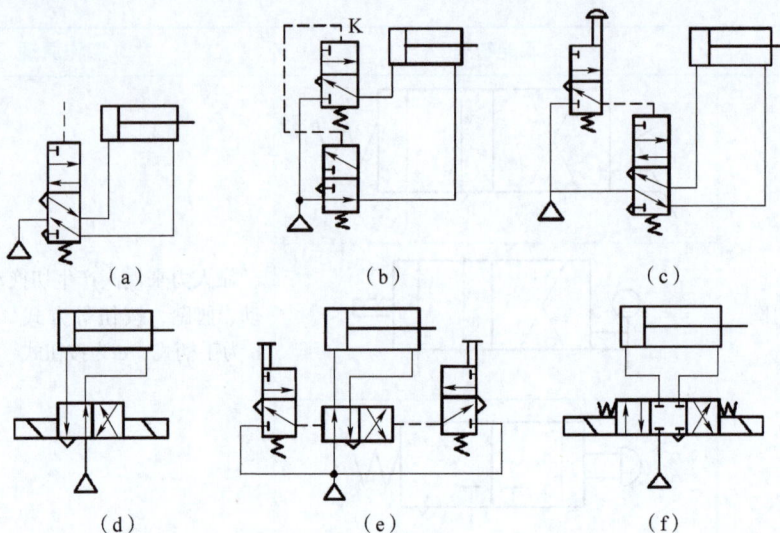

图9-3-15　各种双作用气缸换向回路示意图

(a) 采用二位五通换向阀控制的换向回路；(b) 采用两个二位三通换向阀控制的换向回路；
(c) 采用行程阀和二位五通换向阀组合的换向回路；(d)，(e)，(f) 采用双电控或双气控的换向回路

任务9.4　实训：气动换向回路

学习目标

1. 掌握本实训气动元件的使用性能。
2. 学会用气动综合实验台组装换向回路，运用继电器和PLC控制。

学习过程

4人一组组装气动换向回路。

9.4.1　换向回路（一）

实训：PLC控制换向回路　　实训：继电器控制换向回路

如图9-4-1所示，当电磁铁通电时，电磁换向阀上位工作，气压使活塞向上伸出；当电磁铁断电时，弹簧使换向阀下位工作，活塞杆在弹簧作用下下移。

如图9-4-2所示，当电磁换向阀不得电（图示位置）时，压缩空气通过三联件经过电磁换向阀3，再经过单向节流阀1中的单向阀进入气缸的左腔，活塞在压缩空气的作用下向右运动。回油经单向节流阀2中的节流阀进行调速。在此过程中，调节单向节流阀

2 中节流阀的开口大小就能调节活塞的运动速度,实现了出口节流调速功能。

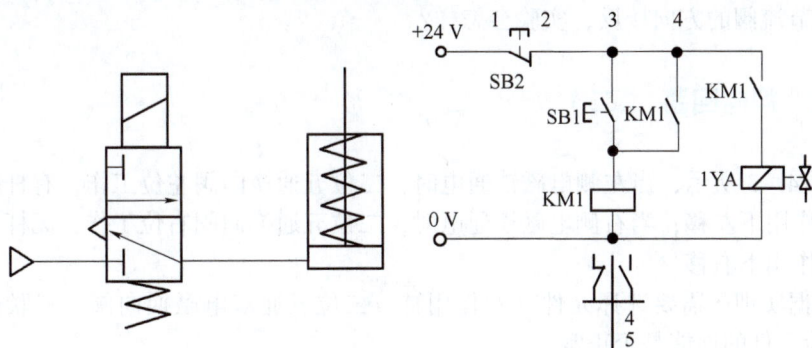

图 9 - 4 - 1　单作用气缸换向回路图

当电磁阀得电,右位接入时,压缩空气经过电磁阀 3 的右边,再经过单向节流阀 2 中的单向阀进入缸的右腔,活塞在压缩空气的作用下向左运行。在此过程中,调节单向节流阀 1 起调速作用,调节单向节流阀 1 才能控制活塞的运动速度。

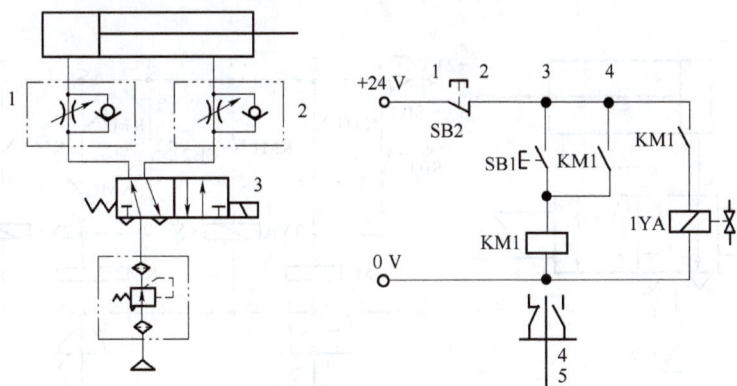

1,2—单向节流阀;3—电磁换向阀

图 9 - 4 - 2　双作用气缸换向回路图

1. 实训步骤

(1) 根据实训的需要选择元件(双作用缸、单向节流阀两个、二位五通单电磁换向阀、三联件、连接软管),并检验元件的实用性能是否正常。

(2) 看懂原理图,在实验台上搭建气压实训回路。

(3) 选用适当的控制方式(继电器控制或 PLC 控制)控制电磁阀。

(4) 确认连接安装正确稳妥,把三联件中减压阀的调压旋钮放松,通电,开启气泵。待泵工作正常后,再次调节三联件的调压旋钮,使回路中的压力系统调压至 0.2 MPa。

(5) 分析回路原理,实现出口调速功能。

(6) 实训完毕后,关闭泵,切断电源,待回路压力为 0 时,拆卸回路,清理元件并放回规定的位置。

2. 思考题

(1) 换用其他的换向阀做实验,了解其他换向阀的工作机能。

（2）如果不采用单向节流阀，而采用一般节流阀行不行？

（3）将节流阀的方向接反，实验会怎样？

9.4.2　换向回路（二）

如图9-4-3所示，当左侧电磁铁通电时，二位五通换向阀左位工作，有杆腔通气，活塞杆在气压作用下左移；当右侧电磁铁通电时，二位五通换向阀右位工作，无杆腔通气，活塞杆在气压作用下右移。

（1）根据实训的需要选择元件（双作用缸、二位五通双电磁换向阀、三联件、连接软管），并检验元件的性能是否正常。

（2）看懂原理图，在实验台上搭建气压实训回路。

（3）本实训要求采用继电器控制，根据电气原理图组建电路。

（4）检查电气动回路，要求准确无误。

（5）接通电源，实现动作，观察回路动作，理解电气动原理。

（6）实训完毕后，关闭泵，切断电源，待回路压力为0时，拆卸回路，清理元件并放回规定的位置。

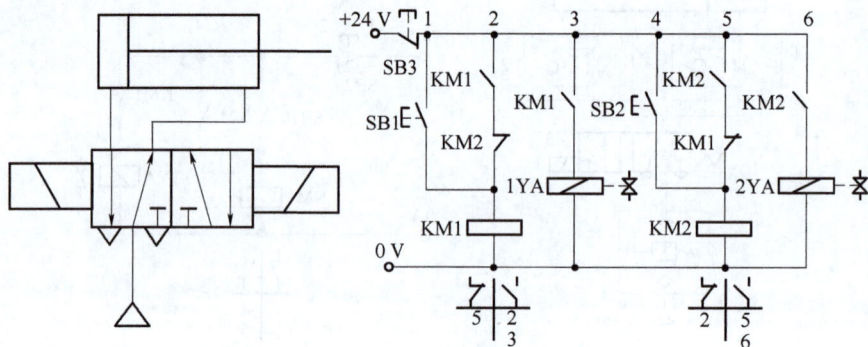

图9-4-3　双电磁铁换向回路

任务9.5　压力控制阀和压力控制回路

学习目标

1. 掌握气动压力控制阀的原理。
2. 掌握气动压力控制阀的符号。
3. 会阅读压力控制回路。

学习过程

学习网络教学资源，用PPT演示压力控制阀和压力控制回路原理。

9.5.1 压力控制阀

压力控制阀主要用来控制系统中气体压力的大小，满足系统不同的压力需要。这类阀基本都是利用压缩空气压力和弹簧力相平衡的原理进行工作的，种类如下：

（1）起降压、稳压作用的减压阀、定值器。

（2）起限压安全保护作用的安全阀、限压切断阀等。

（3）根据气路压力不同进行某种控制的顺序阀、平衡阀等。

1. 气动减压阀

气压传动系统与液压传动系统不同的一个特点是液压传动系统的液压油是由安装在每台设备上的液压泵直接提供的；而在气压传动系统中，一个空压站输出的压缩空气通常可供多台气动装置使用。由于气源空气压力往往比每台设备实际所需要的压力高些，同时压力波动值比较大，因此需要用减压阀将其压力减到每台设备所需要的压力。减压阀也称调压阀，作用是将输出压力调节在比输入压力低的调定值上，并保持稳定不变。气动减压阀与液体减压阀一样，也是以出口压力为控制信号的。

图 9-5-1 为直动型减压阀，当沿顺时针方向调整手柄 1 时，调压弹簧 2（实际上有两个弹簧）推动下弹簧座 3，膜片 4 和阀芯 5 向下移动，使阀口开启，气流通过减压阀口后压力降低，然后从右侧出口输出。

与此同时，有一部分气流通过阻尼孔 7 进入膜片室，在膜片下产生一个向上的推力与弹簧力平衡，减压阀有稳定的压力输出。当输入压力 p_1 增高时，输出压力 p_2 也随之增高，使膜片下的压力也增高，将膜片向上推，阀芯 5 在复位弹簧 9 的作用下上移，从而使阀口 8 的开度减小，节流作用增强，使输出压力降低到调定值为止；反之，输入压力下降，则输出压力也随着下降，膜片下移，阀口开度增大，节流作用降低，使输出压力回到调定压力，以维持稳定的压力输出。

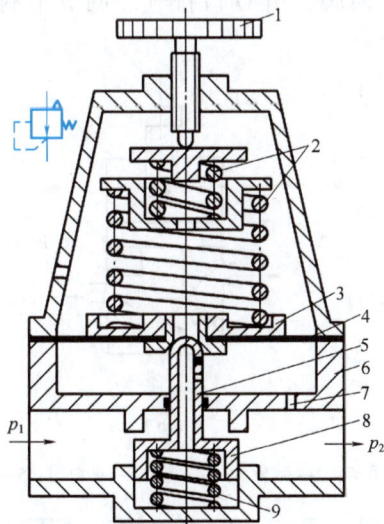

1—手柄；2—调压弹簧；3—下弹簧座；4—膜片；5—阀芯；6—阀体；7—阻尼孔；8—阀口；9—复位弹簧

图 9-5-1 直动型减压阀

2. 气动溢流阀

气动溢流阀的作用是当系统压力超过调定值时，为了保证系统的工作安全，作为安全阀来实现自动排气，使系统的压力下降，以保证系统能安全可靠地工作。因而，溢流阀也称安全阀，如储气罐必须安装安全阀。

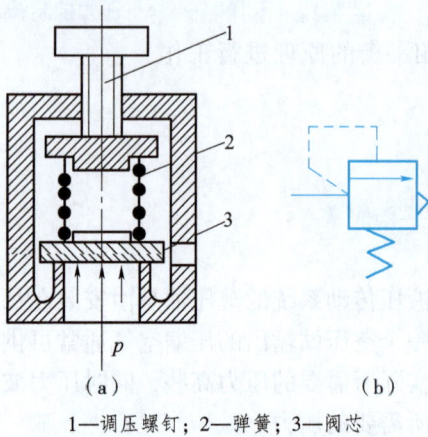

1—调压螺钉；2—弹簧；3—阀芯

图 9-5-2　直动型溢流阀

（a）工作原理；（b）职能符号

图 9-5-2 为直动型溢流阀。当气体作用在阀芯 3 上的力小于弹簧 2 的弹力时，阀处于关闭状态。当系统压力升高，气体作用在阀芯 3 上的力大于弹簧 2 的弹力时，气流推开阀芯，经阀口向外排气，使系统压力基本稳定在调定值，确保系统安全可靠。调整弹簧的预压缩量可改变其调定压力的大小。

由此可知，对于溢流阀来说，要求当系统中的工作气压刚超过阀的调定压力（开启压力）时，阀便迅速打开，并以额定流量排放；而一旦系统中的压力稍低于调定压力时，便能立即关闭阀门。

3. 气动顺序阀

气动装置中不便安装行程阀，而要根据气压的大小来控制两个以上的气动执行机构的顺序动作时，就要用到顺序阀。

顺序阀是依靠气路中压力的变化来控制各执行元件按顺序动作的压力阀，其作用和工作原理与液压顺序阀基本相同。顺序阀常与单向阀组合成单向顺序阀。图 9-5-3 为单向顺序阀的工作原理。当压缩空气由 P 口输入时，单向阀 4 在压差力及弹簧力的作用下处于关闭状态，作用在活塞 3 上输入侧的空气压力超过弹簧 2 的预紧力时，活塞被顶起，顺序阀打开，压缩空气由 A 输出；当压缩空气反向流动时，输入侧变成排气口，输出侧变成进气口，其进气压力将顶开单向阀，由 O 口排气。调节手柄 1 就可改变单向顺序阀的开启压力。

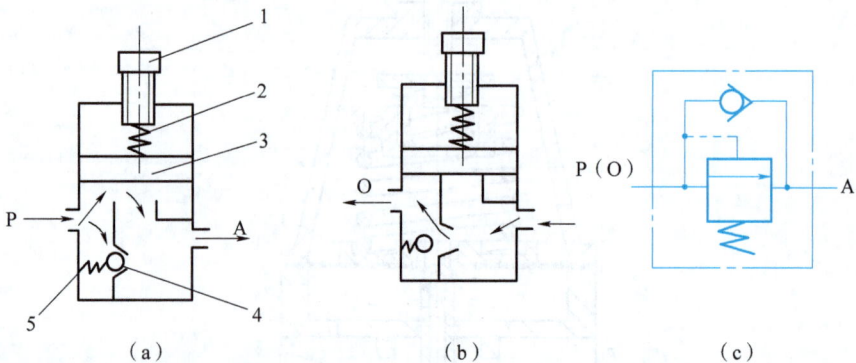

1—调节手柄；2—弹簧；3—活塞；4—单向阀；5—小弹簧

图 9-5-3　单向顺序阀的工作原理

（a）正向流动；（b）反向流动；（c）职能符号

9.5.2　压力控制回路

压力控制回路的作用是控制和调节系统的压力。常用的压力控制回路有一次压力控制回路、二次压力控制回路和高低压转换回路。

1. 一次压力控制回路

一次压力控制回路是指把空气压缩机的输出压力控制在一定值以下。一般情况下，空气压缩机的出口压力为 0.8 MPa，并设置储气罐，储气罐上装有压力表、安全阀等，如图 9 - 5 - 4 所示。它常采用外控式溢流阀 1 来控制，也可采用带电触点的压力表 2 代替溢流阀来控制空气压缩机的转、停，使储气罐内的压力保持在规定的范围内。

2. 二次压力控制回路

二次压力控制回路是指控制气压传动系统二次压力，在系统气源进口处利用分水过滤器、减压阀、油雾器组成的压力控制回路，如图 9 - 5 - 5 所示。过滤器除去压缩空气中的灰尘、水分等杂质；减压阀可使二次压力稳定；油雾器使清洁的润滑油雾化后注入空气流中，对需要润滑的气动部件进行润滑。如果系统不需润滑，则可不用油雾器。

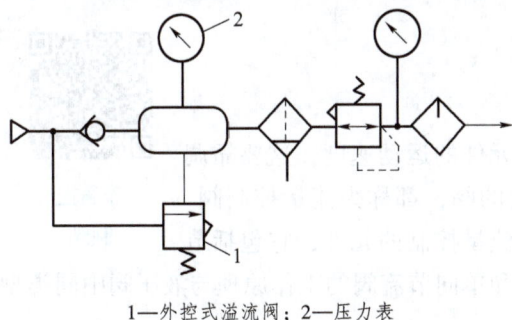

1—外控式溢流阀；2—压力表

图 9 - 5 - 4　一次压力控制回路

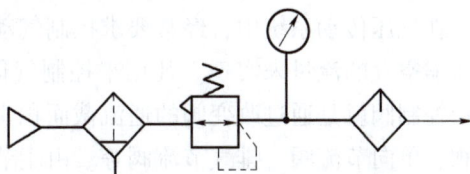

图 9 - 5 - 5　二次压力控制回路

3. 高低压转换回路

在实际应用中，某些气压传动系统需要有高低压的选择。如果采用调节减压阀的办法来解决，在使用过程中会比较麻烦，图 9 - 5 - 6 为利用两个减压阀和一个换向阀构成的高低压力的自动转换回路。用两个减压阀分别调出所需的两个压力 p_1、p_2，再通过气控换向阀，根据系统的要求，输出所需的压力。

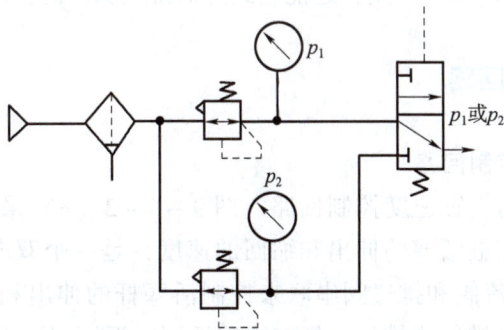

图 9 - 5 - 6　高低压转换回路

任务 9.6　流量控制阀和速度控制回路

9.6.1　流量控制阀

在气压传动系统中，经常要求控制气动执行元件的运动速度，这要靠调节压缩空气的流量来实现。凡用来控制气体流量的阀，都称为流量控制阀。流量控制阀就是通过改变阀的通流截面积来实现流量控制的元件，它包括节流阀、单向节流阀、排气节流阀等。由于节流阀和单向节流阀的工作原理与液压阀中同类型阀相似，本节仅对排气节流阀作简要介绍。

气压传动系统的废气一般可以直接排入大气，因此可以在排气口安装节流阀以调节排气速度，这种阀称为排气节流阀。

排气节流阀的节流原理和液压传动系统节流阀一样，也是靠调节通流截面积来控制流量的。它们的区别是，液压传动系统的节流阀通常是安装在系统中来调节液压油的流量，而排气节流阀只能安装在排气口处来调节排入大气的流量，以此来调节执行机构的运动速度。排气节流阀如图 9 – 6 – 1 所示，气流从左腔进入阀内，由节流口 1 节流后经消声套 2 排出，因此它不仅能调节执行元件的运动速度，还能起到降低排气噪声的作用。

9.6.2　速度控制回路

1. 单作用气缸速度控制回路

图 9 – 6 – 2 为单作用气缸速度控制回路。图 9 – 6 – 2（a）采用两个相反安装的单向节流阀，可分别控制液压缸活塞的伸出和缩回的速度，是一个双向调速的速度控制回路。图 9 – 6 – 2（b）采用节流阀和排气阀串联来控制活塞杆的伸出和退回速度，伸出时利用节流阀调节速度，退回时排气阀排气，气缸快速返回，返回时速度不可调。

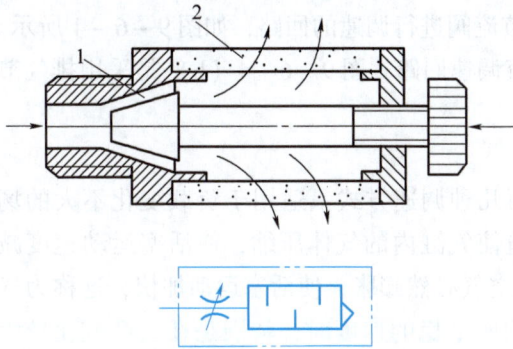

1—节流口；2—消声套

图9-6-1　排气节流阀

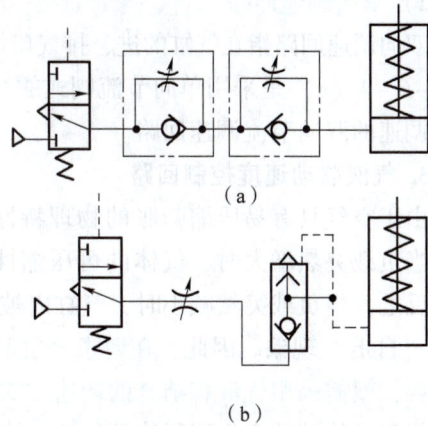

图9-6-2　单作用气缸速度控制回路

（a）双向速度控制；（b）单向速度控制

2. 双作用气缸速度控制回路

1）单向调速回路

双作用缸单向调速回路与液压传动系统相仿，也有进口、出口节流调速之分，但在气压传动系统中称节流供气和节流排气，如图9-6-3所示。

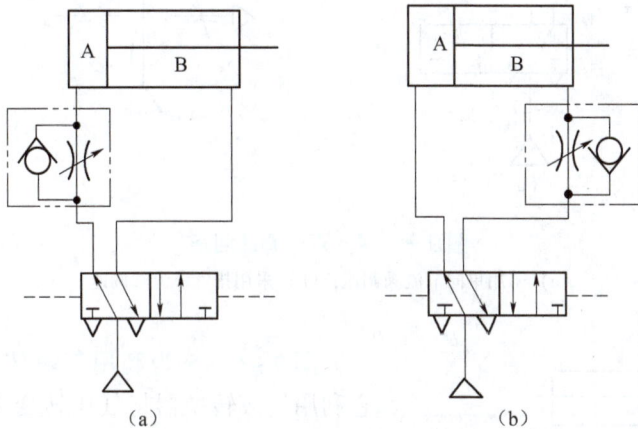

图9-6-3　双作用缸单向调速回路

（a）供气节流调速；（b）排气节流调速

图9-6-3（a）是采用供气节流调速的方式，由于空气可压缩膨胀的特性，当负载与活塞运动方向相反时易产生"爬行"现象；当负载与活塞运动方向相同时易产生"跑空"现象，使气缸失去控制。所以供气节流调速多用于垂直安装的气缸的供气回路中。

在水平安装的气缸中通常采用图9-6-3（b）所示的排气节流调速方式。这种节流调速方式由于存在背压，从而减少了"爬行"现象。采用这种节流调速方式，气缸速度随负载变化较小，运动较平稳，且能承受反向负载。

2）双向调速回路

双向调速回路指在气缸的进、排气口均装设节流阀进行调速的回路，如图 9 - 6 - 4 所示。图 9 - 6 - 4 （a）是采用单向节流阀式的双向节流调速回路，图 9 - 6 - 4 （b）是采用排气节流阀调速的双向节流调速回路。

3. 气液联动速度控制回路

由于空气具有易压缩膨胀的物理特性，前面几种调速方式只适用于负载变化不大的场合。当负载突然增大时，气体的可压缩性就将迫使气缸内的气体压缩，使活塞运动速度减慢；反之，当负载突然减小时，气缸内被压缩的空气必然膨胀，使活塞运动加快，这称为气缸的"自走"现象。因此，在要求气缸具有准确而平稳的速度时，特别是在负载变化较大的场合，就需采用气液相结合的调速方式。它是以气压作为动力，利用气液转换器或气液阻尼缸将气压传动转变为液压传动，从而控制执行机构的速度。这种速度控制方式在气压传动系统中应用较广泛。

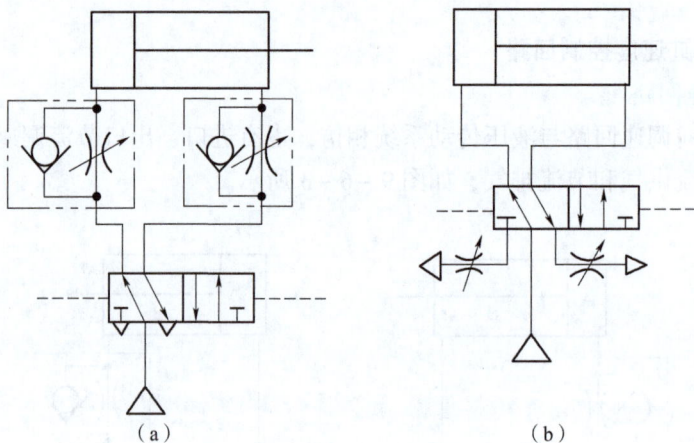

（a）　　　　　　　　　　　（b）

图 9 - 6 - 4　双向调速回路
（a）采用单向节流阀调速；（b）采用排气节流阀调速

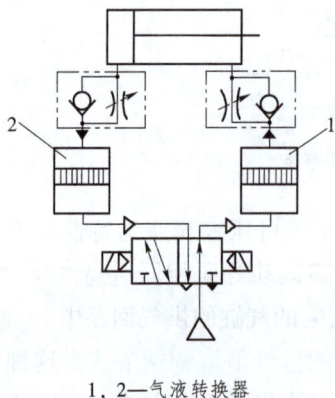

1，2—气液转换器

图 9 - 6 - 5　利用气液转换器的调速回路

图 9 - 6 - 5 为利用气液转换器的调速回路。它利用气液转换器将气压转变为液压，再利用液压油驱动低压液压缸，从而获得平稳易控的活塞运动速度，调节节流阀的流量就可以改变活塞的速度。采用此回路时应注意，气液转换器的容积应大于液压缸的容积，气、液间的密封性要好。

图 9 - 6 - 6 为利用气液阻尼缸的调速回路。图 9 - 6 - 6 （a）为慢进快退回路，调节单向节流阀的流量就可控制活塞的前进速度；返回时，由于液压缸无杆腔的油液通过单向阀流向液压缸的有杆腔，故返回速度较快，高位油箱起补充泄漏油液的作用。图 9 - 6 - 6 （b）为能实现机床工作

循环中常用的快进→工进→快退动作的回路，当 K_2 有信号输入时，换向阀换向，活塞向左运动，液压缸无杆腔的油液通过口 a 进入液压缸有杆腔，气缸快速向左运动；当活塞将口 a 关闭时，液压缸无杆腔的油液被迫从口 a 经节流阀进入液压缸有杆腔，活塞工作进给，调节节流阀流量就可控制工进速度；当 K_2 信号消失，K_1 信号输入时，换向阀换向，活塞向右快速返回。

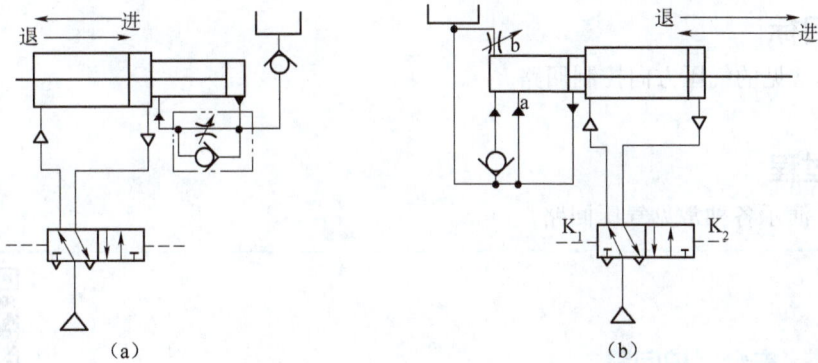

图 9-6-6　利用气液阻尼缸的调速回路
（a）慢进快退回路；（b）实现快进→工进→快退动作的回路

4. 缓冲回路

当气动运动部件质量较大，动作速度较快时，可采用如图 9-6-7 所示的缓冲回路。当活塞向右运动时，右腔的气体经行程阀和换向阀后排出；当活塞快运动到行程末端，挡块压下行程阀后，气体只能经节流阀排出，这样使活塞运动速度减慢，达到缓冲的目的。调整行程阀的安装位置就可改变缓冲的起始时刻。

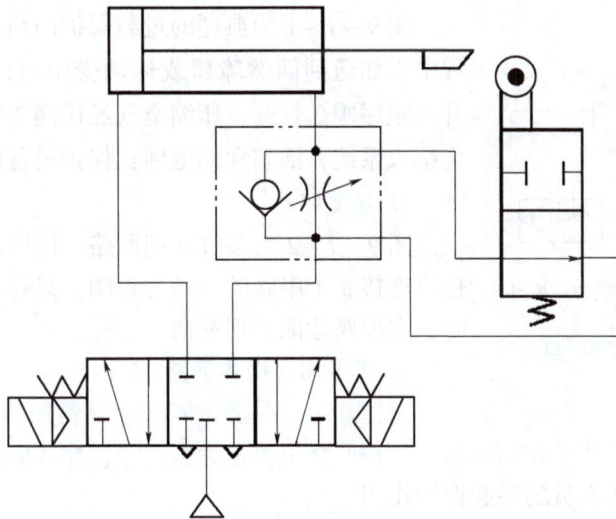

图 9-6-7　缓冲回路

任务 9.7　其他常见气压回路

9.7.1　安全保护回路

其他常用控制回路

气压传动系统过载、气压的突然降低及气动执行机构的快速动作等原因都可能危及操作人员或设备的安全，因此在气动回路中，常常要加入安全保护回路。需要指出的是，在设计任何气动回路时（特别是安全保护回路中）都不可缺少过滤装置和油雾器，因为脏污空气中的杂物可能堵塞阀中的小孔与通路，使执行机构发生错误动作。缺乏润滑油，很可能使阀发生卡死或磨损，以致整个系统发生安全问题。下面介绍几种常用的安全保护回路。

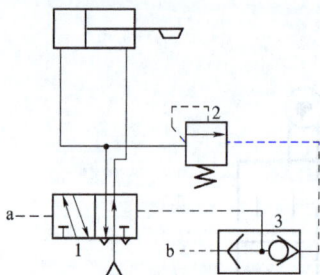

1—主控阀；2—顺序阀；3—梭阀

图 9 - 7 - 1　过载保护回路

1. 过载保护回路

图 9 - 7 - 1 为典型的过载保护回路，当活塞杆在伸出过程中，如遇到偶然障碍或运动受阻时，气缸无杆腔压力上升，顺序阀 2 打开，压缩空气经梭阀 3 使主控阀 1 换向，右位接入系统，活塞立即退回，保护设备的安全。

2. 互锁回路

图 9 - 7 - 2 为多缸互锁回路，该回路中，主换向阀的气控口连接 3 个串联的气动行程阀，只有 3 个行程阀全部接通时，主控阀才能实现换向。

3. 双手同时操作回路

所谓双手同时操作回路就是使用两个启动用的手动阀，只有同时按下两个阀才动作的回路。这种回路主要是为了安全，在冲床、锻压机床上常用来避免误动作，对操作人员的手起保护作用。

图 9 - 7 - 3 为使用两个手动阀的双手操作回路，为使主控阀换向，必须使压缩空气信号进入其左侧气控口。为此，必须使 2 个三通手动阀同时换向，另外这 2 个阀必须安装在单手不能同时操作的距离上。在操作时，如任何一只手离开时则控制信号消失，主控阀复位，则

活塞杆后退。

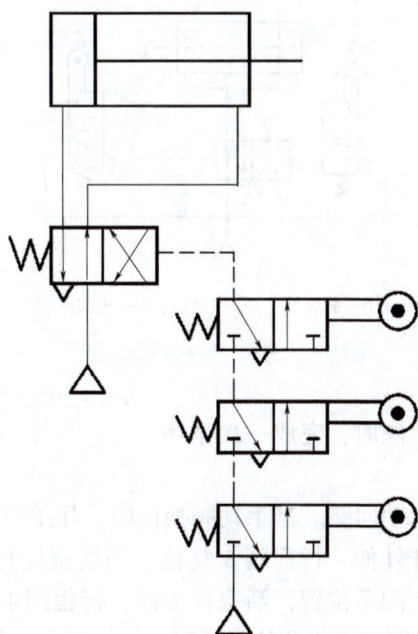

图 9-7-2　多缸互锁回路

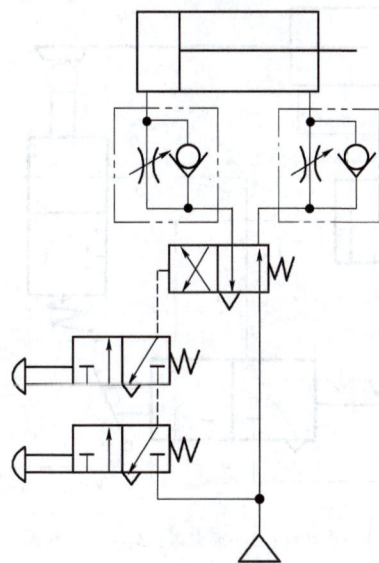

图 9-7-3　双手操作回路

9.7.2　往复动作回路

1. 单往复运动回路

图 9-7-4 为利用机动换向和手动换向阀组成的位置控制式单往复运动回路。按下手动阀 1 的手动按钮后，压缩空气使气控阀 3 换向，活塞杆前进，气缸外伸；当活塞杆挡块压下

机动阀 2 后，气控阀 3 复位，活塞杆返回，气缸缩回，完成一次往复运动。

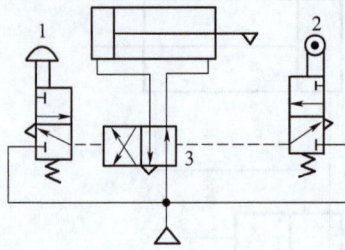

1—手动阀；2—机动阀；3—气控阀

图 9 - 7 - 4　单往复运动回路

按下阀，当凸块压下行程阀时，完成一次循环。

2. 连续往复运动回路

图 9 - 7 - 5 为连续往复运动回路。当手动阀换向时，压缩空气经行程阀 3 发出信号使气控换向阀 2 换向，气缸活塞杆外伸，行程阀 3 复位，当活塞杆行至挡块处压下行程阀 4 时，气控换向阀失去信号，换向到图示位置，活塞杆缩回，行程阀 4 复位。当活塞行至终点时又压下行程阀 3，换向阀 2 再次换向，如此往复循环。

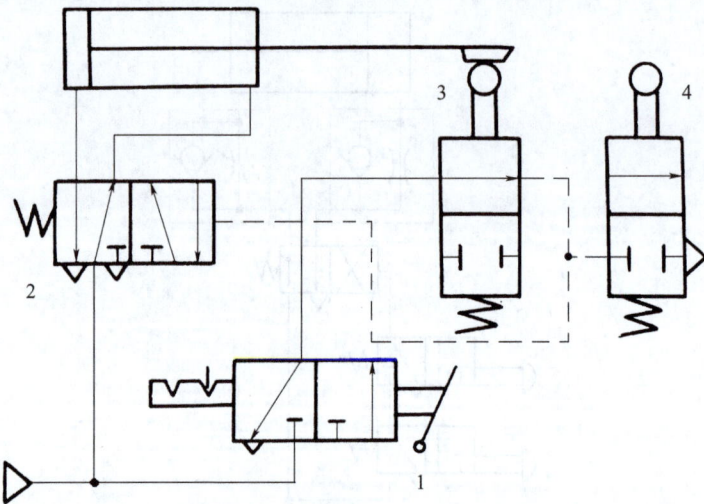

1—手动阀；2—换向阀；3，4—行程阀

图 9 - 7 - 5　连续往复运动回路

9.7.3　同步动作回路

1. 机械连接同步回路

图 9 - 7 - 6 为利用刚性零件将两缸活塞连接起来的简单的机械连接同步回路。该种同步回路同步可靠，但两缸的空间位置受到限制。

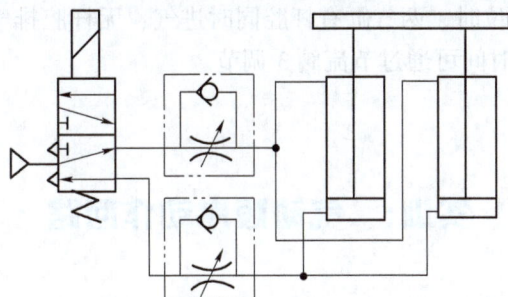

图 9-7-6 机械连接同步回路

2. 气液联动同步回路

图 9-7-7 为气液联运同步回路。图中气缸 1 的左腔与气缸 2 的右腔连通，内部注入液压油。只要保证两缸的尺寸相同就可以实现同步动作。但当发生泄漏或油中混入空气时，会影响两缸的同步性，此时可打开气堵 6 放气并补入油液。

9.7.4 多缸顺序动作回路

在气压传动系统中，用一个能源向两个或多个气缸（或马达）提供压缩空气，按各气缸之间运动关系要求进行控制，完成预定功能的回路，称为多缸运动回路。气缸严格地按给定顺序运动的回路称为顺序动作回路。顺序运动的控制方式有 3 种，即行程控制、压力控制和时间控制。

如图 9-7-8 所示，当换向阀 7 切换至左位时，气缸 1 无杆腔进气、有杆腔排气，实现动作 a。同时，气体经节流阀 3 进入延时换向阀 4 的控制腔及储气罐 6 中。当储气罐中的压力达到一定值时，换向阀 4 切换至左位，气缸 2 无杆腔进气、有杆腔排气，实现动作 b。

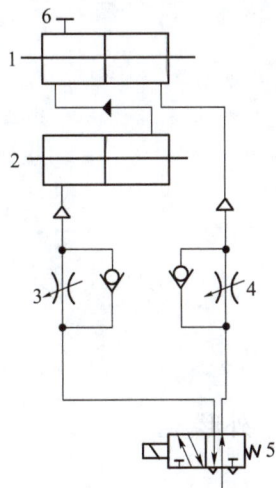

1，2—气缸；3，4—单向节流阀；
5—电磁阀；6—气堵

图 9-7-7 气液联动同步回路

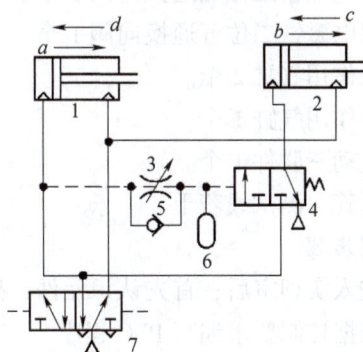

1，2—气缸；3，5—节流阀；
4，7—换向阀；6—储气罐

图 9-7-8 延时单向顺序动作控制回路

当换向阀 7 在图示右位时，两气缸有杆腔同时进气、无杆腔排气而退回，即实现动作 c 和 d。两气缸进给的间隔时间可通过节流阀 3 调节。

实训：气动顺序
动作回路

任务 9.8　实训：气动顺序动作回路

学习目标

1. 会阅读气动顺序动作回路。
2. 会操作气动实训设备。

学习过程

4 人一组实训气动顺序动作回路。

实训要求：编写程序，通过控制电磁铁的通断来控制 3 种不同的电磁换向阀换向，从而使气缸 Ⅰ、Ⅱ、Ⅲ 的活塞杆顺序伸出，逆序收回。

1. 实训目的

（1）熟悉 DLQD – DP202 型高级电气动实训设备。

（2）熟悉 PLC 编程及外部接线方法。

（3）掌握整个气动回路的控制原理及实训操作方法。

2. 实训器材

（1）气动实验台 1 台。

（2）PLC 模块和按钮模块。

（3）单电磁铁二位三通换向阀 1 个。

（4）单电磁铁二位五通换向阀 1 个。

（5）双电磁铁二位五通换向阀 1 个。

（6）双作用气缸 2 个。

（7）单作用气缸 1 个。

（8）气动三联件 1 个。

（9）气管、测试线若干。

3. 实训步骤

（1）进入实训室后，首先认识元件，搞清元件的名称、外形。

（2）根据控制要求编写 PLC 程序。

（3）按需要选择气动元件。

（4）根据系统原理图（如图 9 – 8 – 1 所示）接通管路。

（5）根据电气图连接线路。

（6）实现 3 个气缸顺序伸出、逆序收回的控制要求。

拓展作业：通过改变 PLC 程序，按下启动按钮，使 3 个气缸顺序伸出、逆序收回，并不断循环下去，直至按下复位按钮，各气缸复位后停止。

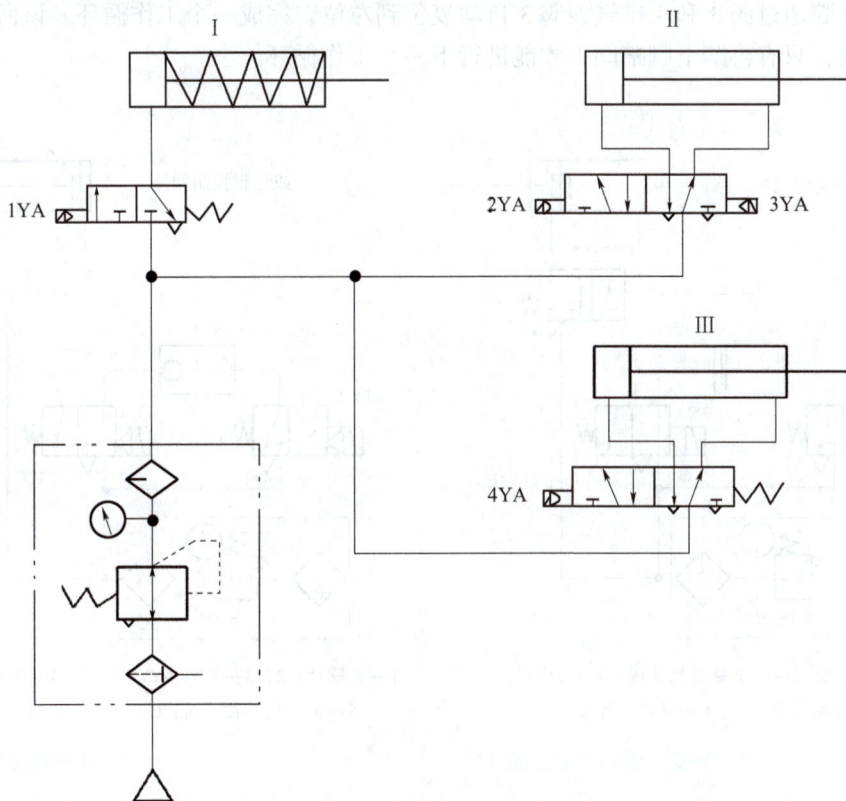

图 9 - 8 - 1　顺序动作回路原理图

✕ 拓展实训：

1. 连接气动逻辑控制回路

请同学们自行分析逻辑控制回路原理并进行回路连接，如图 9 - 0 - 2 和图 9 - 0 - 3 所示。

2. 机床夹具的气动夹紧系统

图 9 - 0 - 1 为机床夹具的气动夹紧系统。它的动作循环是：垂直活塞杆下降将工件压紧，两侧的气缸活塞杆再同时前进，对工件两侧进行夹紧，加工完成后，各气缸退回，松开工件。分析其工作原理。

用脚踩下脚踏阀 1，压缩空气经单向节流阀 7 进入气缸 A 的无杆腔，夹紧头下降夹紧工件，当压下行程阀 2 后，压缩空气经单向节流阀 6 发出信号，气控换向阀 4（调节节流阀开度可控制阀 4 的延时接通时间）换向。这样压缩空气经过气控阀 3 进入 B、C 气缸的无杆腔，使活塞杆伸出夹紧工件，工件开始加工。

加工的同时，流经阀 3 的一部分压缩空气经单向节流阀 5 进入阀 3 的右控制端，经过一段时间后（通过节流阀控制时间的长短），发出信号，阀 3 换向，两侧气缸退回。同时，流经阀 3 的一部分压缩空气进入脚踏阀的右控制端，发出信号，脚踏阀 1 复位，压缩空气进入

A 气缸的有杆腔，使夹紧头退回原位。

夹紧头上升的同时，行程阀 2 复位，气控阀 4 复位（此时阀 3 右位接通），由于 B、C 气缸的无杆腔通过阀 3 和 4 排气，阀 3 自动复位到左位，完成一个工作循环。该回路为单循环工作回路，只有再踏下脚踏阀 1 才能进行下一个工作循环。

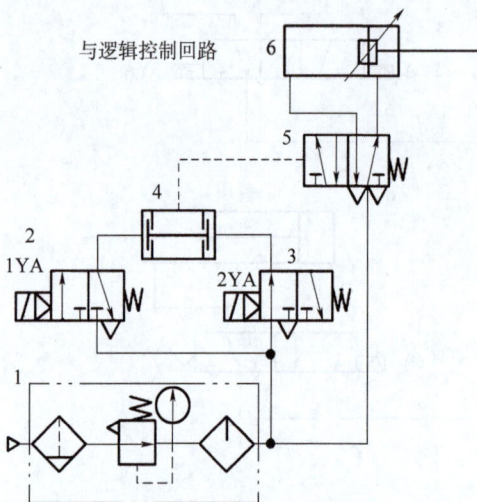

1—三联件；2，3—单电磁二位三通；4—双压阀；
5—单气控二位五通；6—双作用气缸

图 9-0-2　逻辑控制回路 I

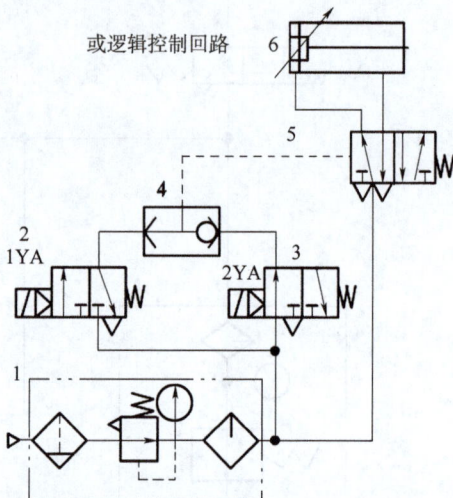

1—三联件；2，3—单电磁二位三通；4—梭阀；
5—单气控二位五通；6—双作用气缸

图 9-0-3　逻辑控制回路 II

任务总结与评价

1. 组织小组讨论，各小组推选代表做实习工作总结，用 PPT 进行成果展示。

2. 各小组对实习成果展示做评价。

3. 教师评价与总结。

✳ 任务考核习题

一、填空题

1. 气压传动系统的工作原理是利用空气压缩机将电动机或其他原动机输出的_____转变为空气的_____。

2. 气压传动系统由_____装置、_____元件、_____元件、_____元件和工作介质 5 部分组成。

3. 空气压缩机属于_____装置，气缸属于_____元件。

4. 气源装置由 _____、_____、_____、_____ 4 部分组成。

5. 空气压缩机是气压发生装置，是将_____转换为_____的转换装置。

6. 后冷却器的作用是使温度为 120 ~ 150 ℃的空气压缩机排出的气体_____到_____。

7. 干燥器的作用是进一步除去压缩空气中含有的 _____、_____、_____。

8. 在气压传动系统中，一般把_____、_____、_____ 称为气动三联件。

9. 气缸和气动马达是气动传动中所用的_____。

10. 快速排气阀应安装在_____和_____之间。

11. 压力控制回路的作用是_____和_____系统的压力。

12. 气压传动系统中，在排气口安装节流阀以调节排气速度的阀称为_____。

13. 单向阀是指气流只能向_____而_____的阀。

14. 在双作用缸单向调速回路中，当负载与活塞运动方向相反时易产生_____现象，当负载与活塞运动方向相同时易产生_____现象。

15. _____的作用是将输出压力调节在比输入压力低的调定值上，并保持稳定不变，故也称_____。

16. _____是依靠气路中压力的变化来控制各执行元件按顺序动作的压力阀。

17. _____不仅能调节执行元件的运动速度，还能起到降低排气噪声的作用。

18. 在气压传动系统中，要求控制气动执行元件的运动速度，控制气体流量的阀称为_____。

19. _____的作用是使气动元件或装置快速排气以提高气缸的运动速度。

二、判断题

1. 空气压力较低，气压传动适用于压力较小的场合。　　　　　　　　　（　　）

2. 气压传动排气无噪声、无污染，适用于远距离输送。　　　　　　　　（　　）

3. 空气具有可压缩性，当载荷变化时，气压传动系统的动作稳定性差，但可以采用气液联动装置解决此问题。　　　　　　　　　　　　　　　　　　（　　）

4. 与液压相比，气动反应快，动作迅速，维护简单，管路不易堵塞。　　（　　）

5. 大多数情况下，气动三联件组合使用，其安装次序依进气方向为空气过滤器、后冷却器和油雾器。　　　　　　　　　　　　　　　　　　　　　（　　）

6. 空气过滤器又名分水滤气器、空气滤清器，它的作用是滤除压缩空气中的水分、油滴及杂质，以达到气压传动系统所要求的净化程度，它属于二次过滤器。　（　　）

7. 消声器的作用是排除压缩气体高速通过气动元件排到大气时产生的刺耳噪声污染。

（　　）

8. 气动流量控制阀主要有节流阀、单向节流阀和排气节流阀等，都是通过改变控制阀的通流面积来实现流量的控制元件。　　　　　　　　　　　　　　（　　）

9. 气缸具有结构简单、制造成本低、污染少、便于维修、动作迅速等特点。　（　　）

10. 气动压力控制阀都是利用作用于阀芯上的流体（空气）压力和弹簧力相平衡的原理来进行工作的。　　　　　　　　　　　　　　　　　　　　　（　　）

三、选择题

1. 气源装置的核心元件是（　　）。

A. 气动马达　　　　B. 空气压缩机　　　C. 油水分离器

2. 低压空压机的输出压力为（　　）。

A. 小于 0.2 MPa　　B. 0.2 ~ 1 MPa　　　C. 1 ~ 10 MPa

3. 油水分离器安装在（　　）后的管道上。

A. 后冷却器　　　　B. 干燥器　　　　　C. 储气罐

4. 以下不是储气罐的作用的是（　　）。

A. 减少气源输出气流脉动

B. 进一步分离压缩空气中的水分和油分

C. 冷却压缩空气

5. 利用压缩空气使膜片变形，从而推动活塞杆作直线运动的气缸是（　　）。

A. 气液阻尼缸　　　B. 冲击气缸　　　　C. 薄膜式气缸

6. （　　）的作用是当系统压力超过调定值时，为了保证系统的工作安全，往往用安全阀来实现自动排气，使系统的压力下降。

A. 气动溢流阀　　　B. 气动减压阀　　　C. 气动顺序阀

7. 气动装置中不便安装行程阀，而要根据气压的大小来控制两个以上的气动执行机构的顺序动作时，要用到（　　）。

A. 顺序阀　　　　　B. 溢流阀　　　　　C. 减压阀

8. 下列气动元件是气动控制元件的是（　　）。

A. 气动马达　　　　B. 顺序阀　　　　　C. 空气压缩机

9. 气动系统中，在排气口安装节流阀以调节排气速度的阀称为（　　）。

A. 流量控制阀　　　　　　　　B. 压力控制阀

C. 排气节流阀　　　　　　　　D. 节流阀

10. 在与门型梭阀中，两进气口压力 P_1、P_2，如果 $P_1 > P_2$，A 端输出的是（　　）进气口。

A. P_1　　　　　　B. P_2　　　　　　C. P_1 和 P_2

11. 在或门型梭阀中，两进气口压力 P_1、P_2，如果 $P_1 > P_2$，A 端输出的是（　　）进气口。

A. P_1　　　　　　B. P_2　　　　　　C. P_1 和 P_2

12.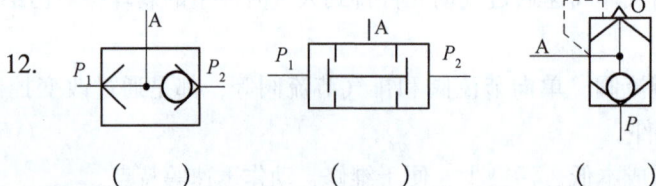

（　　）　　　　　（　　）　　　　　（　　）

A. 快速排气阀　　　　　　　　B. 与门型梭阀

C. 或门型梭阀　　　　　　　　D. 消声器

13. 在不允许使用时间继电器的场合，需要延时用气动（　　）换向阀。

A. 手动　　　　　　B. 机动　　　　　　C. 延时　　　　　　D. 电磁

14. 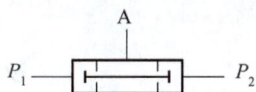 是（　　）。

A. 溢流阀　　　　　　B. 顺序阀　　　　　　C. 减压阀

15. （　　）可除去压缩空气中的灰尘、水分等杂质，（　　）可使二次压力稳定，（　　）使清洁的润滑油雾化后注入空气流中。

A. 减压阀　　　　　　　　　B. 油雾器

C. 分水滤气器　　　　　　　D. 后冷却器

16. （　　）不仅能调节执行元件的运动速度，还能起到降低排气噪声的作用。

A. 节流阀　　　　　　　　　B. 排气节流阀

C. 方向控制阀　　　　　　　D. 压力控制阀

17. 在气压传动系统中，要求控制气动执行元件的运动速度，控制气体流量的阀称为（　　）。

A. 流量控制阀　　　　B. 方向控制阀　　　　C. 压力控制阀

四、判断以下元件的名称

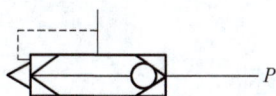

题图 9 - 1　　　　　　　　　　　　题图 9 - 2

五、指出下列图形中的错误并改正

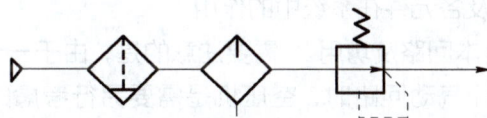

题图 9 - 3

项目 10　典型气动系统分析及维护

学习目标

1. 能熟悉机械手气动系统工作原理，能理解机械手运动。
2. 能看懂旋转门气动系统工作原理。
3. 能看懂数控加工中心气动换刀系统回路的原理。
4. 能阅读气动系统图，弄懂各气动元件的名称和功用。
5. 弘扬劳动光荣、技能宝贵、创造伟大的时代风尚。

"95 后"袁强：
技校生到世界冠军

工作情境描述

阅读气压传动系统原理图的步骤一般可归纳为：

（1）看懂气压传动系统原理图中各气动元件的职能符号，了解其名称及一般用途，并分析气压传动系统的组成及各元件在系统中的作用。

（2）分析原理图的基本回路及功用。需要注意的是，由于一个空压机能向多个气动回路供气，因此，通常在设计气动回路时，空压机是需要另行考虑的，在回路图中通常被省略，但在设计时必须考虑空压机的容量，以免在增设回路后引起使用压力下降的情况。

（3）了解系统的工作程序及程序转换的发信元件。

（4）按工作程序图逐个分析程序动作。这里要特别注意主控阀芯的切换是否存在障碍，若设备说明书中附有逻辑框图，则用来指导分析气动回路原理图将更为方便。

学生接受任务，通过观察气动机械手，熟练掌握其工作原理，对识读典型气压传动有一些了解。

任务 10.1　机械手气动系统

学习目标

1. 理解气动机械手的系统原理。
2. 会阅读气动系统图，运看懂其中包含的气动基本回路。

学习过程

学生操作机器人，用 PPT 演示机械手工作原理。

机械手是自动生产设备和生产线上的重要装置之一，它可以根据各种自动化设备的工作需要，按照预定的控制程序完成动作。例如，可以实现自动取料、上料、卸料和自动换刀等功能。

图 10-1-1 是气动机械手的结构示意图，它由 4 个气缸组成，可在 3 个坐标内工作。其中，A 缸为夹紧缸，其活塞杆退回时夹紧工件，活塞杆伸出时松开工件；B 缸为长臂伸缩缸，可实现伸出和缩回运动；C 缸为立柱升降缸；D 缸为立柱回转缸，要求该气缸有两个活塞，分别装在带齿条的活塞杆两头，齿条的往复运动带动立柱上的齿轮旋转，实现立柱的回转。

该机械手的动作顺序为：立柱下降（C_0）—伸臂（B_1）—夹紧工件（A_0）—缩臂（B_0）—立柱顺时针转（D_1）—立柱上升（C_1）—放开工件（A_1）—立柱逆时针转（D_0），分析该传动系统的工作循环。

图 10-1-2 是气动机械手的系统原理，信号 c_0、b_0 是无源元件，不能直接与气源相连。信号信号 c_0、b_0 只有分别通过 a_1、a_0 方能与气源相连接。

（1）按下启动阀 q，控制气体经启动阀使主控阀 C 处于左位，C 缸活塞杆退回，实现动作 C_0（立柱下降）。

（2）当 C 缸活塞杆缩回，其上的挡铁压下 c_0，主控阀 B 左侧有控制信号，使阀处于左位，B 缸活塞杆伸出，实现动作 B_1（伸臂）。

（3）当 B 缸活塞杆伸出，其上的挡铁压下 b_1，主控阀 A 左侧有控制信号，使阀处于左位，A 缸活塞杆退回，实现动作 A_0（夹紧工件）。

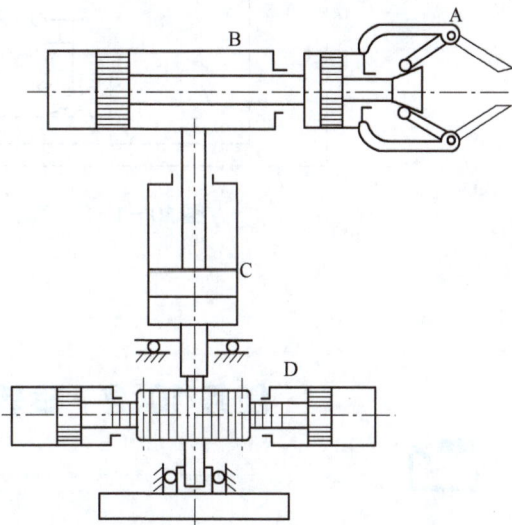

图 10-1-1　气动机械手的结构示意图

（4）当 A 缸活塞杆缩回，其上的挡铁压下 a_0，主控阀 B 右侧有控制信号，使阀处于右位，B 缸活塞杆退回，实现动作 B_0（缩臂）。

（5）当 B 缸活塞杆缩回，其上的挡铁压下 b_0，主控阀 D 左侧有控制信号，使阀处于左位，D 缸活塞杆往右，通过齿轮齿条机构带动立柱旋转，实现动作 D_1（立柱顺时针转即左回转）。

（6）当 D 缸活塞杆伸出，其上的挡铁压下 d_1，主控阀 C 右侧有控制信号，使阀处于右位，C 缸活塞杆伸出，实现动作 C_1（立柱上升）。

（7）当 C 缸活塞杆伸出，其上的挡铁压下 c_1，主控阀 A 右侧有控制信号，使阀处于右位，A 缸活塞杆伸出，实现动作 A_1（放开工件）。

（8）当 A 缸活塞杆伸出，其上的挡铁压下 a_1，主控阀 D 右侧有控制信号，使阀处于右位，D 缸活塞杆往左移动，带动立柱右回转，实现动作 D_0（立柱逆时针转即右回转）。

（9）当 D 缸活塞杆上的挡铁压下 d_0，控制气经 q 使主控阀 C 左侧有控制信号，阀处于左位，使 C 缸活塞杆退回，实现动作 C_0。于是重新开始新的一个循环。

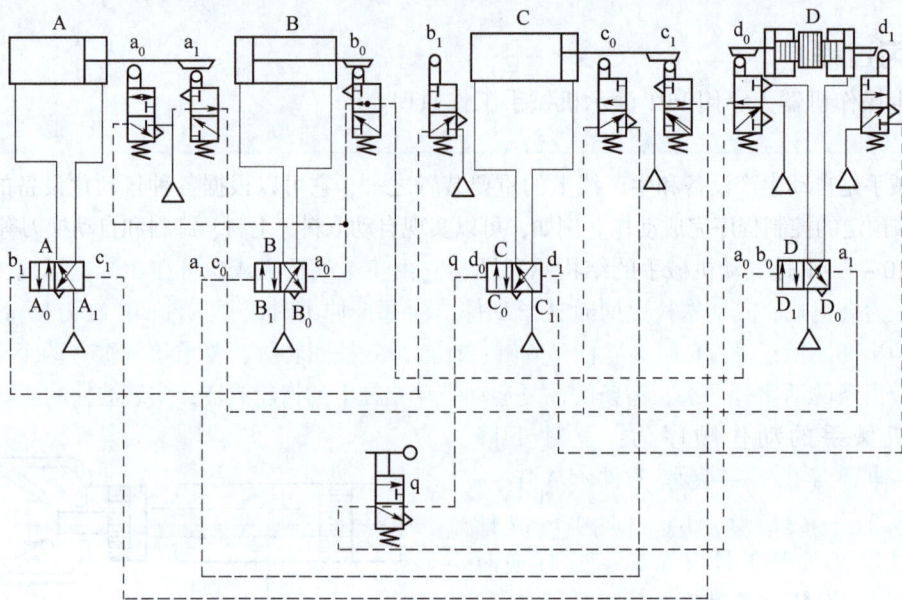

图 10-1-2　气动机械手的系统原理图

任务 10.2　旋转门自动开闭系统

学习目标

1. 理解旋转门的自动开闭系统。
2. 会阅读气动系统图，看懂其中包含的气动基本回路。

学习过程

用 PPT 演示旋转门的自动开闭系统。

旋转门是左右两扇门绕两端枢纽旋转而开的门。图 10 - 2 - 1 为旋转门的自动开闭系统示意图。此回路只能实现单方向开启，不能反向打开，常用于防止危险，只适用于单向通行的场合。其工作原理如下。

若行人踏上门前脚踏板，其重量会使脚踏板产生微小的下降，检测阀 *LX* 被压下，双气控阀 1、2 换向，压缩空气经单向节流阀进入气缸 1、2 的无杆腔，通过齿轮齿条机构，两边的门同时向同一方向打开。行人通过后，脚踏板恢复到原位，检测阀 *LX* 自动复位。双气控阀 1、2 换向到原来的位置，气缸活塞杆后退，使门关闭。

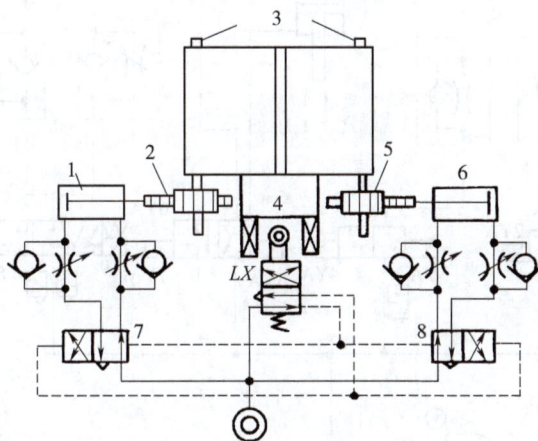

旋转门

1—气缸 1；2—齿条；3—旋转轴；4—踏板；5—齿轮；6—气缸 2；7—双气控阀 1；8—双气控阀 2

图 10 - 2 - 1　旋转门的自动开闭系统示意图

任务 10.3　数控加工中心气动换刀系统回路

学习目标

1. 理解数控加工中心气动换刀系统回路的原理。
2. 会阅读气动系统图，弄懂各气动元件的名称和功用。

学习过程

用 PPT 演示数控加工中心气动换刀系统回路。

图 10 - 3 - 1 是某数控加工中心气动换刀系统原理图，该系统在换刀过程中要依次实现主轴定位、主轴松刀、拔刀、向主轴锥孔吹气和插刀等动作。

该系统工作原理如下。

（1）主轴定位。当数控系统发出换刀指令时，主轴停止旋转，同时，4YA 通电，压缩空气经气动三联件 1、换向阀 4、单向节流阀 5 进入主轴定位缸 A 的右腔，使活塞左移，实现主轴自动定位。

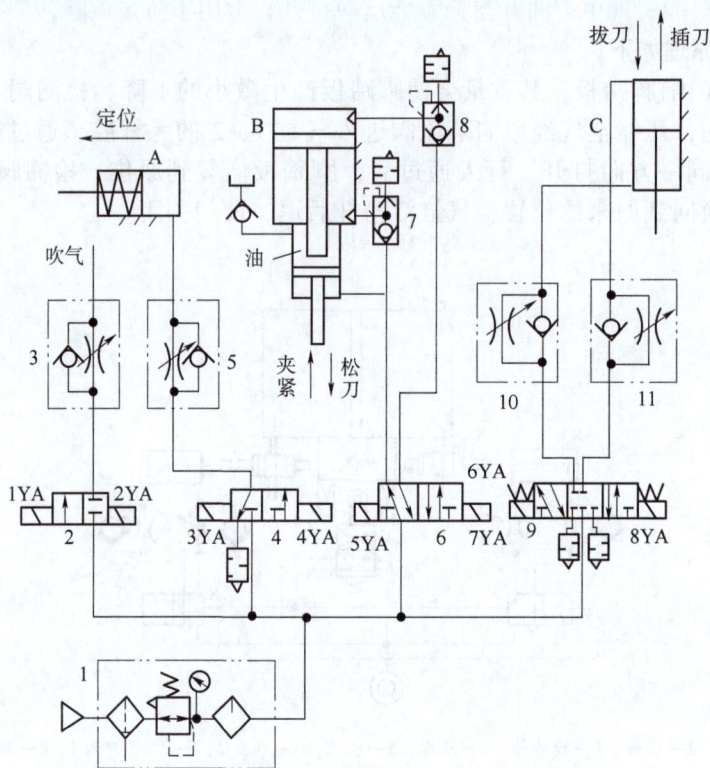

数控加工中心
气动换刀系统

1—气动三联件；2—换向阀；3，5，10，11—单向节流阀；4，6，9—换向阀；7，8—快速排气阀

图 10-3-1　某数控加工中心气动换刀系统原理图

（2）**主轴松刀**。主轴定位后压下无触点开关，使 6YA 通电，压缩空气经换向阀 6 和快速排气阀 8 进入气液增压缸 B 的上腔，使活塞下移，实现主轴松刀。

（3）**机械手拔刀**。主轴松刀时，使 8YA 通电，压缩空气经换向阀 9 和单向节流阀 11 进入气缸 C 的上腔，其下腔空气经单向节流阀 10 和换向阀 9 后排出，使活塞下移实现拔刀。

（4）**主轴锥孔吹气**。回转刀库交换刀具，同时 1YA 通电，压缩空气经换向阀 2（左位）和单向节流阀 3 向主轴锥孔吹气。

（5）**停止吹气**。1YA 断电，2YA 通电，停止吹气。

（6）**插刀**。8YA 断电，7YA 通电，压缩空气经换向阀 9（左位）和单向节流阀 10 进入气缸 C 下腔，气缸 C 上腔气体经单向节流阀 11、换向阀 9（左位）及消声器后排出，使气缸 C 活塞上移，实现插刀。

（7）**刀具夹紧**。6YA 断电，5YA 通电，压缩空气经换向阀 6 进入气液增压缸 B 的下腔，其上腔经消声器排出，使气缸 B 活塞退回，主轴的机械机构使刀具夹紧。

（8）**主轴复位**。4YA 断电，3YA 通电，气缸 A 的活塞在弹簧力的作用下复位，恢复到开始状态，换刀结束。

换刀过程电磁铁动作顺序见表 10-3-1。

表 10 –3 –1　电磁铁动作顺序表

工　况	电磁铁							
	1YA	2YA	3YA	4YA	5YA	6YA	7YA	8YA
主轴定位				+				
主轴松刀				+		+		
机械手拔刀				+		+		+
主轴锥孔吹气	+			+		+		+
停止吹气	–	+				+		+
插　　刀				+		+	+	–
刀具夹紧				+	+	–		
主轴复位			+	–				

注：电磁铁通电用"＋"表示，反之用"－"。

任务 10.4　气动系统的使用与维护

学习目标
了解气动系统的使用与维护基本知识。

学习过程
维护气动机械手及气动实训台。

1. 气动系统使用注意事项
（1）开机前后要放掉系统中的冷凝水。

（2）定期给油雾器加油。

（3）随时注意压缩空气的清洁度，定期清洗空气滤气器的滤芯。

（4）开机前检查各旋钮是否在正确位置，对活塞杆、导轨等外露部分的配合表面进行擦拭。

（5）熟悉元件调节和控制机构的操作特点，注意各元件调节旋钮的旋向与压力、流量大小变化的关系。气动设备长期不使用，应将各旋钮放松，以免弹件元件失效而影响元件的性能。

日常维护工作的主要任务是冷凝水排放、检查润滑油和空压机系统的管理。

1）冷凝水排放的管理

压缩空气中的冷凝水会使管道和元件锈蚀。防止冷凝水侵入压缩空气的方法是及时排除系统各处积存的冷凝水。

2）系统润滑的管理

气动系统中从控制元件到执行元件凡有相对运动的表面都需要润滑。如果润滑不足，会使摩擦阻力增大，导致元件动作不良，因密封面磨损会引起泄漏。

3）空压机系统的日常管理

要注意检查空压机是否有异常声音和异常发热，润滑油位是否正常，空压机系统中的水冷式后冷却器供给的冷却水是否足够。

2. 气动系统定期维护工作

气动系统定期维护工作的主要内容是漏气检查和油雾器管理。

（1）检查系统各泄漏处。

（2）通过对方向阀排气口的检查，判断润滑油是否适度，空气中是否有冷凝水。如润滑不良，检查油雾器滴油是否正常，安装位置是否恰当；如有大量冷凝水排出，检查冷凝水的装置是否合适，过滤器的安装位置是否恰当。

（3）检查安全阀、紧急安全开关动作是否可靠。定期检修时必须确认它们的动作可靠性，以确保设备和人身安全。

（4）观察方向阀的动作是否可靠。

（5）反复开关换向阀观察气缸动作，判断活塞密封是否良好；检查活塞杆外露部分，观察活塞杆是否被划伤、腐蚀和存在偏磨；判断活塞杆与端盖内的导向套、密封圈的接触情况、压缩空气的处理质量，气缸是否存在横向载荷等；判断缸盖配合处是否有泄漏。

（6）对行程阀、行程开关以及行程挡块都要定期检查安装的牢固程度，以免出现动作混乱。

任务总结与评价

1. 组织小组讨论，各小组推选代表做工作总结，用 PPT 进行成果展示。
2. 各小组对成果展示做评价。
3. 教师评价与总结。

任务考核习题

1. 汽车车门安全操纵系统如题图 10 - 1 所示，要求该气动系统能控制汽车车门打开、关闭，并且当车门在关闭过程中遇到障碍时，能使车门再自动开启，起到安全保护作用。试分析其工作原理。

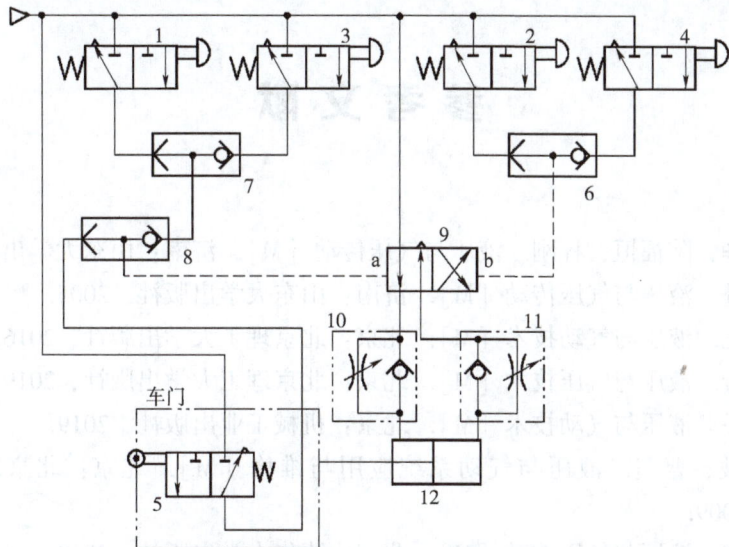

题图 10 -1　汽车车门安全操纵系统

2. 如题图 10 - 2 所示，加工后的细木条需要根据要求剪切成不同长度。剪切的长度通过工作台上的一把标尺进行调整，切刀安装在一个双作用气缸活塞杆的前端。通过双手按下两个按钮后，气缸活塞杆伸出，活塞杆前端的切刀将木条切断。为保证木条切断端面的质量，活塞杆应有较高的伸出速度。松开任何一个按钮，气缸活塞杆就自动缩回。请设计该气动回路。

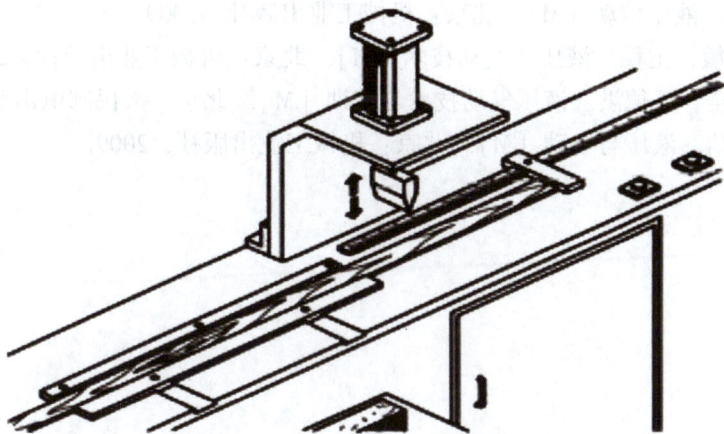

题图 10 -2　某细木条剪切示意图

参 考 文 献

[1] 李绍华，陈福恒，程刚. 液压与气压传动 [M]. 济南：山东大学出版社，2011.

[2] 薛彦登. 液压与气压传动 [M]. 济南：山东大学出版社，2005.

[3] 宋金虎. 液压与气动技术 [M]. 北京：北京理工大学出版社，2016.

[4] 陈桂芳. 液压与气压技术 [M]. 北京：北京理工大学出版社，2019.

[5] 左建民. 液压与气动技术 [M]. 北京：机械工业出版社，2019.

[6] 罗洪波，曹坚. 液压与气动系统应用与维修 [M]. 北京：北京理工大学出版社，2009.

[7] 刘延俊. 液压与气压传动 [M]. 北京：清华大学出版社，2010.

[8] 黄志坚，袁周. 液压设备故障诊断与监测实用技术 [M]. 北京：机械工业出版社，2006.

[9] 韩玉勇，杨眉. 液压与气动传动技术 [M]. 北京：机械工业出版社，2018.

[10] 韩学军，宋锦春，陈立新. 液压与气压传动实验教程 [M]. 北京：冶金工业出版社，2008.

[11] 陈平. 液压与气动技术 [M]. 北京：机械工业出版社，2010.

[12] 胡海清，万伟军. 气压与液压传动控制技术 [M]. 北京：北京理工大学出版社，2018.

[13] 李芝. 液压传动 [M]. 北京：机械工业出版社，2009.

[14] 王宝敏，王稳. 液压与气动技术 [M]. 北京：机械工业出版社，2018.

[15] 张安全，王德洪. 液压气动技术与实训 [M]. 北京：人民邮电出版社，2008.

[16] 马廉洁. 液压与气动 [M]. 北京：机械工业出版社，2009.